甘肃省高等学校创新创业教育试点改革专业建设成果
高职宠物养护与驯导专业“工学结合”教材(微课版)
高等职业教育“十四五”规划教材

宠物饲养

李和国　吴孝杰　主编

中国农业大学出版社
·北京·

内容简介

本教材以培养宠物养护与驯导专业高素质技术技能人才为目标，以宠物养护与驯导专业宠物饲养岗位所必需的知识和技能为主线，按照“课岗结合、理实一体”的教学方式，基于工作岗位设定了宠物概述、宠物设施与用具、犬猫的进化与行为特征、犬猫品种与选购、宠物繁殖规律、宠物营养与饲料、宠物饲养管理和宠物保健与调教等项目。每个项目设定【学习目标】【学习任务】【知识拓展】和【考核评价】四个教学组织单元，包含知识讲授、实操微课、自我评价、课后练习，将教学视频、技能视频、教学微课等视频资源以二维码形式展示，读者可通过扫描二维码观看视频。期望通过“校企合作、工学结合”的形式，实现教师和学生、师傅和徒弟、课程与岗位、就业与创业的“四合一”教学改革目标，更好地体现高等职业教育的时代特征。

本教材图文并茂、通俗易懂，职教特色明显，既可作为高等职业院校开展“现代学徒制”和“企业新型学徒制”人才培养模式的特色教材，又可作为企业技术人员的培训教材，还可作为相关宠物美容工作者短期培训、技术服务和继续学习的参考用书。

图书在版编目(CIP)数据

宠物饲养 / 李和国，吴孝杰主编. —北京：中国农业大学出版社，2020.10(2024.5 重印)

ISBN 978-7-5655-2445-5

Ⅰ. ①宠…　Ⅱ. ①李…②吴…　Ⅲ. ①宠物-饲养管理-高等职业教育-教材
Ⅳ. ①S865.3

中国版本图书馆 CIP 数据核字(2020)第 203450 号

书　名　宠物饲养
作　者　李和国　吴孝杰　主编

策划编辑　康昊婷　　**责任编辑**　康昊婷
封面设计　李尘工作室　郑　川
出版发行　中国农业大学出版社
社　址　北京市海淀区圆明园西路 2 号　　**邮政编码**　100193
电　话　发行部 010-62733489，1190　　读者服务部 010-62732336
编辑部 010-62732617，2618　　出　版　部 010-62733440
网　址　http://www.caupress.cn　　**E-mail** cbsszs @ cau.edu.cn
经　销　新华书店
印　刷　北京鑫丰华彩印有限公司
版　次　2021 年 8 月第 1 版　　2024 年 5 月第 4 次印刷
规　格　787×1 092　　16 开本　　14.75 印张　　360 千字
定　价　44.00 元

编审人员
CONTRIBUTORS

主　编　李和国（甘肃畜牧工程职业技术学院）

　　　　吴孝杰（甘肃畜牧工程职业技术学院）

副主编　郭志明（甘肃畜牧工程职业技术学院）

　　　　蔡杏芳（贵州农业职业学院）

　　　　鲍玉林（青海畜牧兽医职业技术学院）

　　　　赵　筱（云南农业职业学院）

参　编（按姓氏笔画排列）

　　　　巨玉鑫（甘肃畜牧工程职业技术学院）

　　　　李宣延（甘肃畜牧工程职业技术学院）

　　　　汪洋洲（甘肃畜牧工程职业技术学院）

　　　　陈建亮（北京恩宠天地商贸有限公司）

审　稿　史兆国（甘肃农业大学）

　　　　杨孝列（甘肃畜牧工程职业技术学院）

前言
PREFACE

党的二十大报告指出，实施科教兴国战略，强化现代化建设人才支撑。

为了大力推进我国高等职业教育教学改革，认真贯彻落实教职成〔2014〕9号《教育部关于开展现代学徒制试点工作的意见》、国办发[2015]36号《关于深化高等学校创新创业教育改革的实施意见》、教职成[2015]6号《关于深化职业教育教学改革　全面提高人才培养质量的若干意见》、教职成[2015]9号《高等职业教育创新发展行动计划(2015—2018年)》、国办发[2015]36号《国务院办公厅关于深化高等学校创新创业教育改革的实施意见》等一系列文件精神，以积极探索研究现代职业教育"产教融合、校企合作、工学结合、知行合一"的人才培养模式为目标，尤其是探索建立"学生(学校)→学徒(学校＋企业)→准员工(企业跟岗)→员工(企业顶岗)"为一体的"现代学徒制"人才培养机制，突出教学过程的实践性、开放性和职业性，切实做到课程内容与职业标准对接、教学过程与生产过程对接，自2016年以来，甘肃畜牧工程职业技术学院与北京恩宠天地商贸有限公司联合，借助甘肃省高等学校创新创业教育试点改革专业《特种动物养殖专业(宠物养殖方向)》项目，在大量理论和实践探索的基础上，基于工学结合和信息化教学编写了《宠物饲养》特色教材，期望为宠物行业培养高素质技术技能人才提供良好的支撑。

本教材以培养高素质技术技能人才为目标，遵循"理论够用""技能突出""技术实用"的教学原则，教学内容、方法和手段充分关注了学生对知识的理解思考、兴趣爱好和分析问题、解决问题的能力，并尽可能要求以"项目导向、任务驱动"为主要形式，开展"教、学、做"一体化的教学模式，让学生置身于现场工作情景、模拟岗位及仿真环境中学习，体现学习与实际工作的一致性。在教材的使用过程中，要充分关注学生的个性、态度、兴趣、品质等方面的职业素养，促使其职业技能达到从事相应职业岗位工作所必需的要求和标准。

本教材由甘肃畜牧工程职业技术学院李和国、吴孝杰任主编。其中项目一的任务1由郭志明、鲍玉林编写，项目一的任务2由蔡杏芳、赵筱编写，项目二由汪洋洲编写，项目三、项目四由吴孝杰编写，项目五、项目六、项目七由巨玉鑫编写，项目八由李宣延编写，全书由李和国、吴孝杰统稿，企业教师陈建亮提供操作视频、照片等资料。甘肃农业大学史兆国教授、甘肃畜牧工程职业技术学院杨孝列教授审稿，提出了许多宝贵意见和建议，提高了本教材的质量，在此一并深表感谢。

由于编者教材编写过程中，时间仓促，加之编者水平有限，书中错误和不妥之处在所难免，深切希望读者在使用本教材过程中能够提出批评和建议，以备再版时修改。

编　者

2023年6月

目录 CONTENTS

项目一

绪　论

学习目标

了解宠物行业发展现状、存在的问题及发展措施；掌握宠物的概念及分类。培养学生爱国情感、国家认同感、社会责任感。

【学习任务】

任务1 宠物的分类与来源

一、宠物的概念

宠物是指人们精心饲养，为了获得乐趣而豢养的动物。包括观赏动物、伴侣动物等，其中犬、猫饲养数量居多。宠物与人生活在一起，进行亲密沟通和情感交流，给人们生活带来快乐。

二、宠物的分类

宠物种类繁多，按照动物分类学方法，可分为五类：哺乳类、鸟类、鱼类、两栖与爬行类、昆虫类。

(1)哺乳类　哺乳类具有较强适应能力，具有被毛，哺乳，胎生等特点。目前已成为宠物的哺乳类动物有10多种，如犬、猫、猴、马、香猪、兔、豚鼠、仓鼠、大鼠、小鼠等。在我国主要有犬和猫。

(2)鸟类　作为宠物的鸟类是指已经被驯服的适宜家庭饲养的笼养鸟、赛鸽、斗鸡等。

(3)鱼类　包括金鱼、锦鲤和热带鱼等。

(4)两栖与爬行类　包括蛇、蜥蜴、龟、蛙和蟾蜍等，具有色彩多变，外形奇特，易饲养等特点。

(5)昆虫类　常见的有竹节虫、蟋蟀、蝈蝈、蜘蛛等，具有体型较小，外表奇特，携带方便的特点。

三、饲养宠物的意义

1. 促进社会经济的发展

宠物饲养是社会经济发展的结果，反过来宠物行业的发展又带动了社会经济的发展。宠物作为产业在发达国家已有二百多年的历史，形成了包括繁育、训练、用品、用具、医疗、医药、贸易的完整产业链。宠物热带动相关产业的迅猛发展，并逐步规范化、标准化、国际化。各类宠物医院、宠物俱乐部、宠物寄养所、宠物超市、宠物美容培训学校、宠物美容店等新兴产业相继产生并迅速发展壮大，宠物相关产业收益逐年增加。市场上宠物用品琳琅满目，层出不穷；宠物摄影、宠物培训也应运而生，促使宠物用品销售和宠物服务行业逐渐成长壮大。

2019年全球宠物市场规模已达1 495亿美元(约合10 570亿人民币)。在全球宠物市场中，欧美市场占比达到60%以上，是宠物产业的最大市场，其中北美地区占比近37%。美国作为全球最大以及最成熟的宠物消费市场，2019 年宠物数量已经达到 3.9 亿只，市场规模高达 428 亿美元，同比增长 5.1%，每年仅宠物保险业收入就高达 40 亿美元；德国全年国民收入的 17%来自犬业，其优选培育的德国牧羊犬已经成为世界各国军、警犬的首选品种；澳大利亚宠物行业拥有 3 万多名员工，创造出超过 6%的国内生产总值。一般认为，当一个国家的人均 GDP 在 3 000～8 000 美元的时候，宠物产业就会快速发展，而我国现在有很多城市具备了这个条件。2019 年我国城镇宠物犬、猫数量达 9 915 万只，宠物市场规模达到 2 024 亿元，同比增长 18.5%，预计未来五年将继续保持年均 15%以上的增速。随着我国人均 GDP 和人均可支配收入的增长，人口老龄化、少子化趋势显著，以及宠物角色的转变，我国宠物产业的发展将持续推进。

2. 促进健康、保障安全

（1）缓解压力，陶冶情操，促进身心健康　当今社会竞争激烈，工作压力大，一定程度催生了宠物产业的发展，越来越多的人选择饲养宠物，通过和宠物交流，来排解工作生活中的烦躁和苦闷。

（2）培养儿童责任心和爱心，利于儿童健康成长　儿童天生喜欢小动物，与小动物玩耍应该成为他们生活的一部分。儿童在抚摸和拥抱小动物的过程中，可以获得心灵的慰藉，缓解紧张心理，培养他们的爱心。给小动物喂食、梳毛、洗澡、打扫“居室”有助于儿童责任感的树立，培养儿童的自信心、耐心及自制力，促进儿童自我意识的发展。研究发现，饲养宠物对自闭症儿童的症状有明显改善。

（3）疾病治疗的辅助者，有利于老人的身心健康　饲养宠物可以为老年人增添生活的乐趣，是空巢老人的伴侣，能减轻孤独感，辅助治疗疾病。抚摸宠物可以降低血压和血脂，帮助患有慢性疾病的人和残疾人恢复健康。国外对饲养犬、猫者进行的调查结果发现，拥有宠物能明显改善主人的健康状况，拥有伴侣动物的老人生活更愉快，寿命更长，去医院看病的次数明显减少，研究显示，在患有冠心病的老人中，有猫为伴的死亡率每年为 5%～6%，而无猫陪伴的死亡率为 28.2%。

（4）保护家庭安全　宠物的听觉和嗅觉都十分敏感，对主人十分忠诚，在遇到危险时，宠物会挺身而出不顾自己的安危保护主人和家庭，另外如果家里发生煤气泄漏或忘关水龙头等，宠物也会通过自己的方式及时提醒主人。

3. 伴侣和观赏

随着传统家庭结构的变化、工作压力的增大，越来越多的人将感情投入到宠物身上，人与宠物之间的依赖关系日益浓厚，产生一种回归自然的感觉。如今饲养宠物的观念和以往已经大不相同，犬和猫不再扮演看家护院和捉老鼠的角色，而是家庭成员或者玩伴。犬天性聪明，对主人忠贞不移，在主人的调教下可以表演打滚、跳圈、叼飞盘等动作，给主人的生活增添乐趣。猫善察人意，体态俊秀，毛色艳丽，活泼可爱。鸟的鸣叫委婉动听，令人听之神往。金鱼体态艳丽多姿，在陪伴之余，令主人赏心悦目。

4. 其他

宠物是人类文明的产物，是文化进步的体现。培育宠物是一种高尚的选择，不仅能丰富生活、缓解寂寞，还可以使人从中获取知识和乐趣，陶冶情操。宠物在人类生活、工作中扮演着越来越重要的角色，宠物还可承担护卫、协助、搜救、牧羊、导盲等工作。

任务2 宠物产业的发展

一、宠物产业的概念

宠物产业是指围绕着宠物而产生的一系列生产、流通、销售和服务的产业链。其内涵主要涉及“宠物赚钱”和“赚宠物钱”两部分。“宠物赚钱”包括宠物买卖、配种以及繁殖等。“赚宠物钱”包括宠物寄养、美容、医疗、殡葬以及有关宠物衣食住行、生老病死等一系列商品销售和服务。

宠物产业的发展历经3个阶段：初级阶段以单纯饲养、玩耍为主，这一阶段只能看作是饲养动物；中级阶段是在饲养的前提下，对动物进行训练、医疗和适度保健，让宠物生活的更好，为人们提供更多的欢乐；高级阶段则是建立完善的配套服务体系，包括医疗、美容、保健、服饰、婚配、寄养等，让人们在与宠物交流的过程中获得更高层次的享受。

二、宠物产业的内容

(一)宠物养殖与经营

宠物养殖是宠物交易的基础。专业的养殖基地不仅需要大量的资金和土地投入，还需要专业知识和技术及相关经营管理来支撑。宠物养殖成本高，资金周转周期长，产业初期比较艰难。从目前情况来看，全国具有一定规模的专业养殖场数量并不多；养殖的数量多、精品少；养殖品种单一，大多数宠物市场和宠物专卖店还是依靠个人饲养为主。宠物经营在很多中、小城市主要以花鸟市场的形式为主，有的地方宠物交易甚至处于“地下”状态，难以管理，专业化的宠物专卖店只在少数大城市才有。相信随着宠物养殖业本身发展所带来的生产成本的降低以及消费者对宠物质量档次追求的提高，宠物养殖与宠物经营产业的发展将十分迅速。

(二)宠物食品及用品

与宠物养殖相比，宠物食品及用品的生产及销售要更灵活多样，在整个宠物产业中占的比重大，地位也比较突出；其中宠物食品占61.4%，宠物用品占11.7%。与发达国家相比，我国的宠物食品、用品市场起步较晚，大部分开始于20世纪90年代，但已取得较大的发展。目前我国已拥有一定数量的宠物食品、用品、玩具等生产企业。如成都好主人宠物食品有限公司，广东三美宠物用品公司等已在国内拥有一定的知名度；又如创建于1970年的上海忠青宠物链条有限公司是国内第一家专业生产和销售宠物用品的中外合资企业，近年来与德国、美国等国家的一些公司建立了良好的合作关系，产品远销北美、亚洲、欧洲等40多个国家和地区，外销合同签约率100%。此外，浙江平阳已发展成为中国最大的宠物用品生产基地。

(三)宠物诊疗业

宠物诊疗业是伴随宠物饲养而出现的一门新兴行业,不仅需要扎实的专业理论、技术技能,而且还要配备必要的医疗器械等硬件设施。对于起步较晚的国内宠物行业来说护理与诊疗行业的发展是相对滞后的。目前,在我国部分大中城市,高档次的宠物医院数量较少,主要是中、低档次的小诊所。许多宠物医院在主营诊疗的同时还兼营宠物、宠物用品和食品的销售,宠物的美容和寄养等。随着宠物饲养数量的不断上升,宠物护理和诊疗、药品的研发应用必将进入快速发展阶段。

(四)宠物服务业

我国宠物服务业主要包括宠物寄养、宠物美容、宠物摄影、宠物婚介、宠物殡葬、宠物网站、宠物培训、宠物保险等,宠物服务业的兴起促进了宠物产业发展的专业化和系统化。

图 1-1　宠物寄养

(1)宠物寄养　宠物寄养(图 1-1)已成规模。主要是为了在主人外出时,保障宠物正常的生活。

(2)宠物美容　宠物美容主要包括洗浴、造型修剪、耳道护理,修剪趾甲、染色、包毛等(图 1-2)。

(3)宠物摄影　宠物行业的迅速崛起,也拉动了宠物摄影产业的发展(图 1-3)。主人与宠物长期相处产生深厚的情谊,宠物主人会选择专业的宠物摄影机构为自己的爱宠拍摄,留下永恒的记忆。

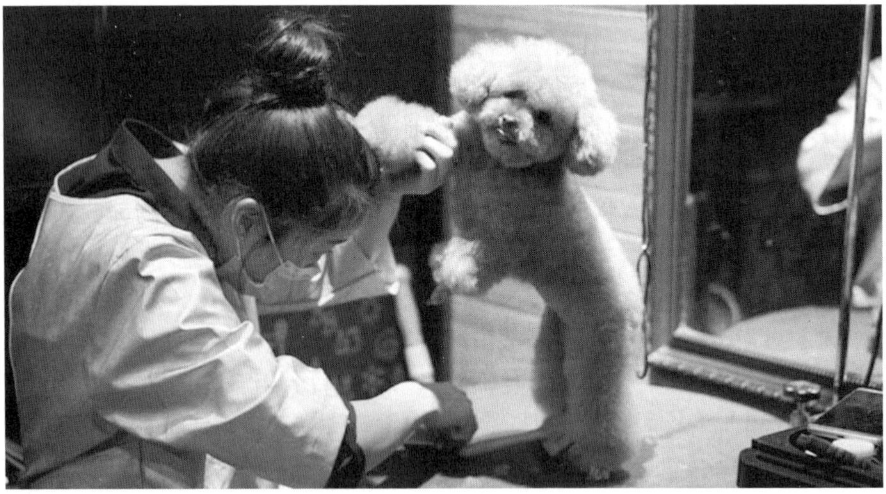

图 1-2　宠物美容

(4)宠物婚介　近年来"宠物婚介"发展较快。很多宠物主人想为自己喜爱的宠物留下后代,通过"宠物婚介"相亲、登记"结婚",繁育后代。

(5)宠物殡葬　宠物殡葬在国外已经是一个成熟的产业。在英国、日本、美国等发达国家,宠物殡葬可以提供包括火化、棺木、宠物墓地(图 1-4)、宠物标本等服务。我国宠物殡葬发展仍处于萌芽阶段，其消费渗透率只有 0.5%，我国有近 1 400 家经营范围含“宠物殡葬、宠物丧葬、动物无害化处理”的宠物机构。从地域分布来看，江苏省的宠物殡葬相关企业数量最多，超过 200 家，占全国相关企业总量的 15.18%。另外，山东省、浙江省、陕西省也均拥有超过 100 家相关企业。另外，注册资本为 0～100 万元的相关企业占比近 30%，1 000 万元以上的相关企业占比近 24%。

图 1-3　宠物摄影

图 1-4　宠物墓地

(6)宠物其他服务　随着现代生活的丰富多彩，一些新兴时髦行业相继进入宠物产业中来。如宠物网站、宠物保险、宠物保姆等。

三、我国宠物产业发展的现状

目前，我国宠物产业发展现状呈现出：区位特征显著、市场成长迅速、产业基地初具规模的特点。

1. 区位特征显著

我国的宠物经济带主要分布在经济发达的沿海、沿江地区以及大中城市，其余地区发展相对缓慢。宠物市场主要分南、北两个市场，可以说中国南北方宠物交易市场的持续稳定发展，是促进中国宠物业繁盛的主要原因，影响中国未来宠物业的长久发展。

北方宠物市场主要集中在京津冀地区和东北三省。通过每年举办全国性大型宠物展等活动，推动宠物产业的发展，受到国内外的关注和好评，为我国北方宠物产业的发展做出了积极贡献。

南方宠物市场主要集中在上海、广东、成都等地。其中成都是全国最大的货源地和繁殖基地之一。广东南海大沥宠物市场是一个较为成熟的宠物批发地。上海的宠物市场也是全国宠物集散地和批发地之一。广东和浙江是我国两大宠物用品生产基地。

2. 市场成长迅速

随着我国居民生活水平的提高以及消费观念的转变，宠物已经成为越来越多都市人生活的一部分，宠物消费也随之形成规模，同时展现巨大潜力。北京、上海、广州、重庆和武汉被并称为“中国五大宠物城市”。据不完全统计，目前北京登记注册的宠物犬有 50 多万只(实际上在大城市中给犬登记上户的比例只占 30%)，而且仍以每年 8%的速度增长；上海约有 70 万只，每年在宠物经济上的花费高达 6 亿元；深圳目前已登记的宠物犬 5 万只、宠物猫 3 万只。每只犬每年入户、年审、防疫、犬粮等费用超过 5 000 元，宠物经济年产值也高达 5 000 万元，并且将以每年 1 000 万元左右的速度攀升；在杭州，每年从市场购买的宠物大约有 5.5 万只；武汉有宠物的家庭约有 9 万户；辽宁养犬数量超过 20 万只。全国宠物犬的拥有量大均在 5 503 万只以上，如加上猫、鸟等其他宠物，全国约有 1 亿只。

从 20 世纪 90 年代初至今，我国宠物行业进入了加速发展期，伴随着宠物角色“由看家护院”到“情感陪伴”的重要转变，我国宠物消费类型更是丰富多彩，包括宠物养护、宠物食品与用品、宠物美容与驯导、宠物医疗与殡葬，宠物宾馆与保险等，全产业覆盖了宠物生、老、病、死的全过程。

3. 产业基地初具规模

随着我国宠物产业的逐步完善，一些宠物用品生产企业已经初具规模。始建于 20 世纪 90 年代的成都好主人宠物食品有限公司是国内第一家专业的宠物食品生产企业，在国内已拥有较高的知名度，产品畅销国内外。北京的爱芬食品有限公司是目前全国最大的宠物食品生产商。广东水族产业凭借继承传统与开拓创新相结合的发展理念成为世界上最大的观赏鱼基地。据不完全统计，目前在广东，观赏鱼水族产业已经容纳了近 20 万人就业，养殖面积达 10 多万亩，年产观赏鱼（含鱼苗）数百亿尾，并由此兴起了上千家水族器材厂家，整个产业年产值合计超过 10 亿元。目前广东已成为世界上最大的观赏鱼养殖和水族器材产销基地。其观赏鱼和水族器材远销世界各地，全国各地观赏鱼和水族器材 60%～70%来自广东。浙江温州平阳宠物产业基地生产的“狗咬胶”产品也已远销欧美等 20 多个国家和地区，占全球宠物产品市场总量的 60%以上，成为亚洲最大的宠物饲料和用品生产基地。

四、我国宠物产业发展中的问题

1. 行业管理和服务缺乏标准和规范

目前国家尚未制定完善宠物产业的相关法规，各地政府制定的管理办法也不能完全适应社会的发展。部分地区出台了宠物的限养管理办法，至今并没有针对宠物产业发展的法律法规和行业标准；宠物市场无序竞争，繁育缺乏科学性，饲养管理不规范等问题突出；造成宠物数量多，精品少，严重制约了宠物产业的健康发展；宠物扰民问题突出，社会反映强烈；小农经济的生产模式，集贸市场式的交易，个人的随意饲养，冲击了正常的市场交易。混乱的宠物交易，易造成城市环境的污染，不文明养犬严重影响居民生活和市容卫生。

2. 从业人员素质亟待提高

巨大的利润空间带来了宠物行业的高速增长，从而产生了大量的就业机会，相应的从业人员的教育和培训体系尚未健全。目前，我国宠物产业的各个行业都缺少高素质的专业人才。有关数据表明，从事宠物行业的技术人员中，经过专业培训的人员不足 15%。特别是宠物医疗服务，多由从事基层畜牧兽医防疫的人员担任，技术水平较低。凸显了宠物从业技术人员的数量、素质与行业发展需求的极度不符。

3. 宠物文化供给和熏陶相对滞后

宠物产业的迅猛发展与宠物文化供给的缓慢发展不同步，相对滞后问题突出。目前，我国涉及宠物的书籍、电视等文化传媒产品还相对匮乏，宠物的科学饲养知识和完美和谐的宠物与人的观念尚不普及，消费文化的贫乏带来需求的不稳定性和不确定性。以影视期刊为主的宠物文化产品的质量和数量，直接影响着中国宠物消费群体的总体水平。宠物消费缺乏积极健康的引导，盲目消费、奢侈、攀比现象较为严重。

4. 流通、生产、研发缺乏主导企业

传统的经营模式和服务方式存在很多弊端，没有行业标准和规范，无法形成行业大市场的和谐经济的状态，国家对宠物行业的重视和支持不够，导致了大资本和大企业无法涉足该行业，从而很难形成能够带动行业发展的龙头企业。只有大企业和大资本的进入，才能在产品及产品的生产、流通和服务上进行有规模的创新和研发，使我国的宠物产业达到国际水平，具备较强的国际竞争力。

五、我国宠物产业发展的对策

1. 制定和完善宠物产业的法律法规和行业标准

宠物产业的健康发展离不开相关法律法规的正确引导和支持。在明确分工、相互协作、积极引导宠物产业健康发展原则的前提下，我国各职能部门应联合制定与之相关的完善的法律法规。

制定《中国宠物产业管理规范和实施纲要》，主要包括：宠物交易市场、服务市场、宠物医院、宠物环境污染治理等方面的监管制度。依据我国国情研究制定《中国宠物食品和用品标准》的国家标准、行业标准及地方标准。制定《宠物饲养登记管理条例》，将宠物犬、猫、鸟以及特殊宠物等纳入管理范畴。规范宠物交易，完善宠物交易秩序。制定针对我国宠物医师、美容师、驯导师、繁育师、鉴定师等的《中国宠物专业从业人员资质考核标准》。通过以上法律法规的制定，确保我国宠物产业有法可依、有章可循。对产品的质量做出明确规定，加强监管力度，确保宠物食品用品业的健康发展。

2. 制定宠物饲养人行为规范

宠物的行为直接受到饲养人的行为制约，宠物饲养人的行为规范已经直接或间接地影响到社会环境。规范宠物饲养人的行为是整顿环境卫生、处理好邻里关系、保障人身安全、避免宠物对人的伤害的保证。严格实行宠物粪便清理制度，主人必须及时清理犬的排泄物，携犬出行必须携带饲养许可证，大型犬、烈性犬等必须带有牵犬链，配有犬套等安全设施。加强个人防范意识，预防人畜共患病。

3. 培育骨干企业，提高市场竞争力

宠物产业是一个新兴的朝阳产业，有着光明的前景。因此抓住机遇，着手培育骨干企业、打造宠物知名品牌、保护知识产权，从而提高企业竞争力势在必行。

坚持政府扶持和企业自身发展相结合的原则，加大对宠物产业的投资力度，促成骨干企业的形成。通过强弱联合、弱弱联合建立共生共赢关系，提高竞争力，实现规模经济。进行品牌定位和战略谋划，打造本土品牌，树立品牌意识和服务意识，提高品牌影响力和竞争力。保护宠物产业中的知识产权。对各种发明专利，如产品的外观和生产使用设备等加以保护，有利于激活产业内的创新机制，同时也有利于参与国际竞争。

4. 普及宠物知识，提升从业人员水平

完善高等教育体制，培养宠物专业人才。高等涉农大中专院校系统培养宠物医疗、美容、训练、经营、摄影、繁育等方面的专业人才。加强对宠物产业在职人员的培训，规范宠物饲养人员的行为规范。加强对宠物专业人才的资质考核管理，确保宠物产业专业人才的质量。

5. 发展健康和谐的宠物文化

利用各种现代传媒手段，大力发展与宠物相关的文化传媒产品。普及宠物的科学饲养知识和完美和谐的宠物与人的文化观念，确立适合我国的宠物消费文化。引导健康正确的消费趋势，促进健康和理性的宠物消费。建立相关宠物服务组织，并通过开展各种诸如博览会、展览会、比赛、文化交流等活动，建立和协调同宠物消费群体组织的各种联系，促进全民参与管理，丰富生活，繁荣宠物文化。使人们的社会生活和健康保障在宠物行业兴起之中更加健康和谐。

教学视频——绪论

宠物行业作为新兴的产业，发展潜力巨大。虽起步较晚，但发展速度惊人；问题虽多，但随着外在制度的积极引导和内在的自我完善，宠物产业一定会成为我国国民经济的重要组成部分，将在促进家庭和睦、扩大就业岗位、稳定社会秩序、繁荣国民经济、构建社会主义和谐社会等方面发挥强大的社会效应。

【知识拓展】

鸟的分类标准

所有鸟类皆属于动物界-脊索动物门-脊椎动物亚门-鸟纲。鸟纲的动物皆具备体被羽毛、前肢为翼、温血、卵生等特征。观赏鸟主要是指能观赏其优美形态、美丽羽毛、动听鸣声、“能歌善舞”和极易繁殖的鸟类。

(一)按观赏性分类

1. 姿羽类

这些鸟类的鸣声虽不够优美动听，但羽色艳丽，深受人们喜爱。这类鸟饲养比较简单，需调教，只要养活就能达到观赏的要求，笼养比较普遍。国内常见品种有虎皮鹦鹉、牡丹鹦鹉、金山珍珠、红嘴相思鸟、黄鹂、绣眼、戴菊、戴胜、五彩文鸟、七彩文鸟、红嘴蓝雀、蓝翡翠等。

2. 鸣唱类

此类鸟通常称作鸣禽，是中外众多爱鸟者的主要观赏对象，也是我国古时选择鸟的依据。大多数羽色鲜艳的鸟类，鸣声并不悦耳，而一些羽色平淡的鸣禽，反而是真正的“歌唱家”，如画眉、百灵、云雀、大山雀、沼泽山雀等，这些鸟能鸣善唱，鸣声激昂悠扬，婉转多变，音调、节奏条理有序，并可学其他鸟的鸣叫。

有些鸟类是羽鸣双佳，既有美丽的羽毛和娇小的体态，又有悦耳的鸣声，以其鸣声或鲜艳的色彩取悦人，如芙蓉鸟，鸣声婉转柔润、清朗流畅、轻盈悦耳，令人怡情养性。

3. 学语类

鹦鹉能言，早在古籍中就有记载。诗人白居易在《秦吉了》中曾写有“耳聪心慧舌端巧，鸟语人言无不通”的名句。除鹦鹉、鹩哥外，还有八哥、松鸦、红嘴蓝鹊等，这几种鸟比较聪明，伶牙俐齿，善模仿。这类鸟有着良好的发声条件，从雏鸟期开始经细心训练，可以训成“说话”能手，能模仿人类简短的语言或多种鸟兽的叫声，成为观赏鸟中的精品，因而更能增添玩赏者的饲养乐趣。

4. 技艺类

这类鸟小巧玲珑、轻捷活泼、机敏灵巧，经过调教、特定强化训练后能学会衔物、接物、翻飞及衔取小型道具等多种技艺动作。善于表演技艺的笼鸟，有黄雀、金翅、白腰文鸟、斑文鸟、鹦鹉、虎皮鹦鹉、沼泽山雀、蜡嘴雀、锡嘴雀、鹩哥、太平鸟、朱顶雀、芙蓉鸟、相思鸟、黄鹂等。

5. 打斗类

在观赏鸟饲养中，鸟的打斗竞赛也较盛行，如画眉、棕头鸦雀、鹪鹩、鸡、鹌鹑等，都是好斗之鸟。我国上海每年四至五月间举行的"百鸟鸣叫打斗邀请赛"，均有画眉鸟、棕头鸦雀的打斗比赛项目。

6. 猎捕类

猎捕鸟均较凶猛、强悍，体质强健，耐饥饿。能被驯养为帮助人狩猎的鸟，在我国主要有苍鹰、雀鹰和鸬鹚、灰伯劳等。

7. 竞翔类

竞翔鸟类，在我国主要指信鸽。鸽子具有飞翔能力，经过训练后可以传递信息；赛鸽则为人们提供休闲的乐趣，也逐渐成为人们喜爱的项目之一。

(二)按食性分类

按鸟类食性分类，观赏鸟可以分成食谷鸟类、食虫鸟类、杂食鸟类、食肉鸟类 4 类。

1. 食谷鸟类

又称硬食鸟，以各种植物的果实和种子为食。这类鸟的嘴多呈坚实的圆锥状，圆钝粗短，峰嵴不明显。其消化道的特点是腺胃细小，肌胃大且肌肉发达(胃壁厚 5～5.5 mm)，内膜硬而粗糙，胃内常有碎石或小砂粒等物，肠道为体长的 2～3 倍，盲肠退化或消失。在笼养鸟中，食谷鸟类以雀科和文科的鸟为最常见，如黄雀、朱顶雀、交嘴雀、燕雀、灰文鸟、五彩文鸟和十姐妹等。

2. 食虫鸟类

又称软食鸟，以各种昆虫的成虫及其幼虫为食，是世界上种类最多、数量最大的一类鸟，约占整个鸟类的一半以上。它们多为羽色华丽、姿态优美、鸣声悦耳、备受人们喜爱的笼养鸟，但由于其对食物及环境的苛刻要求，较难进行人工饲养和繁殖。这类鸟的嘴形多样，有的扁而阔、峰嵴明显、嘴须发达，如卷尾、鹟等；有的尖细呈钳状，如山雀、莺等；有的细长而弯曲，如黄鹂、旋木雀等；也有的呈凿状，如啄木鸟等。其消化道特点是无嗉囊，腺胃细长，肌胃圆而坚实，肠道较短，为体长的 1.5～2 倍，盲肠不同程度地存在。

3. 杂食鸟类

杂食鸟类是食性比较复杂的一类鸟。有的以食植物种子为主，兼食少量昆虫，如百灵科的鸟；有的以食昆虫为主，兼食植物种子，如画眉、椋鸟和一些鸫等；也有的食植物种子兼食水果或浆果的另一类"杂食鸟"，如鹦鹉、太平鸟等。杂食鸟的嘴多长而稍弯曲，有峰嵴，或上嘴钩曲，形似鹰嘴，但比较肥厚。消化道特点是腺胃与肌胃几乎等长，肠道约为体长的 2 倍，盲肠退化或消失。鹦鹉类有嗉囊，肠道也较长，约为体长的 3 倍以上。

4. 食肉鸟类

又称生食鸟，可分为食肉鸟和食鱼鸟两种，它们一般体型矫健，形态凶猛，其嘴形有的大而强壮或钩曲而又尖锐，先端具缺刻，如鹰隼等；有的长而尖直，如鹳等；也有的长而弯曲，如鹦等。其消化道特点是腺胃发达，肌胃壁薄，肠道较短，肠壁坚实而内腔狭窄。

【考核评价】

1. 简述宠物的概念及分类。
2. 简述宠物的来源。
3. 饲养宠物的意义。
4. 简述宠物产业的概念及内容。
5. 分析我国宠物行业的现状。
6. 分析我国宠物行业存在的问题及发展对策。

项目二

犬场设计与设施用具

学习目标

掌握犬场的设计原则、功能区规划以及建筑设计等；掌握犬舍的类型、宠物设施与用具。培养学生热爱自然、保护环境的意识、增强学生社会责任感。

【学习任务】

任务1 犬场设计与规划布局

犬场是进行犬养殖生产的主要场所，建立一个高水平的犬场是成功养犬的基础。科学合理地选择场址与规划布局，对于减少建筑投资、提高劳动效率，充分发挥犬场生产潜力、降低犬场生产成本、提高犬场的经济效益及社会效益具有十分重要的意义。

一、犬场设计原则

新建犬场应本着因地制宜的原则，根据当地的自然条件、经济条件、居民居住情况、交通、水源、电力、地形地势等因素进行综合权衡，科学地确定场址、规模和形式。只有合理地设计、科学地规划，才能更有效地组织犬场生产，取得良好的经济效益，并为后期的发展打下坚实的基础。犬场在规划设计时，应遵循以下原则：

1. 场址

宜选择在环境清静、离城市较远的农区或郊区，远离居民住宅区，尽可能避开工业烟尘、污水及垃圾排放点，符合防疫程序的要求，交通便利的同时应与交通要道保持一定的距离（通常 500 m 以上），以方便犬只的运输和卫生防疫。特别是犬场的上风向，应没有污染源。总之，犬场不得污染环境，也避免被周围环境所污染。

2. 地势

地势需平坦高燥，地形开阔，向阳背风，水源充足，水质好，排水通畅，通风良好。山区宜选择在向南或向东南微偏的阳坡上，犬舍内的坡度不得高于 10°；平原地区宜选择在地下水位低、地势略高的地方，以利于排水。

二、犬场的规划布局

根据犬场建筑功能的不同，可分为生活区、管理区、生产区、隔离区、运动场等。对于规模较小的犬场，各区、各舍可进行简化合并，以减少占地面积和基本投资费用，但必须符合防疫的要求。

1. 生活区

生活区是指犬场职工的生活区域，通常在犬场的上风向（按一年的主风向计），其中包括职工的食堂、宿舍和娱乐场所等。对于规模化程度较小的犬场，可将生活区并入管理区。

2. 管理区

管理区包括行政技术办公室、会议室、接待室、传达室、车库等，位于场区常年主导风向的最上风处（按一年的主风向计），是犬场从事经营管理活动的区域。管理区是外来人员及车辆来往最频繁的地方，容易引起病原微生物的传播，必须与生产区隔离，外来人员只能在管理区内活动，一般不得进入生产区。传达室内设有紫外灯消毒，门口有供车辆进出的消毒池。

3. 生产区

生产区包括繁殖区、训练区、犬舍、运动场、仓库和饲料加工调制间等建筑。其中，犬舍是犬场的核心部分，按使用目的的不同，可分为种公犬舍、育成犬舍、繁殖母犬舍等，种公犬舍宜建在最上风处，繁殖母犬舍宜建在最下风处，育成犬舍建在中间。每个犬舍又可分为室内和室外，室内供犬只休息和采食，室外为运动场。饲料加工调制间和配电间，宜建在地势较高的上风位置，以减少粪便垃圾的污染，同时应考虑与其他犬舍间距离的合理性，以方便犬只的饲喂。

4. 隔离区

隔离区包括兽医医疗室、病犬隔离室、粪便处理区等，宜建在犬场的最下风处和地势相对较低的地方，且与健康犬舍保持一定距离，以及减少病原微生物的传播和扩散。

粪便处理区包括死犬处理处（化粪池）以及垫物和粪便处理处等，宜建在犬场的最下风处和地势相对低洼处，与饲料调制间方向相反的地方，尽可能避免污物通道与饲料通道的交叉重叠。犬的粪便和垫料通常用专门的清粪车运至粪便处理场集中堆积发酵处理。

5. 运动场

大规模的犬场应设有运动场，供犬只运动，也可作为犬的驯导人员驯犬时用。运动场应平整，上铺草坪，面积大小视饲养犬只数量而定。

三、犬舍建筑要求

根据各地主风向和光照情况，合理安排各种类型的建筑物，犬舍排列通常呈一定行列式。我国属温带大陆性气候，冬季盛行西北风，夏季盛行西南风和东南风，太阳的入射角度冬低夏高，因此犬舍的方位应坐北朝南呈东西走向，可略偏东 5°～10°，这样可以避免冬季西北来向冷气流的侵袭，起到很好的保温作用，同时又可防止夏季过强太阳光的照射而导致犬只皮毛受到损伤。

场区和犬舍周围应做好绿化，植树或种花。高大树木可以遮盖夏季舍内阳光，适成林荫圈舍；通道种花，既可美化环境，又有利于调节犬场的小气候。

犬舍的檐高通常为 2.5～2.8 m，双坡顶为宜，南北墙对开窗户，以利于夏季通风。各犬舍之间保持 5～6 m 的通风间距（此间距一般为檐高的 2 倍左右），既利于通风与防疫，也有利于工作人员作业和犬只的出入；犬舍地基四周为 1 m 左右宽度的水泥地面，地基与犬场道路之间的空地设草坪，可防止蜱、螨等寄生虫病的传播。

四、犬舍类型

犬舍类型繁多，需根据实际情况进行建造。按屋顶形式分为单坡式、双坡式、平顶式。按是否固定分为固定犬舍、移动犬舍，固定犬舍适宜集约化饲养，移动犬舍适宜家庭饲养（大型移动犬舍）。按犬舍排列分为单列式、双列式、多列式。按有无运动场分为带运动场的犬舍和不带运动场的犬舍。按功能分为种犬舍、产仔舍、幼犬舍、育成犬舍以及病犬隔离舍等。按开放程度分为全封闭式、半封闭式、简易式，封闭式犬舍可饲养各种犬，其建造场所应满足日照充足、干燥等条件，以确保犬的健康。

1. 封闭式犬舍

通常为砖石水泥结构，舍内用砖石或围栏分隔成 2～3 m^2 的小间，舍外建有 4～6 m^2 的运动场，舍内舍外均为水泥地面，保持 5°～10°的坡度，以利于粪便的冲洗。运动场用铁栅栏围圈，栅栏下有 15～20 cm 的水泥地基，以减少雨水、尿液对最下端栅栏的侵蚀。封闭式犬舍可设单列式或双列式，目前多数犬场多为单列式犬舍(图 2-1)。

图 2-1 封闭式犬舍

2. 半封闭式犬舍

半封闭式犬舍又称敞开式犬舍，多为单列式犬舍。与封闭式犬舍相比，半封闭式犬舍的舍内和舍外之间不设隔墙。这种犬舍结构简单，通风和透光好，使用也较方便，但冬季的防寒保暖和夏季的防暑降温效果都较差。

3. 简易式犬舍

简易式犬舍由半封闭式犬舍改造而成。夏季时，在半封闭式犬舍的露天部分(运动场)的上方加设防晒网防暑；冬季时，加盖塑料大棚保温。该种方法投资较少，而且保温和防暑效果均较好，在经济条件不许可的情况下提倡采用。

五、犬舍基本结构

犬舍的环境控制很大程度上取决于犬舍结构(图 2-2)，尤其是犬舍的外围护结构(屋顶和外墙组成犬舍的外围护结构)，除此之外还与犬舍的类型和人为管理有关。

图 2-2 规模化犬场室内

1. 基础与地基

基础与地基是犬舍的地下部分，是墙的延伸与支撑。对基础的要求为坚固、不透水、不吸湿、抗冻和抗震、尽量避免埋入地下水中。

一般比墙壁宽 10～15 cm，深度 50～70 cm。材料可选用石块、水泥、砖、石棉水泥板和钢性泡沫隔热板等。

2. 墙壁

墙壁是犬舍与外部空间隔离的外围护体，能改善室内温度、湿度状况，占犬舍总重量的 40%～65%、总造价的 30%～40%、总散热量的 35%～40%。

对墙的具体要求：①选保温隔热性能好的材料，以保证最高绝热。②在舍外部分，墙身与地面接触处要加勒脚；外面还要做排水沟，以减少墙身与基础受浸泡的可能；舍内的墙身与地面交界处要设墙围（高达犬高），对加强墙的坚固性、防止水汽渗入墙体及提高墙的保温性均具有重要意义。③隔栏（墙）应具有足够的高度。

3. 门和窗

门包括犬舍的门和运动场的门，即内门和外门，门宽 1.5～2.0 m，高 2.0～2.4 m。

对门的要求：①一律向外开；②门口不设台阶及门槛，而是设斜坡，舍内与舍外的高度差为 20～25 cm；③外门每栋至少有两个，一般设在端墙，正对中央通道；④寒冷地区设门斗，防止冷空气直接侵袭。

窗与通风、采光有关，所以对它的数量和形状都有一定要求，一般设在墙壁和屋顶，通过窗的散热占总散热量的 25%～35%。为加强外围防护结构的保温和隔热，要注意窗户面积与墙面积的比例。窗有方形、立形（立矩形）、横卧形（横矩形）、圆形等。

4. 地面和犬床

地面和犬床是休息的场所，它的散热量应占总散热量的 12%～15%，但由于犬与地面接触多，且主要以传导散热，所以地面散热对犬也很重要。尤其是夏季和冬季。

犬舍地面应具备下列基本要求：①坚实、致密、不滑（有麻面或波状的沟痕）；②有一定的机械强度和抵抗各种消毒液侵蚀的能力；③温暖、不透水，易于清扫和消毒；④有一定的坡度（3°～5°）。材料可以用砖、水泥、三合土、沥青等。冬季在犬床上要加垫草。

5. 屋顶和天棚

天棚（天花板、顶棚）的主要功能是加强犬舍冬季保温和夏季防热，且有利于通风换气。犬的汗腺不发达，怕热，犬舍通风要良好，舍顶要有较好的隔热效果。犬舍的周围最好有遮阳设施。虽然犬比较耐寒，但在冬季，犬舍也要有较好的保温条件，以减少犬维持体温的能量消耗，降低饲养成本。

对天棚材料的要求：质轻、不透水、不透气、隔热性能良好，如聚苯乙烯泡沫塑料、玻璃棉、珍珠岩等。在寒冷地区可适当减少净高（屋高不变），可增强保温作用；在炎热地区可适当增加净高（屋高不变），可加强舍内通风作用。

天棚上放一些质轻的保温隔热材料（如锯末等）可以增强天棚的作用。

任务 2　设施与用具

与人类一样，宠物也需要衣食住行。在养宠物之前，必须准备好宠物的各种生活用具。室内饲养宠物的基本用具和设施主要有窝具（包括被褥）、食具、出行用品、梳洗工具及玩具与食品等。

一、养犬设备与用具

(一)犬窝

犬窝是供犬休息和睡眠的场所,有柳条犬窝、塑料床、布屋、犬笼等,目前使用较多的是犬笼。犬窝的大小要适宜,以便冬季的保温。通常犬窝的入口檐高应不低于犬只体高的3/4,长度和宽度不低于体长的25%,高度应大于从头到脚高度(自然站立时)的50%。

1. 柳条犬窝

柳条犬窝是用植物藤条编织成的长篮,一侧较低以便犬的出入,底部内侧加有衬垫,四面透风,但易被犬啃咬,且缝隙间易藏污纳垢而不易清洗,主要适合于小型犬(图2-3)。

2. 塑料床

塑料床是用塑料制成各种大小的盆状,一侧稍低或有缺口以便犬的出入,不易损坏,清洗方便,但底部和侧壁较硬,通常需要放入柔软的被褥或布垫来增加舒适度,主要适合小型犬使用(图2-4)。

图2-3 柳条犬窝

图2-4 塑料床

3. 布屋

布屋是以棉布和海绵为基本材质,做成圆顶或三角顶的屋形,有底,保温性能较好,适合冬季使用,但易脏,且不便清洗,主要适合小型犬使用(图2-5)。

4. 犬笼

犬笼是用铁丝做成一定规格大小、呈立方体的笼舍,多数对铁丝进行浸塑或喷漆处理,以保证犬笼不易因生锈而腐蚀。犬笼(图2-6)笼顶或笼的一侧面设有供犬只进出或取放犬

图2-5 布屋

图2-6 犬笼

只的门，笼底离地面有 5～10 cm 的高度，笼底铁丝下方有塑料材质做成的承粪板。使用时，可在犬笼的一侧壁上挂自动饮水器，对犬体和犬笼都较卫生，目前被广泛使用，适用各种体型的犬。

(二)食具和水具

选择坚固不易损坏、便于清洗、底盘较低、重量较大不易打翻的食具(图 2-7)为好。如塑料盆、陶瓷盆、铁盆或不锈钢盆等。食具的形状和口径大小应依据犬的品种特征来选择。大型立耳、嘴筒较长的犬，如德国牧羊犬要选择口径较宽大、深浅适度的食具，保证犬的正常采食；嘴筒较短、耳朵较小的犬，如巴哥犬、京巴犬等，则要选择口径较大，底部较浅的食具；嘴筒较粗、耳朵较长的犬，如腊肠犬、巴吉度犬等，应选择口径较小、底部较深的食具，这样保证犬在采食时耳朵不至于垂到食具中而污染耳朵；扁脸短鼻犬种，应选用浅器皿；耳朵较长犬种，进食时耳朵可能会垂入食具中弄脏，最好用口径小的器皿，使它们的口鼻部都伸入，耳朵留在外面。食具和水具最好分开，为了保证犬随时喝到清洁的饮水，应为犬准备自动饮水器(图 2-8)，挂在犬笼的外侧，可防止饮水被犬污染，保持犬笼的清洁卫生。

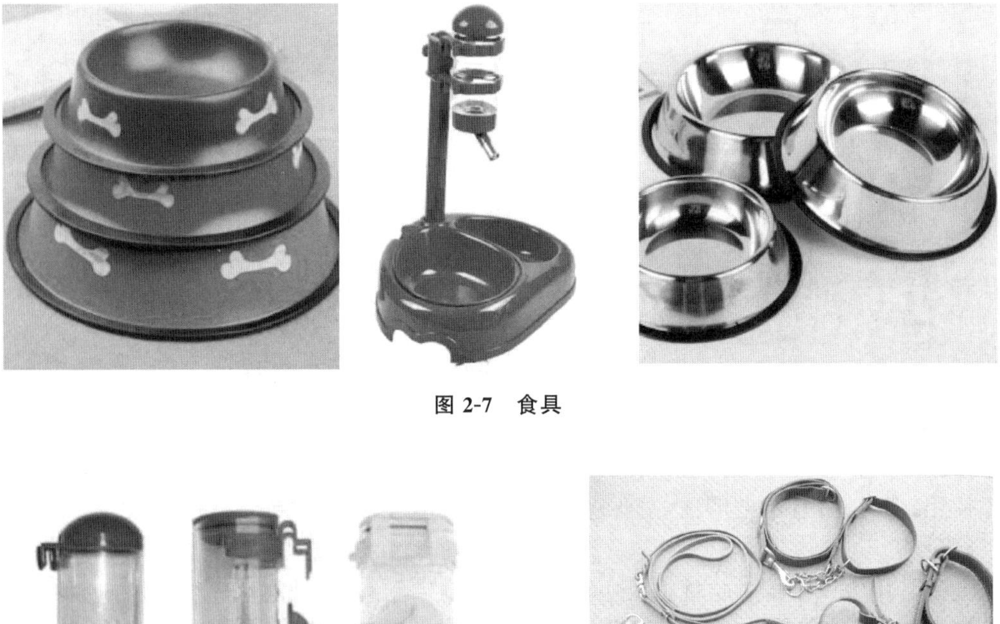

图 2-7　食具

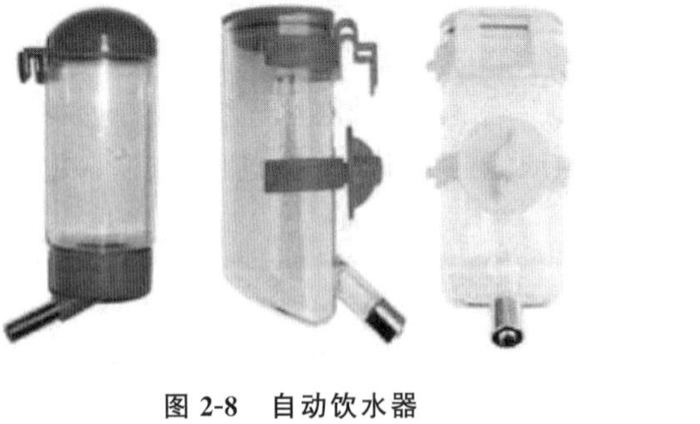

图 2-8　自动饮水器

图 2-9　犬用各种牵引带

(三)出行用品

犬的出行用品主要有项圈、犬链(牵引绳)、嘴套、服饰、身份牌、旅行包或航空箱等。

项圈、犬链或伸缩式牵引绳(图 2-9)便于对犬只的控制。项圈可由金属、尼龙、棉带和皮革等制成，松紧、大小要适合犬体，并要随幼犬的生长及时调整或更换。牵引绳由皮革、帆布带或铁链等制成，牵引绳的末端要有脱套方便且不会从颈圈上脱落的套钩。小型犬一般以细软的棉绳为好，大型犬宜选结实的皮带或铁链。

为了防止犬外出时在公共场所吠叫、咬人或乱拣食杂物，有必要给犬戴一个大小合适的专用嘴套（图 2-10），嘴套的材质以塑料或皮革为主。

图 2-10　犬嘴套

身份牌（图 2-11）上有犬主人的家庭住址和联系电话，系在项圈上，方便犬走失后找寻，部分省市已经开始采用电子身份证（皮下植入芯片）。

在冬季外出时，可给犬配一件外套，既可起到一定的御寒作用，也可使犬更加靓丽。有些犬的主人为了防止自己的犬外出时被其他犬乱配、误配，会给犬穿一件阻止犬只相互之间交配的外套（图 2-12）。

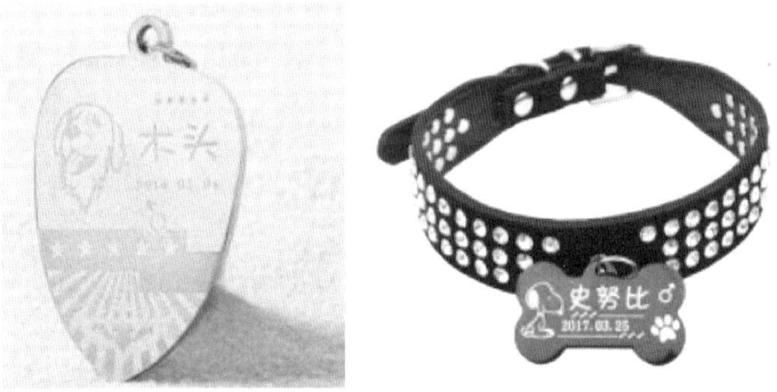

图 2-11　犬身份牌

图 2-12　犬衣服

带犬长途外出、参赛或参展，特别是乘坐飞机时，还需配有旅行包或航空箱（图 2-13）等。宠物旅行包或航空箱多采用高强度优质材料制成，无气味、无毒、不易软化，对宠物无任何伤害，能给宠物提供充足的活动空间，宠物在内可以转身、站立，长时间飞行或旅途也不会有压迫感。

(四)梳洗用具

1. 梳理修剪用具

梳理修剪用具有针梳、排梳、柄梳、毛刷、拔毛刀、梳毛手套、电剪、美容剪和趾甲钳等（图 2-14）。针梳、排梳、柄梳、毛刷等适用于梳理不同被毛长度的犬只，可根据犬的被毛长短来选择，针梳、排梳适用于中长毛犬，柄梳适合梳理长毛犬，毛刷和梳毛手套适用于短毛犬。美容剪有直剪、弯剪和牙剪等，用于犬体被毛的修剪，趾甲钳适用于犬趾甲的修剪，有时还需配有锉刀，以磨平趾甲修剪后的切口。

图 2-13　犬旅行包(左)和航空箱(右)

技能视频——宠物美容工具识别　　技能视频——宠物美容工具用法

2. 洗浴用品

洗浴用品主要有浴缸、犬专用香波、吸水毛巾、吹风机等。犬的香波是犬专用的浴液,不能与人用浴液混用,因为犬用浴液略呈酸性,而人用浴液呈中性。犬用浴液要求对犬的皮肤和眼睛无刺激、泡沫适量、清洗效果好、带有淡淡清香味,主要有各种毛色专用浴液、除蚤除虱浴液、除臭浴液、赛级犬的专用浴液等类型。目前市场上犬用浴液的品牌较多,价格相差也较大,在选择时应权衡考虑犬的毛色、年龄、生长情况等。

教学视频——洗澡工具　　技能视频——吹水机使用技巧

(五)玩具

幼犬常爱啃咬物品以减轻牙齿生长时的不适感,为防止犬在长牙期对家具、衣物的啃咬,可提供给犬各种玩具(图 2-15)。犬的玩具应不易破损、经久耐用、大小适中,并能较好地

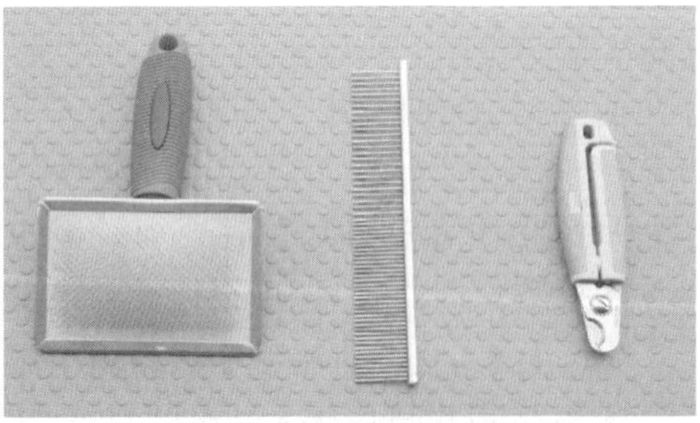

图 2-14　梳理修剪用具

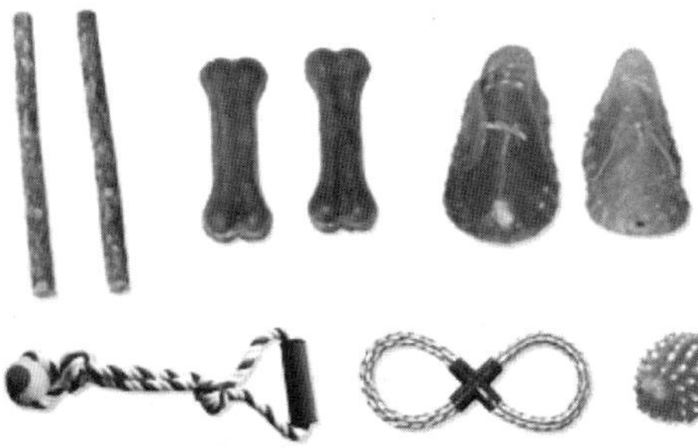

图 2-15　咬骨与玩具

防止被犬误食。玩具的形状多种多样，通常与犬喜爱玩耍的物品形状相似，有骨头形、球形、条形、饼形、鞋形、帽形等，但大多数是用动物的碎肉或碎骨压制而成，一方面犬在玩耍过程中可以慢慢舔舐，补充了矿物质；另一方面犬在啃咬过程中锻炼了牙齿。对成年犬而言，飞盘更合适，不但可以在训练中锻炼犬的身体，还可以进一步增进人与犬之间的感情。

二、养猫设备与用具

1. 猫窝

猫窝是猫休息和睡觉的地方，准备猫窝就是为猫提供一个温暖舒适、清洁卫生、免受干扰和侵害的休息场所，这有益于猫的健康成长和繁衍后代。无论将猫养在室内还是室外，都必须有猫窝或猫床(图 2-16)，猫窝可用木制箱子、竹篮子、塑料盒、硬纸盒或纸箱制作。主要以塑料、木、藤制品为好，这样便于清洗和消毒。猫窝的底层应加上垫草、垫料或废旧纸片，并经常更换。猫窝要有足够的面积，以猫能够伸直腿为准。猫窝的内外面及边缘必须光滑、无尖锐硬物，以免划伤猫。

群养猫时，必须为猫设计和构筑猫舍或猫笼。其设计的基本要求是：冬暖夏凉，光照充足，温度适宜，干燥通风，清洁卫生，运动戏耍设备齐全，牢固耐用。群养猫分为散养和笼养两种方式。散养需要猫舍和运动场，猫舍是用来供猫吃、喝、拉、撒、睡的地方，而运动场是供猫戏耍的地方；笼养是将猫放在笼子里饲养，笼子的材料可用金属或质地硬的塑料，笼子应安放在笼架上，可以单层，也可以双层或 3 层，每只笼子里饲养数目的多少，视笼子的体积而定。

2. 食具和水具

猫的食具和水具是养猫的必备器具，包括食盆、饮水器具、人工哺乳的奶瓶、煮烧猫食的器具等(图 2-17)。在选购食盆和饮水盆时，应选择便于清洗、结实、盆底厚重、边缘钝厚，不易打碎的瓷质或不锈钢制品。以防猫在吃食或饮水时将其打翻或划伤猫。选用食具时，要尽量使猫感觉舒适。深浅、大小因猫种而定，如小猫和扁脸的猫(波斯猫和异国短毛猫)应用浅盆，其他大猫则应用口径大的食盆和饮水盆。食盆和饮水盆下最好垫上废报纸，保持地面的清洁。

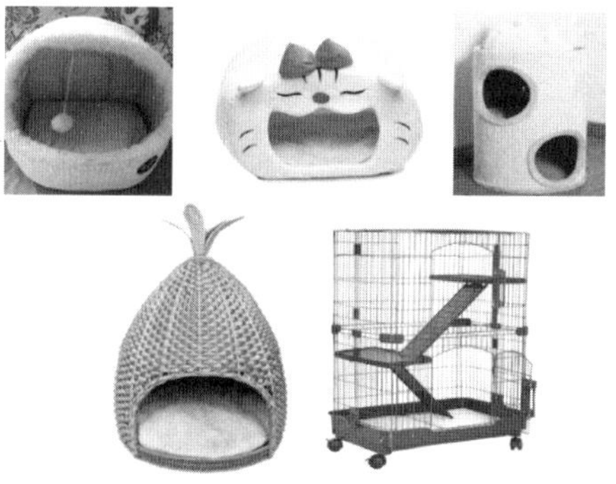

图 2-16　猫窝

图 2-17　猫的几种常用食盆

3. 玩具和磨爪器

猫喜欢自己玩耍嬉戏，还特别喜爱圆形、五颜六色、能滚动的玩具，所以家中可以为猫准备色彩鲜艳的皮球、线球、乒乓球和气球等玩具(图 2-18)。猫对悬挂着的彩色布条、纸条等也极感兴趣。猫的玩具要不断更换，否则时间久了，猫对已有玩具也会玩腻的，当然猫的玩具不一定完整好看，只要猫感兴趣就行。但要注意玩具的安全性和卫生，给小猫买玩具的时候一定要检查玩具是不是实心的。有的玩具虽然价格很便宜，但是上面可能会往下掉塑料渣，小猫稍有不慎就会吞食进去。有的塑料对小孩是安全的，但是对小猫却可能是有毒的。

图 2-18　猫的玩具

猫有经常磨爪的习性，由于家养猫不需要再去捕食，也没有自然磨损的机会，所以要备有磨爪器(图 2-19)。这样既有利于猫的健康，又有利于保护家庭装饰。磨爪器大多是由瓦楞纸板或毯子制成的，其形状类似搓衣板。使用时将其放在猫容易看到的地方，并引导它去使用。也可以自制磨爪器，在坚硬的物体外面包上废旧的毯子或草席，毯子或草席被猫抓破后，可以随时更换。

图 2-19　猫磨爪器

4. 便具和猫砂

猫尿的味道骚臭，养猫要为其准备便盆。通过调教，可以使猫学会在马桶或厕所内大小便，也可用砂盆(图 2-20)，有最普通的塑料盒，也有带盖的箱子(笼子)，这种箱子(笼子)前面有供猫进出的小门，还有能够减轻气味的过滤器。砂盆选择结实耐用、便于清洗及消毒的材质。也可自己制作，选择一些易清洗、不易吸收臭味、不易破损的材料，如薄铁板、塑料盆和搪瓷盆等。木箱和纸箱不适合做便具，因为粪尿易被吸收，造成长期滞留粪尿味，有碍卫生。

便盆内应铺上猫砂，且要有一定的厚度，以便猫掩埋粪便。猫砂通常有两种，一种是膨润土猫砂，吸湿性较强，会很快吸干粪便里的水分，结成一个小块。在清理时，不用整盆倒掉，用带漏孔的猫铲铲出这些小块，每日清理两次即可，猫砂可随时添加。另一种是水晶猫砂，主要成分是二氧化硅，无毒无污染，颗粒呈白色的圆柱状，吸收尿液后呈黄色，每日只需

图 2-20　猫用砂盆

清理变色的颗粒即可。猫砂便盆应放置在通风、干燥处。

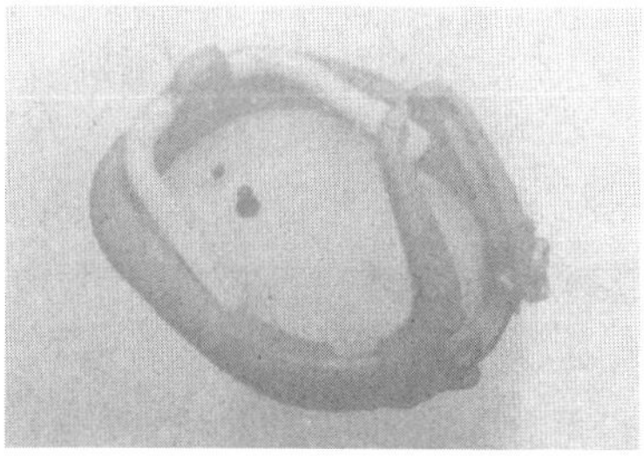

图 2-21　猫用浴盆

5. 清洁用具

猫常用的清洁用具包括梳理用具、洗澡用具和修爪用具等。梳理用具有梳子、刷子和小镊子等，梳子以木质为宜，以避免梳理时产生静电引起被毛竖立，另外还要注意梳子的末端不应过于尖锐；刷子有专用的兽毛刷等。洗澡用具有专用毛巾、浴盆(图 2-21)、专用洗涤香波(要用对猫的皮肤无刺激性的猫专用浴液)、脱脂棉棒、吹风机和取暖器、按摩器(刷)等。修爪用具有剪刀、趾甲钳、趾甲锉、小砂轮或砂皮纸等。另外，还应该准备一些用品，如橡胶手套、粘毛滚刷、吸尘器等。

6. 旅行用具

猫旅行用具(图 2-22)，即装猫的运输工具。平时带猫去美容、看病、外出旅游时等都要使用，没有它就会感到不方便，因此也是养猫必备的用具。宠物用品店有专用的旅行箱、笼出售，用纸板、塑料、铁丝或藤条等制成，形式多种多样，可根据实际情况和喜好购买。挑选时，应考虑猫的生长需要，笼子大小至少在 30 cm×30 cm×55 cm。对于体型大的成年公猫，应选择大一号的笼子。若外出旅行，旅行时间比较长(超过一两个小时)时，笼子里应放置砂盆、水盆和食盆。也可自己制作，选择一个长 40 cm、宽 30 cm、高 30 cm 左右的纸箱，在箱壁上打几个通气孔，箱底铺上垫子即可。使用时，将猫放进去，然后在箱外用绳子捆好，系成手提状。

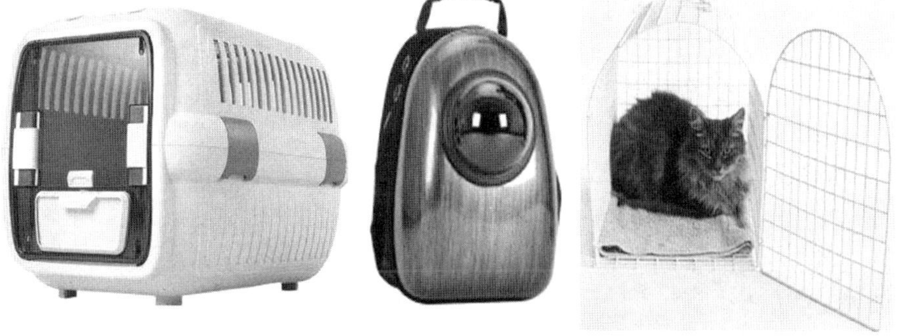

图 2-22　猫旅行用具

【知识拓展】

饲养鸟的设施及用具

饲养和繁育观赏鸟必须具备适当的饲养器具，观赏鸟所需设备与器具(架)随饲养目的、饲养种类的不同，其规模形式也不一样。有用于展览和商业饲养的大型鸟场，有专营繁殖的中型鸟场，也有养鸟爱好者在家庭建的小型饲养场所，其附属器具也因鸟场的不同而异。

一、鸟房

养鸟场、动物园、鸟兽商店饲养观赏鸟数量较大，必须建造鸟房。鸟房建造地点应选择向阳、通风和位置较高且干燥的地方，如用于展览，则需建造参观通道并加以装饰。

(一)鸟房类型

观赏鸟体型、习性差异较大，对鸟房的要求不一。鸟房常按对温度的不同要求和鸟体型的大小进行分类，在具体设计时应综合考虑。

1. 按温度要求分类

可分为常温鸟房、加温鸟房和保温鸟房 3 类。

常温鸟房建造方便，只要在室外置有挡风遮雨设施即可，多用于饲养当地的留鸟或冬候鸟。保温鸟房分室内和室外两部分，室内供冬季、夜晚及恶劣天气栖息用，适宜饲养夏候鸟及南方鸟类。加温鸟房分室内和室外两部分，冬季以室内为主，很少放至室外，故建造时要求既能保温又能保证良好的通风和采光。

2. 按鸟体型大小分类

可分为微小型、小型、中型、大型和特大型 5 种鸟房。

微小型鸟房用于饲养绣眼鸟、柳莺、太阳鸟等体长 5～6 cm 的鸟类，大多是保温和加温鸟房，故鸟房不宜太大、太高，通常室内长宽高均为 2.2 m 左右，室外与室内同宽，长、高在 2 m 左右，展览时房内可用山石、植物布置。小型鸟房用于饲养体型如红嘴相思鸟、文鸟、大山雀大小的鸟类，大多数设有室内、室外两部分，这类鸟房稍大于微小型鸟房。中型鸟房用于饲养体型如画眉、蜡嘴雀大小的鸟类。中型鸟房多为常温鸟房，故可建得宽敞些，设计时可将无室内的鸟房与有室内的鸟房连在一起，以便应对特殊情况。大型鸟房用于饲养比八哥体型大的鸟类，这些鸟中有的需室内饲养、有的不需室内饲养，此类鸟房可参考小型鸟房的设计并将高度增加到 3 m 即可。特大型鸟房用于饲养犀鸟、孔雀等鸟类，这类鸟房高大，室外高 4～5 m，室内不低于 3.5 m，室外铁丝网要坚实，室内多半要有加温设施。

(二)鸟房设计注意事项

观赏鸟房的设计除了要注意外形、结构等方面外，还要根据鸟类的习性，辅以栖架、水池、树段、巢箱等设施，并安排放置食盆、水盆位置。为保证安全，房门不能直接对外开，应设一缓冲小间。

二、鸟笼

家庭饲养少量观赏鸟时应使用鸟笼。鸟笼的形状、材料则随各种鸟的习性不同而不同。

按其用途可分为观赏笼、鸟架、繁殖笼、串笼、浴笼，制作材料有毛竹、木材和金属材料。

(一)观赏笼

观赏笼一般用适宜饲养的代表鸟名称命名。

1. 画眉笼

画眉笼有板笼(图 2-23)和亮笼(图 2-24)两种。板笼呈四方形，用竹片或木板封住一部分，主要用于饲养未驯服的画眉。亮笼有圆筒形、腰鼓圆形、馒头圆形和六角圆形。笼顶有平、拱之别，顶的中央用板封闭。亮笼一般高 33 cm，底直径 30 cm，笼底栅状，离底 10 cm 处置 2 cm 粗的砂棒一根，两侧置食缸、水缸。亮笼常用于饲养画眉、白头翁、太平鸟等。

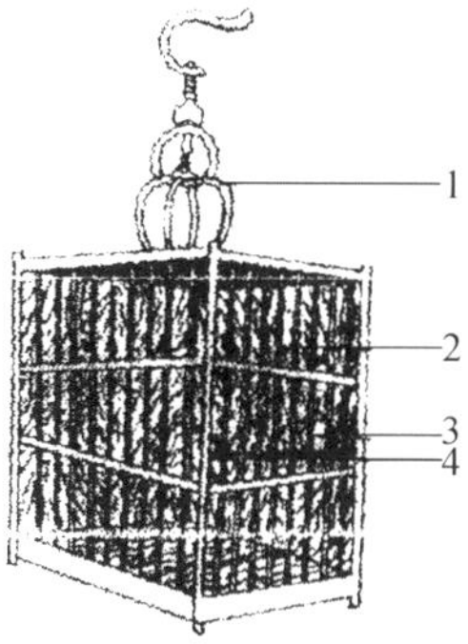

图 2-23 画眉板笼

1. 笼爪 2. 挡板 3. 食缸(水缸) 4. 栖木

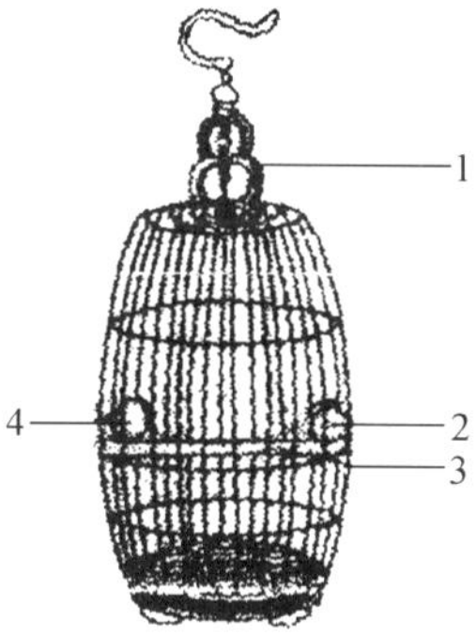

图 2-24 画眉亮笼

1. 笼爪 2. 水缸 3. 栖架 4. 食缸

2. 金丝雀笼

金丝雀笼又称芙蓉笼(图 2-25)，以方笼为主，圆笼少见。方笼有轿顶和平顶之分，通常长×宽×高为 24 cm×24 cm×35 cm，圆笼一般高 38 cm，底直径 27 cm，该笼多为竹制品，笼底用薄木板，上面铺一层砂子，用于承接粪便，笼内置栖木 1～2 根，食、水缸各一个。这类鸟笼适宜饲养金丝雀、相思鸟、灰文鸟等。

3. 八哥笼

八哥笼(图 2-26)是一种大型竹制或铁丝制圆形鸟笼，有平顶、拱顶两种。因笼间距较宽，

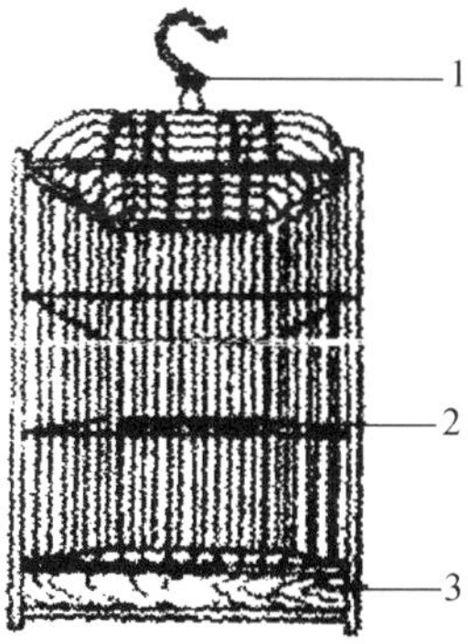

图 2-25 金丝雀笼

1. 笼爪 2. 栖木 3. 底板

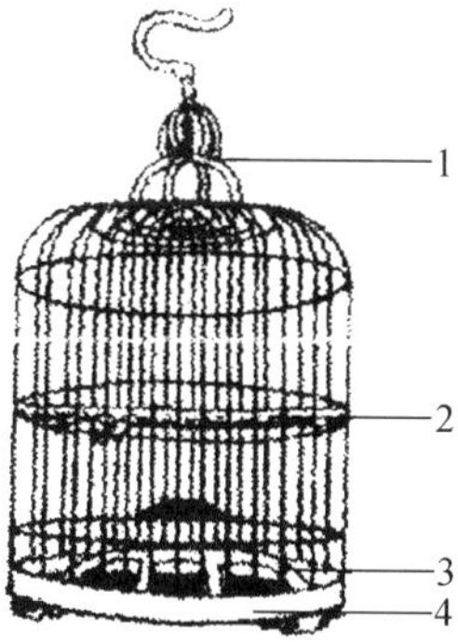

图 2-26 八哥笼

1. 笼爪 2. 砂棒 3. 笼底竹丝 4. 底板

项目二 犬场设计与设施用具

故不宜饲养小型鸟，为饲养八哥专用。常见八哥笼高 48 cm，底直径 36 cm，笼内设砂棒一根，挂食缸两只，水缸一只，笼底竹丝向上凸起，竹丝下 5 cm 设底板。

4. 百灵笼

百灵笼为竹制圆形高笼，顶有平、拱之分。百灵笼(图 2-27)的大小因养鸟者爱好不一而变化较大，大型笼高 1 m 以上，可制成升降型，小型笼高 30～40 cm。笼底设有底板并围以底圈，内铺河沙，供鸟沙浴和承粪用。近底部留一小孔，食缸挂在笼外孔下。笼内不设栖木，仅在中央置一高台，供百灵歌舞。该笼主要用于饲养百灵和云雀。

5. 点颏笼

点颏笼(图 2-28)是竹制小型圆笼，笼高不超过 30 cm，底直径约 20 cm。笼内安装栖木一根，栖木两侧设置食缸 2 只，水缸 1 只，底有亮底也有板底，养鸟时常在底上加塑料承粪板或吸湿性能强的布垫。

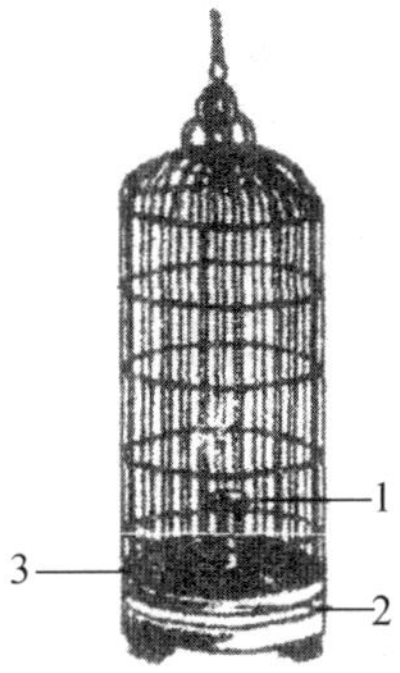

图 2-27　百灵高笼

1. 高台　2. 底圈　3. 采食孔

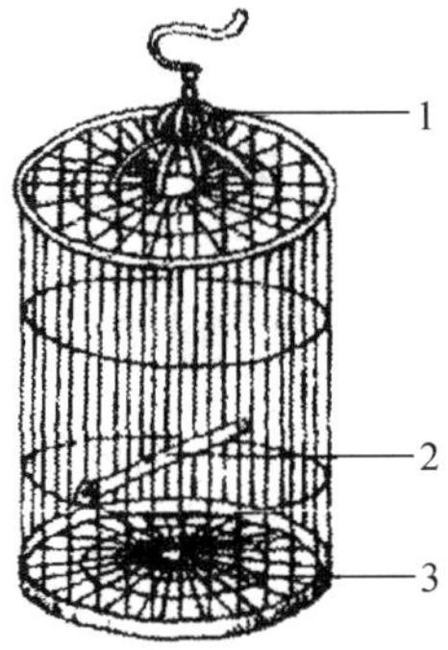

图 2-28　点颏笼

1. 笼爪　2. 栖木　3. 亮底

6. 绣眼笼

绣眼笼(图 2-29)是鸟笼中较小的一种，因绣眼鸟喜活动，故笼是方形的。绣眼笼尺寸大小不一，常见的长×宽×高为 20 cm×20 cm×21 cm。笼顶可用竹片或木板封住，笼底可用薄木板或塑料板。笼内设两根栖木，但不宜太粗，设食缸、水缸各一，此笼除饲养绣眼鸟外还可饲养戴菊、柳莺等。

(二)鸟架

供饲养鹦鹉及技艺鸟表演用，将鸟用线或链栓于架上。鸟架(图 2-30)有立式和挂式之分；饲养鹦鹉时多用立式，架子用金属管制成，饲养时将链的一端栓于其蹠部，另一端系在架上。饲养技艺鸟多用挂式，架子可用竹木制成，饲养时将线的一端系在架子中央，另一端拴在鸟的颈部。不论系在鸟的哪个部位，都要连上活圈，以防链或线将鸟勒死。用此法饲养的技艺鸟有蜡嘴雀、黄雀、朱顶红等。

(三)繁殖笼

繁殖笼是人工养鸟繁殖必用之笼。为了给繁殖亲鸟创造安静的环境，常常将鸟笼的大部分遮严，呈箱型或小房子型，故又称箱笼。繁殖笼较观赏笼宽敞，笼的后上方有放置鸟巢的架子或木板。为便于观察，检查孵蛋、育雏情况，可在鸟巢处开一活动小门。笼底宜为抽屉式，内铺细砂，便于清扫。虎皮鹦鹉繁殖笼(图 2-31)是典型的箱笼，仅一面是亮网，其余用

图 2-29　绣眼笼

1. 笼爪　2. 栖木　3. 绣眼专用水缸

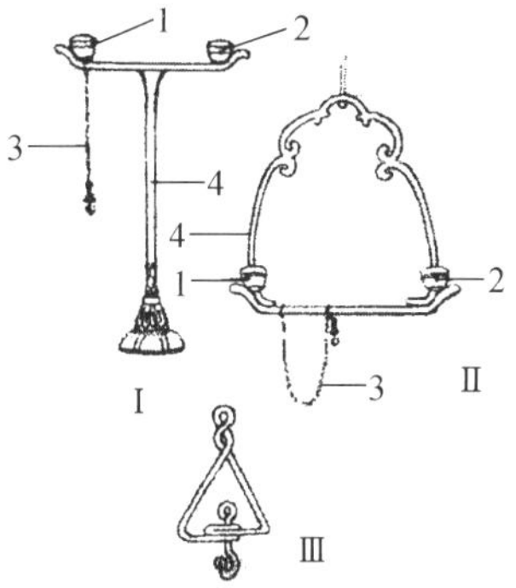

图 2-30　鸟架

Ⅰ. 立式鸟架　Ⅱ. 挂式鸟架　Ⅲ. 活圈

1. 食缸　2. 水缸　3. 链或线　4. 架

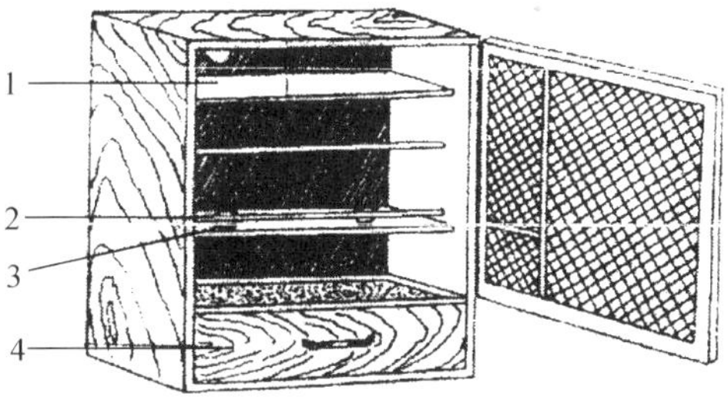

图 2-31　虎皮鹦鹉繁殖笼(箱笼)

1. 巢箱位置　2. 栖木　3. 食缸或水缸　4. 笼底沙盘

薄板封闭,笼底用铁皮抽屉、巢用木盒或树洞,食缸、水缸宜浅而稳妥。笼长 42 cm,高 50 cm。人工巢长×宽×高约为 25 cm×23 cm×30 cm,鸟巢上的出入孔直径为 4 cm。金丝雀不太怕人,其繁殖笼可用长×宽×高为 45 cm×30 cm×30 cm 的竹笼。

(四)串笼

日常清扫或更换食、水时,为避免鸟只因惊吓而撞伤头部或损伤羽毛,需将鸟串入另一只笼内,或者当分点笼鸟时也需串笼。串笼多为长方形,比普通方笼稍大,长×宽×高约 30 cm×25 cm×25 cm,笼的前后均设双开门(大门中套小门),门的大小因所串鸟的种类不同而不同。笼内一般有栖木而无食缸、水缸,便于串各种笼鸟。若采用相同的观赏笼作串笼则更为理想,但不经济。

(五)浴笼

浴笼专供鸟类水浴而用。有两种类型,一类稍大,可将浴缸置于其中;另一类较小,使用时将浴笼直接置于浅水盆中。采用专门浴笼可保持观赏笼干燥,延长使用寿命。初次水浴时,应让鸟先习惯浴笼和浴盆,再往盆内加水,以免引起鸟应激反应而拒绝水浴。

三、食具、水具及其他用具

(一)食具

食具(图 2-32)既是养鸟必备之物,又是鸟笼的装饰物,其制作材料有陶瓷、竹、金属等,其中以陶瓷轻巧、雅致而多见,形状有腰鼓形、枕头形、心形、圆柱形。按其用途则可分为:

(1)粟子缸　盛放粟、苏子、菜籽等粒料,一般口小腹大。

(2)蛋米缸　小型鸟用粟子缸盛食,大型鸟食量大,需用蛋米缸盛食,蛋米缸可用毛竹制成。

(3)粉缸　喂粉料用,缸口与底同大,便于鸟啄食和清洗。粉缸又分为大棋子粉缸、高棋子粉缸、中棋子粉缸和低棋子粉缸 4 种。

(4)菜缸　缸口与底同大但较深,使用时内贮清水,将菜插入以防干瘪。

(5)食扦　扦挂饲料用,多用竹刻制,有虫扦、水果扦、菜扦等。

(6)自动食槽　饲养量较大时选用自动食槽。

(二)水具

可以用粟子缸或蛋米缸代用。

某些喜淘水的鸟(如绣眼鸟)要用专用水缸,大群饲养时也可使用自动饮水器(图 2-33)。

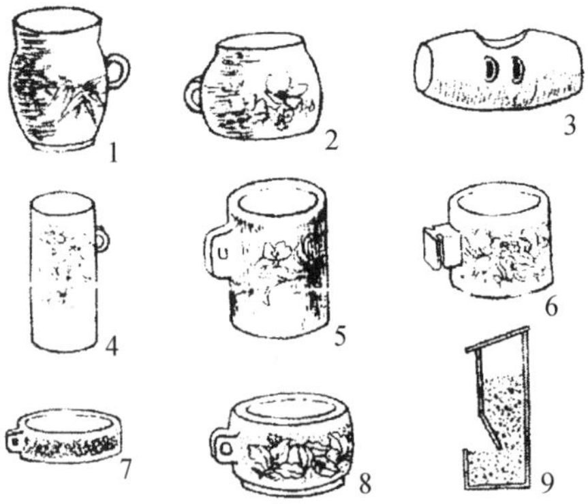

图 2-32　鸟食具

1,2. 粟子缸　3. 蛋米缸　4. 菜缸
5. 高棋子粉缸　6. 中棋子粉缸
7. 低棋子粉缸　8. 大棋子粉缸
9. 自动食槽

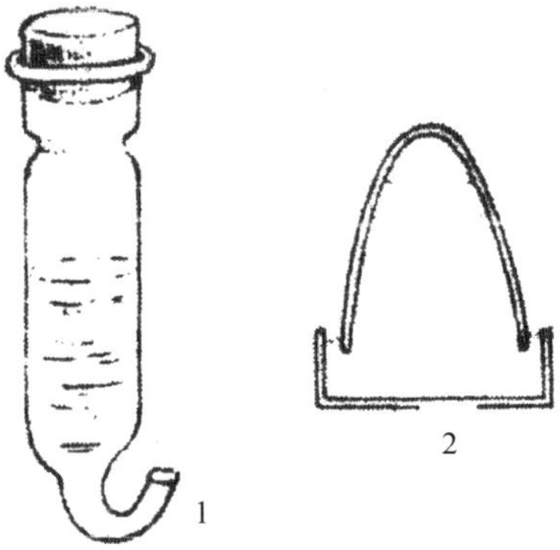

图 2-33　水具

1. 绣眼水缸　2. 自动饮水器

(三)其他

饲养鸟时还需其他附属器具,如巢箱、食撮、筛子、研钵和研棒、浴盆、水壶、取卵勺、笼罩、浴盆、食匙、育雏窝、笼衣、栖杠、铲子、刷子、脚环、取卵匙等用具。

(1)巢箱　是用草绳编的,巢形有两种,一种是壶形巢,供文鸟科及营暗巢的小鸟使用;另一种是碗形巢,供雀科等营开口巢的小鸟使用。也有用三合板做成像小房子形状的巢箱。

(2)研钵和研棒　主要用于研磨各种药片,是不可缺少的用具。

(3)食撮　专门用于添加饲料的用具,可用铁皮或胶片自己制作,形状为前端窄、后端宽的锥形圆筒,前端能插进笼条,可伸到食缸口内,避免撒落。

(4)筛子　用于筛选散落笼底和食缸中吃剩的粒料。筛子有大眼和小眼两种,大眼筛子用于筛除鸟粪和籽壳,小眼筛子主要是筛除泥沙。

(5)水壶　常用壶嘴细长的水壶,能伸进鸟笼到水缸口,不会使水洒在笼内。

(6)浴盆　最好选用较浅的搪瓷盆,水不要太深。浴盆大小为 15 cm 左右。

(7)取卵勺　选用把较长的塑料勺即可。取卵时不宜用手拿,因手的气味容易引起亲鸟弃巢不孵,而且用手拿容易把鸟卵捏碎或打破。

(8)笼罩　用布缝制,罩在笼子外面防鸟惊撞,冬季还可防寒,画眉、百灵、云雀等鸟都必须使用笼罩。

(9)栖杠　是鸟栖息的支架。栖杠的粗细要根据鸟的体型大小来确定,太粗或太细都不适宜。有的栖杠上铺一层金刚砂,使鸟能研磨嘴和爪,这种栖杠多用于画眉、八哥。

【考核评价】

1. 犬舍的类型有哪些？

2. 养犬所需的设施用具有哪些？

3. 养猫所需的设施用具有哪些？

项目三

宠物的生物学特性

学习目标

了解犬、猫的起源与进化；掌握犬、猫的感觉系统、行为特征、生活习性。培养学生文明养犬意识，激励学生关爱宠物、热爱生活。

【学习任务】

任务 1　犬、猫的起源与进化

一、犬的起源与进化

犬是人类最早开始驯养的动物。人类驯养犬已有几万年的历史，犬由古狼演化而来，此后一直同人类一起生活工作。由于家犬与人类的关系非常密切，有关家犬的起源一直是古动物学家、动物分类学家、动物进化学家、人文学家及社会学家十分关注的问题。从目前所收集到的资料显示，世界范围内的所有家犬，无论是大、中、小型犬，还是分布在世界各地的不同品种，甚至是所谓的地方品种都是起源于一种狼——灰狼。因地域及人们使用目的（狩猎、放牧、警卫、战争、伴侣、导盲和观赏等）的不同，在进化或选育中形成了不同的品种或品系。

（一）狼的驯化

犬属动物，由土狼、豺、狐狸和狼组成，当人类开始定居时，狼也紧随其后并逐步改变其生活方式，形成了选择性进化的环境，并逐渐形成了家犬。

根据对人类历史文物和犬的骨化石的研究，以及家犬与狼交配后能产生具有繁殖力的后代以及两者的血液学非常相似等情况可以证实，狼是家犬的祖先。进一步研究证明，家犬起源于约 2 万年前中型亚洲狼。家犬是由狼驯化面来的，已经得到了考古学、行为学、细胞学和生物分子学方面的证实，但是人类是如何将狼驯化成家犬的，目前已经无从考证。狼演变成现代的家犬，有一个漫长的进化过程。人们根据狼的群居特点以及人类文明的发展过程做出了一些推测，认为狼的驯化可能存在以下 3 个过程。

1. 权威驯化

最初的狼和人类是互为捕食的关系。随着人类对工具的使用、捕食效率的不断提高，所捕捉到的幼小的狼，交给妇女或儿童来饲养，或者给儿童玩耍。随着时间的推移，渐渐地繁殖起来，由于自然环境的压力变小，导致狼的体形变小，与人类一起生活更轻松，也增加了对人类的依赖，人类经过无数代的选育，使它们的品种更为丰富，于是逐步进化成家犬。

狼本身是群居动物，具有严格的等级制度，由于人类的饲养行为，使狼很容易听从人类的指挥。因为家犬由狼演化而成，所以都具有狼性，喜欢成群、追击、服从权威的领导。

2. 自我驯化

有人认为，狼经过人类有目的的选择育种驯化成家犬似乎不太可能。更大的可能是由于气候、环境、食物等多方面的因素，狼在体形、生理和行为上发生了改变，这是一个自然选择的过程，是“自我驯化”的结果。

由于人类对自然环境的不断适应、对工具利用能力的提高，特别是对火的使用，使得人类的居住条件发生了重大改变。人类居住的周边环境也发生了局部变化，例如人类的剩余食物可以使那些“大胆”的狼“不劳而获”，使得狼中的一部分个体逐渐适应、占据了这种环境。由于狼具有非凡的听觉和嗅觉，可以为人类及时通报危险。所以，人类由最初的畏惧狼，到逐渐通过共同防御敌害，过渡到与狼形成互利。人与狼不断地相互接触，使得狼最终自我驯化成犬。

3. 配合选择驯化

也有人认为，家养动物的驯化过程绝不是一个孤立的事件，不可能只是单纯地由于自然选择或者人工选择决定的。家养动物的驯化更可能是一个长期、复杂的过程，有的时候由自然选择发挥作用，有的时候由人工选择发挥作用，也有可能是自然选择和人工选择共同发挥作用。这种自然选择和人工选择的作用可以是同时的，也可以是分别的。即便是人类已经开始进行周密的人工驯化，但是自然选择仍然在发挥着作用。当狼开始同人类一起生活时，人类可能对狼的驯化策略进行过重大调整。

(二)家犬的起源学说

尽管全世界犬的形态千差万别，毛色各异，但所有的犬都能实现杂交，基本生物学特征也完全相同。1785 年著名生物学家卡尔·冯·林奈在他的《自然系统》一书中把狗从狼和其他犬属动物中分列出来，视其为一个驯化了的物种，称为家犬。关于家犬的起源问题，学术界曾有过争论，主要有 3 种说法。

1.“一源说”

认为目前千姿百态的犬由狼驯化而来，其主要理论依据是世界各种类型的犬都能混交，并产生具有繁殖能力的后代，这是生物学上定义一个物种的重要标准。另外，所有家犬的尾巴都是向外卷曲的，而其他犬属动物的尾巴是向内或竖直向下的，表明家犬只能来源于一种动物。

但“一源说”不能解释犬与狼杂交生育的事实，也不能解释在时间不长的远古时期，由一种动物驯化成为另一种动物并迅速传遍全世界的事实。

2.“多源说”

根据考古学研究世界上犬的驯化时间，以色列、伊朗约在 1.1 万年前，土耳其约在 9 000 年前，中国约在 8 000 年，英国约在 7 500 年前，因此又出现了“多源说”。“多源说”认为，目前全世界的犬是由狼、丛林狼、豺(亚洲胡狼)、黑背胡狼、侧纹胡狼、澳洲野狗 6 种犬属动物驯化而来的。

3.“多起源地单种祖先说”

对犬属动物的 DNA 分析发现，家犬还是与狼的关系最大，因此许多学者又提出了不同地区的狼被同时驯化成不同地区的犬的“多起源地单种祖先学说”。

然而，这些学说仅是借助考古学上的一些史前资料的支持，仍存在着许多疑点，有待进一步解释。

(三)家犬与狼的亲缘关系

犬属动物之间的杂交有过很多记载，犬与狼，狗与豺之间杂交都能产生具有生育能力的后代。狼在人工饲养条件下也能与豺杂交繁殖。还有资料表明，犬与南美狐、食蟹狐之间也能杂交，不过后代生育能力下降。1989 年，长春市动物园曾成功地让一只公狼与一只母犬交配，并产生后代。但通过多方面的调查研究发现，犬属动物在野生条件下是不能正常杂交繁育的，它们在形态学上和行为学上有明显差别。但家犬与狼之间也存在较为密切的亲缘关系，这也为家犬由狼驯化而来的观点提供了一个有力的证据。

二、猫的起源与进化

家猫是由野生猫经过人类长期的饲养驯化而来，是猫科动物中体型最小的动物。猫属于哺乳纲、食肉目、猫科、猫属。研究表明，大部分家猫品种是由非洲野猫驯化而来的。

关于猫的起源有两种说法，一种说法认为猫起源于4万年以前，当时地球上正是哺乳动物兴旺发达的时期，剑齿虎可能是猫的最早祖先，它在2万年以前已经灭绝了；另一种说法是猫起源于一种很久以前就灭绝了的动物——古猫兽，根据考古发现的结果和对古生物的分析、研究显示，这种动物生活在树上，与猫有着相似的外表，身体较大，尾巴较长，腿较短，能像猫一样自由伸缩爪子。随着时间的推移，大约在1万年以前，从这种古猫兽中演变出与今天的猫更为类似的动物，人们称之为恐齿猫，这种动物无论在地上还是在树上，动作都相当机敏。这种恐齿猫可能就是野猫较近的祖先了。

家猫几乎是遍布于欧洲、非洲和南亚的小型野猫的后裔。在这片广袤的地域内，根据当地的环境和气候条件，演变出无数个野猫亚种群。它们的外观不尽相同，生活在北方的欧洲野猫身材粗壮，短耳，厚皮毛；非洲野猫的身材更修长，长耳，长腿；而生活在南亚的亚洲野猫则身材小巧，身上带斑点。家猫的原始祖先很可能是非洲野猫，因为非洲野猫的形体只稍大于家猫，性情也比其他品种野猫温顺。非洲野猫经常出没在人类住地附近，并很容易被驯化，往往作为当地居民的宠物来饲养。驯化后的猫被带到世界各地后，与当地野猫相互交配，成为不同地区现代家猫的祖先，目前带深色斑纹的欧洲家猫的皮毛纹路兼具欧洲野猫和非洲野猫的特点，而生活在印度的家猫所带的斑点说明它们的先祖与亚洲野猫有着血缘关系。家猫与丛林猫等另外一些野猫杂交后产生的品种不大可能对家猫的主流品种产生重大影响。经过数千代的繁殖，在猫身上也发生了家养过程所引起的生理变化，这与狗身上的变化相似，包括体形变小，爪子缩短，大脑和颅腔容积缩小，伸展双耳和尾巴的姿态以及皮毛的颜色和质地也起了变化。不过猫与狗不同，它们在人类社会中保持着很大程度的独立性，因此很少因为选择性的外来压力而形成某些为人类所需要的行为特征。因此，家猫与其祖先野猫相比，在外貌上变化不大，在早期的考古发现中很难加以区分。

任务2　犬、猫的感觉机能

一、犬的感觉机能

1. 嗅觉极其灵敏

犬的嗅觉灵敏度位居各种家养动物之首，对酸性物质的嗅觉灵敏度要高出人类几万倍，犬的嗅觉主要表现在两方面，一是对气味的敏感程度，二是辨别气味的能力。

犬的嗅觉感受器官是嗅黏膜内的嗅细胞。嗅黏膜位于鼻腔上部，表面有许多皱褶，其面积约为人类的4倍。嗅黏膜内大约有2亿个嗅细胞，为人类的40倍，嗅细胞表面有许多粗而密的绒毛，这些绒毛扩大了细胞与气味物质的接触面积。气味物质随吸入的空气到达嗅黏膜，使嗅细胞产生兴奋，沿密布在黏膜内的嗅神经传到嗅觉神经中枢，从而产生嗅觉。

此外，犬的鼻尖有特殊的分泌物，从而能更有效地保留物体的气味。犬对气味的灵敏度可达分子水平，即使把硫酸稀释千万分之一，仍可嗅出来。犬辨别气味的能力相当强，可在诸多气味中嗅出特定的味道，它发现气味的能力是人类的100万倍甚至1 000万倍，分辨气味的能力是人类的1 000倍，可以分辨大约2万种不同的气味，经过专业训练识别戊酸气味的犬，可以在十分相近的丙酸、醋酸、羊脂酮酸等混合气味中分辨出戊酸的存在，优秀的警犬能辨别10万种以上的不同气味。特别是对动物的气味更为敏感，即使很淡薄的气味也能辨别出来，它能闻到距离它200～300 m野兽的气味和距离它400～500 m人类的气味。

2. 听觉敏锐

犬可分辨极为细小和高频率的声音，而且对声源的判断能力也很强。当犬听到声音时，由于耳与眼的交感作用，所以完全可以做到眼观六路，耳听八方。犬即使睡觉时也保持着高度的警觉性，耳朵贴于地面，依靠灵敏的听觉对半径2 km以内的各种声音都能分辨清楚。立耳犬的听觉要比垂耳犬更为灵敏。犬听到声音时，由于耳与眼的交感作用，有注视声源的习性。这一特征使猎犬、警犬都能够准确地将接听到的声音用注视行为为主人指明目标，以追踪和围攻猎物。犬能够凭借人们呼唤它名字的音调来判断此人是否与它友好，还可以根据人的口令或语言的音调音节变化建立条件反射，完成主人交给的任务。没有必要对犬大声叫喊，过高的声音或音频对它来说是种逆境刺激，使它有痛苦、惊恐的感觉，当然在它犯错时，可以提高声音来管教它。

犬的听觉十分敏锐，听觉感应能力可达120 000 Hz，是人类的16倍，它能听到的最远距离大约是人的400倍。人在6 m内才能感觉到的轻微音响，犬可以在24 m外清楚地听到，不但能听到远处微弱的声音还能准确地分辨出音调高低、强弱变化。犬对于声音方向的辨别能力也是人类的2倍，能分辨32个方向的声音，犬的耳朵能随着声音的方向转动。犬对有的声音很敏感，对汽车、摩托车的发动机声，鞭炮声会感到恐惧。

3. 视觉较差

犬眼的晶状体是人类的两倍厚，其眼睛的调节能力只及人类的1/5～1/3，在50 m之内可以看清，超过这个距离就看不清了，但运动的目标则可看到825 m远的距离。它的视野非常开阔，单眼的左右视野为100°～125°，上方视野为60°～70°，下方视野为30°～60°，由于犬的头部转动非常灵活，双眼视野可达250°～290°。所以基本上可以做到“眼观六路，耳听八方”。

犬是色盲。在犬的眼里，世界就如同黑白电视里的画面一样，只有黑白亮度的不同，而无法分辨色彩的变化。导盲犬之所以能辨别红绿灯是依靠两灯的光亮度不同，犬对灰色浓淡的辨别力很强，依靠这种能力就能够分辨出物体上的明暗变化，产生立体的视觉影像，由于犬视网膜上的视杆细胞数量较多，所以犬的暗视力比较灵敏，在微弱的光线下能看清物体，这说明它仍保持着夜行动物的特征。

4. 味觉迟钝

犬的味觉器官是味蕾，但因味蕾数量很少，所以味觉迟钝。犬是食肉动物，它的牙齿尖锐而强健，能切断食物，上下牙齿之间的压力可达165 kg。但不善咀嚼，几乎是在吞食。因此，犬并不能通过细嚼慢咽来品尝食物的味道，而主要是靠嗅觉来感知食物的气味，味觉只是起辅助作用。由于犬的胃液分泌主要是由于嗅觉刺激的作用，因此在为犬准备食物时要特别注意气味的调理。犬胃液中的盐酸含量为家畜之首，盐酸能使蛋白质膨胀变性，因此犬对蛋白质的消化能力很强，它在进食后 5～7 h 内就可将胃中食物完全排完，但犬对粗纤维的消化能力差，因此在给犬喂蔬菜时应切碎再喂。

5. 触觉灵敏

触觉是犬获取外界信息、求得心理满足的感觉机能。犬的触觉是由皮下丰富的神经末梢等构成的，触觉感受器主要集中在犬躯体的终端部位。在犬的脚、尾巴、耳朵、嘴等部位触觉发达，犬的唇、颊、眉间和脚趾等处的触毛粗且长，其根部神经末梢丰富，故其触觉最为灵敏。

犬喜欢人的触摸，对犬的梳刷或拥抱在犬的心中是最佳的爱抚方式。同样犬也用摩擦、舔或轻咬主人，表达自己的友好之情。但必须注意两点：顺毛抚摸能使犬舒服和兴奋，逆毛抚摸只会使犬反感；犬的肛门尾根是禁区，千万不可触及，否则凶猛的成年犬会咬伤主人的手。犬不喜欢人们触摸其臀部和尾巴，尤其是陌生人，触摸犬的这些部位，犬往往十分反感，从而呈现攻击的姿势，甚至伤人。

6. 超感觉能力

所有动物都是靠心灵感应传递信息，犬更是这样。犬能够听到自然界中人所察觉不到的超声波，使犬具有一种超感觉能力。比如在地震和火山爆发前有预感，到室外乱跑和吠叫，暗示灾难来临。经过训练的犬在执行任务时，甚至没等主人做完一个简单的动作或说完一句话，它已经能分析出主人命令的内涵并很好地发挥作用。这种现象体现在一个训练员所获得的优秀训练效果中，犬与人之间在共同活动中存在着一种无法解释的吸引力——超感觉。超感觉能力可以支配它辨认方向，即使把它带到很远的地方，甚至相隔数年之后，犬仍可以找到回家的路。而犬与其他野兽之间的联系也有自己独特的传递方式，它对猫的妒忌性很大，但通过人的各种表情和训练，犬能够领会到主人对猫的钟爱而和睦相处。

二、猫的感觉机能

1. 视觉发达

猫视觉较发达，虽然分辨不出颜色，但却可以利用色差，在极阴暗的环境中看清楚目标。在一天当中，随着光线的变化，猫瞳孔会呈现不同的形状。瞳孔的这种开大和缩小就像照相机快门一样迅速，保证猫在快速运动时，能根据光的强弱、被视物体的远近，迅速地调整瞳孔，对好焦距，明视物体。

猫的视野广阔，单眼视野 150°以上，双眼视野 200°以上，猫只能看见光线变化的东西，对运动的物体更敏感，可以察觉猎物任何细小的动作。

2. 听觉灵敏

猫的听觉十分灵敏，能听见两个八度音阶的高频率音，比人分辨的音域更宽广。据测验，猫可听到的声频在 30 Hz～45 kHz 的声音，而人能感知的声频是 20 Hz～17 kHz。猫对声音的定位功能也比人强，它能区别出 15～20 m 和距离 1 m 左右的两个相似的声音。猫耳朵就像是两个雷达天线，在头不动的情况下，可做 180°的摆动，从而使其能对声源进行精确的定位。猫能熟记自己主人的声音，如脚步声、呼唤自己名字的声音等。

3. 嗅觉发达

猫嗅觉发达，其鼻腔深部有较多嗅黏膜，面积达 20～40 cm^2，是人嗅黏膜的两倍，内有 2 亿多个嗅细胞。这种细胞对气味非常敏感，能嗅出被稀释 800 万分之一的麝香气味。当气味随吸入的空气进入鼻腔后，就能刺激嗅细胞发生兴奋而产生冲动，沿嗅神经传入大脑，引起嗅觉。猫的嗅觉可与狗相媲美，但人们只充分利用了狗的嗅觉功能，原因是猫不愿受人的控制，它的许多功能只是在对自己有利时才使用。猫靠灵敏的嗅觉寻找食物、捕食老鼠、辨认仔猫，新生仔猫也是靠嗅觉寻找母猫的乳头。在发情季节，母猫身上有一种特殊的气味，公猫对母猫的这种气味十分敏感，在很远的距离就能嗅到，彼此依靠这种气味互相联络。

4. 味觉发达

猫的味觉器官位于舌根部，叫味蕾，很小，呈囊状，顶端开口于舌表面，里面含有味细胞，溶解在液体里的食物通过开口刺激味细胞，产生味觉。猫的味觉也很发达，能感知苦、酸和咸味，对甜味不敏感。稍有发酸变质的食物，猫就会拒绝进食。猫甚至可以感知水的味道，这点是其他动物所无法比拟的。

5. 触觉敏锐

猫的触觉非常敏锐，它身上的每一根毛发对极细微的颤动也会做出反应。猫的胡须是一种非常敏感的触觉感受器，它可以利用空气振动所产生的压力变化来识别和感知物体，在黑暗中能帮助它们避开一些障碍物。在遇到狭窄的缝隙或孔洞时，胡须被当做测量器，以确定身体能否通过。

任务 3　犬、猫的行为特征

一、犬的行为特征

犬的生物学特性是犬在长期的自然进化和人为驯养过程中形成的其他动物所没有的内在习性，而犬对于自身所感受到的一切刺激所做出的各种应答性动作，称为犬的行为。犬在不断变化的环境作用下能表现出不同的行为，只有真正了解犬的行为，才能与犬进行正确的沟通，从而对犬进行科学的饲养管理。

（一）捕食行为

犬在动物学分类上属于食肉性动物，远古时代的犬以捕食小动物为主，如追捕和杀死兔、狐、猫、鸡、鸟、羊等，甚至追咬人类。人们利用犬这种特性，训练犬牧畜，驱赶羊群、牛群，看家护院和狩猎。目前在家养条件下，小型纯种犬的捕食行为已大大减退，基本靠人为提供食物。

（二）排泄行为

排泄不仅是犬一种排出代谢废物的方法，也是与其他犬只交流的一种手段。犬的排泄物中含有特殊的性外激素，在其与外界交流的过程中发挥着重要作用。两只犬相遇时，互嗅对方身体、轻轻触碰口鼻，并在相互了解的基础上对对方的外生殖器进行程序性的检查，彼此双方相互传递信息，而尿、粪便、唾液、阴道分泌物以及身体中其他腺体的气味等是这些信息传播的载体。

排泄行为中，最重要的是犬的排尿行为，常表现为不定时、不定量的排泄。犬的排尿多发生在犬采食后或睡醒后的 0.5～1 h 内，此时排尿相对较多；犬在户外玩耍或游散时，排尿则表现为不定时，每次排出的尿液相对较少。犬常认定第一次排便的地方，因此应注意防止犬随地排便，以防养成不良的排泄习惯。家养犬只数量较少的情况下，应从小进行犬的定点排便训练。

(三)嫉妒行为

犬忠诚于主人，但有时也有嫉妒心，对主人关心和爱抚除自己以外的其他犬或动物会表现出不满，甚至愤怒。当饲养多条犬时，如果犬主人在感情上有所偏重，有时会引起受冷淡者对受宠者的妒忌，从而消极对待主人的指令，伺机对受宠爱者实施攻击。因此，如一人饲养多只犬时，应平等地对待每只犬。

(四)母性行为

犬的母性行为是指母犬在繁殖的特殊阶段表现出来的行为，包括分娩、哺乳等行为。母犬在妊娠后，性情变得极其温顺，行动小心，临产前能自行咬掉乳房旁的腹毛，以利于仔犬的吮乳；母犬分娩时能咬破胎膜，舔干仔犬身上的黏液，以利于仔犬的呼吸。母犬产仔后的母性表现得更强，为了保护仔犬，常常带有明显的神经质，对陌生人过度谨慎，甚至对平时与母犬很接近的人也会持有戒备心理；如果此时随意去抚摸和接近仔犬，母犬会误以为是伤害仔犬，从而会为保护仔犬而对人发起攻击，或为仔犬挪位，甚至会将仔犬吃掉。因此，母犬产仔后，不宜经常抓摸仔犬，以免被母犬抓伤或导致仔犬遭到伤害。随着仔犬独立生活能力的增强，母犬的母性行为也会逐渐减弱。

少数母犬分娩后出现的食仔癖是其畸形母爱的残留，多数是因母犬产后缺水、人为产仔检查不当、母犬过度溺爱仔犬等原因造成的。

(五)领地行为

犬的领地感很强，常会在墙角、树干、电线杆、草垛边撒尿或涂擦趾间汗腺分泌的汗液作为标志，划定自己的“势力范围”，不容许外来犬只的侵扰，一旦有入侵者，会引起斗争。一块领地只属于一二只犬，或整个犬群。公犬领地感更明显，公犬外出散步时，总是往固定的一些树干、路灯下或角落里撒少量尿。母犬的领地感不像公犬那样明显，平时，母犬不像公犬那样护着自己的领地和自己在犬群中的地位，母犬只注意保护自己的仔犬，许多母犬始终都可和睦地生活在一起，甚至可喂养其他母犬的幼仔。

(六)防御行为

犬的防御行为是指犬为了维护自身安全表现出对陌生人的警惕，进而采取扑咬或躲避的行为，这是犬的自卫表现，也是培养犬只扑咬、守候、看守等能力的生理基础。表现为扑咬的是主动防御，表现为躲避的是被动防御。在饲养过程中，应积极防止犬只主动防御行为的发生；在训练过程中，可根据训练科目能力培养的要求，采取相应的机械刺激手段，迫使犬产生适度的被动防御反射而做出相应的动作，有利于培养犬的凶猛、机警的素质，从而产生攻击、扑咬等主动防御能力。

（七）表情行为

犬的表情变化很丰富，犬常用自己身体的动作、姿势或叫声来表达自己的喜、怒、哀、乐，最具有表现力的部位是头部、嘴部、眼睛、耳朵、尾巴和四肢等。

1. 头部

犬有前突的鼻口，其构造使得牙齿向前延伸，加之发达的嘴部肌肉，这种构造一定程度上限制了犬可能表达表情的丰富程度。犬面部放松、嘴微张，舌头有时可见，或微微伸出覆在下齿上，表示高兴或放松；犬嘴闭合，不见舌头或牙齿，稍前倾，表示注意或兴趣；犬嘴仍闭合，唇缘卷曲，暴露几颗牙齿，表示示威、警告；犬嘴张开，唇缘卷曲，暴露犬齿和前臼齿，鼻子上出现皱褶，表示欲主动进攻；犬唇缘卷曲暴露，露出所有牙齿，同时还暴露前排牙齿上部的牙龈，明显可见鼻镜上的皱褶，表示主动进攻性升级至最高程度。

2. 嘴部

嘴部表情的一般规律是：牙齿和齿龈暴露越多，威胁信号的程度越强。嘴张大并呈"C"字形，是主动威胁；嘴张开，但嘴角后缘后拖，是被动防御性的害怕。犬嘴部表情常见的还有以下几种情形：打哈欠是压力和焦虑的简单信号；舔人或者舔犬的脸是主动屈从的姿势，表示愿意接受对方的优势地位，也用于乞求食物；舔空气是一个极端的屈从姿势，表示很害怕。

3. 眼睛

犬眼神的变化，往往真实地反映了犬的心态变化。犬愤怒惊恐时，瞳孔张大，眼睛上吊，眼神显得凶狠可怕；犬悲伤寂寞时，眼睛湿润，眼神如诉如泣；犬高兴淘气时，眼睛晶莹，目光闪烁；犬自信或渴望得到信任时，目光沉着而坚定；犬犯错心虚时，转移视线，眼睛上翻；犬不适或消沉时，眼睛半张半合，眼神慵懒；犬眼紧盯对方且上翻时，表示挑战；犬眼睛扫来扫去，是感到不安，想避开争斗。

4. 耳朵

犬精神集中时，耳朵强有力地向前扬起；犬打探四周动静时，耳朵会随着声音来回转动；犬情绪紧张准备进攻时，耳朵会有力地向后背；犬高兴、撒娇或犯错心虚时，耳朵会柔软地贴向脑后；犬较惬意而屈服时，耳朵会向两耳的连线处折倒。

5. 尾巴

犬尾是全身情感表达最丰富的部位，可以从尾巴的活动情况准确地看出它的精神状态。尾巴高翘并随着屁股来回摆动，表示非常高兴；尾巴缓慢摇动，表示亲昵；尾巴充满力量向上竖起，轻轻摇动，表示挑衅；尾巴笔直地向上竖立，表示自信；尾巴自然下垂而不动，表示懒散；尾巴下垂或夹在两肢之间，表示害怕；尾巴卷在腹下，表示非常害怕。

6. 其他身体动作

犬通过肢体可以准确表现态度和企图，常利用身体的姿势、爪子的放置、移动的方式等来传递情绪状态以及和社会群体关系的信号。犬肢体语言的一般规律是：企图表达自身更高或更大时显露统治信号，将身体、头部或眼睛朝向另外一只犬；试图使自己显得更小时显露屈从或平息信号，将身体、头部或眼睛移开是平息和屈从信号。

犬的表情变化与人类相比略显简单、贫乏，而且有时表现非常相似，必须仔细观察才能准确地加以鉴别，可借助犬的叫声、眼神及身体其他部分的状况来综合判断。

（1）高兴　抬起前腿拥抱主人，或舔主人的手和脸，眼睛微闭，目光温柔，耳朵向后伸，鼻内发出明快的哼哼声，身体柔和地扭曲，全身被毛平滑，尾巴自然地轻摆。

(2)愉快　当犬心情愉快、对人友善时，常表现为尾巴懒散地下垂或轻轻摆动尾巴，身体轻松地站立，两耳同时向后方扭动，目光温柔，身体柔和地扭曲，全身被毛平滑。

(3)期待　犬摆动尾巴，身体平静地站立，耳朵竖起，有时呈现高兴或鞠躬状，伸出前爪，前腿交叉向上抬，两眼直视主人，多是期望主人与之嬉戏。

(4)亲热　当犬舔人脸，尤其是舔人嘴(一般不提倡这种做法)，或犬将前腿弯曲，肩部下落，脖子上抬或身体蹲下，将低垂的尾巴左右摇摆，耳朵向后伸时，表示与人亲热，要求玩耍。

(5)服从　犬身体侧卧，后腿上举，露出腹部，尾巴夹入两后肢之间，耳朵向后倒，眼睛眯成细缝，视线避开对方；或姿势向下低趴，低到几乎接触地面，将头伸给对方，耳朵向后倒，眼睛眯成细缝，都是犬表示被动服从的动作。

(6)愤怒　当犬愤怒时，其尾巴陡伸或直伸，与人保持一定距离，全身被毛竖起，耳朵直立，两眼圆睁，目光锐利，耳朵向斜后方向伸直，全副牙齿裸露，身体僵硬，四肢用力踏地，并不断发出"呜呜"的威胁声。犬前肢下伏，身体后坐，头部保持高抬，则可能是即将发动进攻的最后信号。

(7)恐惧　当犬受到惊吓而恐惧时，尾巴下垂或夹在两后肢之间，耳朵向后扭动，全身被毛直竖，两眼圆睁，脸部呈现僵硬状，浑身颤抖，呆立不动或四肢不安地移动，或者后退；少数犬全身紧缩成一团，嘴巴埋在两前肢下，呈睡眠状。

(8)哀伤　当犬感到悲伤时，低头，两眼无光，不思饮食，尾巴自然下垂而不动，主动向主人靠拢，并用祈求的目光望着主人，或摩擦主人的身体；有时则会倦卧于某一角落，变得极为安静。

(9)警觉　当犬处于警觉状态时，身体常挺直地坐着，头部高举转向有声音或气味的方向，耳朵竖起，全神贯注，不放过一点动静，有时会对着声源吠叫。

(八)修饰行为

犬的修饰行为常表现为爱洁性。犬在休息时通常喜爱用很多时间去整理和保养其体表，以清除体表的皮屑、污垢以及其他刺激，如用舌头舔被毛、阴部或伤口，用牙啃咬皮肤，用肢爪搔痒等。对于犬的这些行为，一般不予制止，但对于长毛犬而言，在换毛季节应进行被毛梳刷，防止脱落的毛发被吃进胃中引起毛球病。有些长毛犬因被毛被剃光而不愿出来与人相伴，常表现为独自躲在某一角落，有人称这为犬的害羞行为，可看作是犬修饰行为的延续。

(九)结群行为

从犬的进化过程来看，犬是中型动物，为了保护自己免遭不幸，它们必须靠群体合作才能捕杀比自身大得多的动物，尤其是在冬季猎物较少时，经常集结成群进行狩猎，形成一股连猛兽都难以逃避的巨大力量。因此，很早之前犬的祖先都是成群结队地生活，犬通过一定的声音、视觉等信号相互联系，不仅能聚集，而且可以有共同的行动。在家养驯化后，犬的结群行为仍较明显，常喜爱结群玩耍、作业。犬的结群行为在军犬的集体科目(如搜索科目)或牧羊犬的牧畜训练中较好地运用，能起到明显效果，在犬的吠叫科目中也可适当加以运用。

(十)优胜序列行为

犬的优胜序列行为是指犬群中某一成员较其他成员在群体行为中表现出更为优先的地位，这种等级优势的确立，消除了犬群的敌对状态，增强了犬群的和睦、稳定、防御和战斗等能力。犬的领地行为也是犬群体优胜序列行为的一种表现。此外，犬的优胜序列行为还表现为对主人及与其接触的一些物品、用品的占有等方面，视主人、食具、水盆、玩具等为“势力范围”的一部分，一旦主人、食具、玩具等受到侵害时，犬会做出积极防御反应。

二、猫的行为特征

1. 独居行为

猫独立性强，喜欢孤独而自由的生活。猫在野生时期浪迹天涯、独往独来，野猫在自然界中是以个体活动为主的，只有在繁殖期间公、母猫才聚在一起。虽然家猫的生活环境改变了，不再处于野生状态，但仍秉承其祖先的性格特征，喜欢独立而不受约束。家猫保持的这一天性，表现为多疑和孤独，喜欢在居住环境区域内建立属于自己的活动领地，不欢迎其他猫闯入。当一个家庭中养了几只猫时，每只猫常根据家庭环境划分自己的领地，互不交往，有时为了争夺领地、食物、玩具而发生争斗，不会在一起进食、排便等。母猫生小猫后能独立哺育幼猫而不太依赖主人。猫的习性决定了猫具有较强的独立性，表现为喜欢孤独自由的生活和喜欢外出活动的习惯。另外，猫不喜欢也不接受主人强迫的事情。

2. 嫉妒行为

猫自私是自然选择的结果。常常表现出强烈的占有欲，如对食物、领地以及获得主人的宠爱等。在与主人生活的过程中，它会在主人家庭与其周围建立起一个属于自己的领地范围，不允许其他猫进入，对入侵者会立即发起攻击。进食的时候，如果有其他猫或别的动物在场，猫会表现出强烈的敌意，或叼着食物逃走或按住食物做出警备姿势，有时还发出“呜呜”的威胁声。猫对同类和其他动物都有强烈的表现。当主人带另一只猫、犬或鸟回家时，原来的猫会突然失踪，有时甚至会死去。更严重的是，有时主人对仔猫过多的亲昵表现，也会引起母猫的愤愤不平。但嫉妒心强也是猫重视主人对它的情感与态度的表现，主人可以充分加以利用这一特点，培养与猫的亲密感情。

3. 警惕行为

因为猫天生喜欢独来独往，所以有很强的戒备心。猫在睡觉时，总爱把耳朵挤在前肢下面，这样既可以保护耳朵，又可以把耳朵贴在地面上，以此保持高度的警觉。一旦听到动静，就可以立刻采取必要的行动。猫在休息和睡眠状态下也处于高度警觉状态。处于睡梦中的猫常常是一旦听到轻微响动，会立即睁大眼睛，四处张望，全身紧张，做出随时反击的准备。当判断无任何危险时，才重新安然闭眼睡觉。猫用身体去蹭主人或蹭它所熟悉的猫，目的是要把自己的气味留在对方身上，以后再嗅到就会认为是安全的，这也是猫警惕性高的表现。遇到不认识的猫，要先嗅它的鼻尖和尾巴上的气味，但多是在未嗅完前就已经发生争斗了。

4. 表情行为

猫感情很丰富。虽然猫不会笑，不会哭，但它能以声音和身体语言来表达自己的喜、怒、哀、乐，还会用耳、眼、嘴、尾巴和肢体等来表达自己不同的情感。因为它有很丰富的情感，所以也很容易与主人建立感情。如猫的两耳直立向后摆，耳尖向里弯，瞳孔缩成一条缝，胡须向前竖起时，是发怒的表现；耳朵扬起，胡须放松，瞳孔没有变化，尾尖抽动，是高兴、满足的表现；用舌头舔嘴，是要吃食的表现；尾巴向上竖起，是安全、得意的表现；尾巴耷拉下来，是不安或生病的表现；用脚、头、颈向上蹭，是对主人亲昵、撒娇的表现；瞳孔放大、两耳平伸、胡须向两边竖起、尾巴拍打地面、两前肢伏地、随时准备跃起，是即将发生争斗的表现；两眼微闭，尾巴温和地晃动，是它想得到主人爱抚的表现。此外，与主人建立起感情的猫在主人回家时，它会欢快地跑来迎接；在主人坐着休息时，它会主动依偎主人，并要主人搂抱、爱抚。但猫并不是一味地讨好主人，只有当主人对它爱惜、温存时，它才会以友善回报，若对它不友好甚至虐待，它就会采取立即逃避、不合作的态度，有时还会进行反击或离家出走。所以，要想和猫建立感情，并得到它的信任，就必须以善相待，温和耐心。

5. 攻击行为

在长期的家养驯化过程中，猫虽然对人失去了攻击行为，但对其他动物的攻击行为仍然存在。正常情况下，猫会表现出 3 种攻击行为，即雄性间争斗行为、恐惧性攻击行为和宠爱性攻击行为。雄性间争斗行为是指公猫在一起相互抓扑或撕咬对峙后双方相互争斗的行为，一般在性成熟后(1 岁左右)表现较为明显。90%的公猫在去势后几天或几个月，相互间的争斗行为便可自行终止。恐惧性攻击行为多发生在神经敏感或胆小的猫身上，陌生人的来访、突然受到惊吓或受到主人打击等因素均会引发这种攻击行为，当猫安静下来、不再害怕时，这种攻击行为也就自动终止。宠爱性攻击行为多发生在公猫身上，由于受到主人的过分宠爱，公猫在主人毫无防备的情况下咬伤或抓伤主人，防止方法是终止过分宠爱行为，并进行严厉警告。

任务 4　犬、猫的生活习性

一、犬的生活习性

犬在长期的自然进化过程中，在自然和人为选择的双重作用下，逐渐形成了适于本物种生存繁衍的生活习性。认识犬的生活习性，有助于做好犬的常规饲养和管理工作，更重要的是合理地加以运用和引导，纠正一些不良行为，培养良好的习惯。

1. 共性

(1)野性　虽经过几千年的驯养，犬的野性如性情凶残还有所保留，会使得这些野性在某些特殊情况下表现出来，从而出现犬咬人、伤人等事件，目前大型、超大型烈性犬伤人事件时有发生，已引起越来越多人的重视，各地政府纷纷出台相关政策，限制超大型烈性犬的饲养。避免犬只伤人事件的发生，最好是从养犬人的素质提高和规范犬的行为着手。

(2)排汗习性　犬较耐寒，不耐热。犬体表无汗腺，只有舌头和脚垫上有少量汗腺。在炎热的季节，犬常常张嘴伸舌，粗重地喘气，这是犬依靠唾液中水分蒸发散热，借以调节体温的最简捷有效的方法。此外，在犬的四个脚爪的肉垫上也有少量汗腺，炎热天气犬可舔脚垫散热，也可通过肉垫与地面的接触完成排汗。

(3)清洁习性　犬具有保持犬体清洁的本能习性，如犬会经常地用舌头舔身体，还会用打滚、抖动身体的方式去掉犬体的不洁之物。犬的肛门腺易发炎，其分泌物有一种难闻的气味，容易导致犬体的异味，犬常会自舔或摩擦肛门。因此，养犬应经常洗澡，除去犬体上的不洁物、异味等。

(4)吠叫　吠叫是犬继承狼的一种行为习性，原是联系同伴的一种手段，现多成为与人联系的一种方式。当主人不在场或犬被置于一个陌生的环境中，多数犬会叫个不停，其目的就是希望引起主人关注，或来陪伴它。在饲养管理过程中，可充分利用犬的这一习性，培养与犬的亲和力，也可进行犬的吠叫科目训练。

(5)智商高　犬的智商较高，反应灵敏，神经系统发达，具有发达的大脑半球，被公认为是世界上最聪明的动物之一。犬的智能表现在对于特定信息的联系、记忆速度及自我控制与解决问题的能力，主要是依靠其感觉器官的灵敏性，对于曾经和它有过亲密接触的人，犬会较长时间地记住他的气味、容貌、声音等。工作犬的作业多是利用犬的这种特质进行训练的。

2. 适应性强，归向性好

犬的适应性强主要体现在两个方面。一方面犬对外界环境的适应能力很强，能承受较热和寒冷的气候，尤其对寒冷的耐受能力强，但如果气候变化太剧烈，忽冷忽热，犬容易患病，尤其是一些娇小的玩赏犬品种。另一方面体现在犬的适应性上，犬属于以食肉为主的杂食性动物，所采食的动物性饲料在10%～60%时都能很好地适应。

犬的归向性很好，有惊人的归家本领。据报道，美国西部俄勒冈州西巴尔顿的一对夫妇饲养一只名叫博比的苏格兰牧羊犬，在一次随主人到东部旅行途中，当到达印地安纳州奥尔那特时走失，半年后，博比却伤痕累累、奇迹般地出现在主人的面前。

3. 合群性强

犬是结群的动物，合群性比较明显。仔犬在出生后 20 d 就会经常与同窝其他仔犬游戏，30～50 d 后会走出自己的窝结交新伙伴，此时也是更换新主人和分群的最佳时机。成年公犬爱打架，并有合群欺弱的特点，在犬群中可产生主从关系，使得它们能比较和平地成群生活，减少或避免相互为食物、生存空间等竞争所引起的打斗。

4. 忠诚性强

“犬不嫌主贫”，这是对犬忠诚性最直接、最好的褒奖。犬与主人相处一定时间后，会与主人建立起深厚纯真的感情，从而表现出极强的忠心和较强的依赖性。但如有人对之不敬，常对之进行训斥或体罚，则犬也会对其敬而远之。犬与人相处的时间越长，其忠诚性越强，因此，养犬最宜从小时候开始饲养，饲养过程中应善待犬只，且能善始善终。

5. 嗜睡性强

野生时期的犬是夜行性动物，白天睡觉，晚上活动。在被人类驯养后，其昼伏夜出的习性已基本消失，现已完全适应了人类的起居生活。与人类不同的是，犬每天的睡眠时间为 14～15 h，但不是分一段完成，而是分成若干段，每段最短为 3～5 min，最长为 1～2 h，比较集中的睡眠时间多是在中午前后和凌晨附近。犬的睡眠时间因年龄的差异而有所不同，通常是老年犬和幼犬的睡眠时间较长，青年犬的睡眠时间较短。

6. 杂食性

犬的祖先以捕食小动物为主，偶尔也用块茎类植物充饥。在被人类驯养后，其食性发生了变化，变成以肉食为主的杂食动物。虽然单一的素食也可以维持犬的生命，但会严重地影响到犬身体的营养状况。

(1)采食速度快　犬的采食属“狼吞虎咽”式，速度很快。犬的臼齿咀嚼面不发达，但牙齿坚硬，特别是上、下颌各有一对尖锐的犬齿，同时门齿也比较尖锐，易切断、撕咬食物。当采食大块肉时，犬能很快将肉撕开，经简单咀嚼立即咽下，体现了肉食动物善于撕咬但不善咀嚼的特点；当犬采食流质食物时，能用舌卷起，很快吃完。

(2)对动物性饲料的消化能力强　犬是以食肉为主的杂食性动物，能较好地消化动物性蛋白和脂肪，但如果用全鱼肉型的饲料饲喂犬时，常会导致“全鱼肉综合征”的发生。目前，一般在犬的日粮中添加30%～40%的动物性饲料，基本能满足犬对动物性饲料的需求。

犬喜欢啃咬骨头，啃咬骨头对犬的牙齿和咀嚼肌有益，但不是所有的骨头都对犬有益。成年犬通常供应大的股骨、肱骨、肩胛骨、蹄骨(不切碎)、软肋骨，而鸡骨、鱼骨等带刺小骨不可供给犬食用，以防发生意外；幼犬不宜饲喂骨头。

7. 食粪性

犬具有食粪性，其原因可能有3个：一是源于古代犬类为避免踪迹被其他动物发现和跟踪捕食而食粪；二是因长期找不到食物而以粪便充饥；三是因患有胃肠疾病，或缺乏维生素所致。犬的食粪性是一种不正常的行为，应制止。在日常的饲养及训练过程中，发现粪便应及时清理，努力减少粪源，使犬“无从下口”。

8. 换毛的季节性

犬季节性换毛主要指春季脱去厚实的冬毛、长出夏毛，秋季脱去夏毛、长出冬毛的过程。室内养犬一年四季通常都有被毛的脱落，尤其是春、秋两季，会有大量的被毛脱落。脱落的被毛不但影响犬的美观，甚至被犬舔食后在胃肠内形成毛球，影响犬的消化。因此，在春秋两季饲养长毛犬时，应经常给犬梳理被毛。

9. 繁殖的季节性

母犬的繁殖具有明显季节性，通常在一年中的春季和秋季发情、配种，公犬的发情无明显规律。随着犬家畜化进程的不断推进以及犬生活条件的改善，犬繁殖的季节性已不很明显。少数母犬出现常年不发情，多数情况下是由于饲料中缺乏某些对繁殖影响极大的营养因子(如蛋白含量过低、缺维生素A、维生素E和硒等)、年龄偏大而导致繁殖机能停止或具有繁殖方面的疾病等原因导致。

二、猫的生活习性

1. 生性孤独，妒嫉心强

野生猫喜欢孤独而自由地活动，除发情交配外，很少群居，喜欢四处游荡，家养猫在很大程度上仍保持着这种孤独的性格，通常认为主人的家及其周围环境是自己的领地范围，不允许其他猫进入自己的领地，一旦有入侵者，就会立即发起攻击。

猫的嫉妒心很强，它不但会妒嫉同类，而且当主人对小孩过多亲昵时，猫也会表示不满。如果主人抱起两只猫中的一只，另一只猫可能会立刻发出“呜呜”的威胁声，被宠猫也不甘示弱，同样会阻止对方受宠。

2. 以肉食为主的杂食性

猫在野生时期以食肉为主，家养后仍爱吃老鼠、鸟类、青蛙等动物，并且可以连毛吞下而不会发生消化障碍，这与猫消化系统的解剖生理特点有关。因此，在猫的饲养过程中，尤其是家养的名贵观赏猫，由于捕鼠能力差或不捕鼠，应在饲料中添加较高比例的动物性饲料，以保持正常的消化生理功能和营养需要。

3. 嗜睡性与夜游性

在常见的家养动物中，猫的睡眠时间最长，约有 2/3 的时间都在睡觉。猫的睡眠和人不同，人一般每天连续睡觉 8～10 h，而猫每次的睡眠时间并不长，将睡眠时间分成若干段，一般每段不超过 1 h。猫一天中睡眠时间的长短受许多因素影响，幼猫和老龄猫睡觉时间比健康成年猫要长，天气暖和时睡觉时间要长一些，而在饥饿和发情期睡眠时间就少一些。

猫睡觉时脑电波的变化与人一样，分快波睡眠和慢波睡眠两种状态。在快波睡眠时，猫的肌肉松弛，处于深睡状态，对环境的变化反应能力较差；慢波睡眠时，睡的较浅，周围微小声响即可把猫惊醒。快波睡眠和慢波睡眠是交替进行的，快波睡眠每次 6～7 min，慢波睡眠每次 20～30 min。猫的这种睡眠状态，可使猫保持对环境的反应能力，以便在极短的时间里迅速恢复足够的搏击力量。

猫仍然保持着肉食动物昼伏夜出的习性，很多活动（如捕鼠、求偶、交配等）常是在夜间进行。猫多在白天睡觉，黎明或傍晚时则极为活跃。根据这一习性，每天的饲喂时间应选在早晨和晚上较为适宜；给猫配种的时间也应安排在晚上，以保证有较高的成功率。

4. 喜爱清洁

猫喜爱清洁是在进化中形成的一种出于生理需要的行为，如猫用舌头舔被毛，是为了刺激皮脂腺的分泌，使被毛光亮润滑，不易被水打湿；同时可舔食到一定量的维生素 D，促进骨骼的正常发育；还可使被毛蓬松，在炎热的环境中促进散热。猫一般在进食和玩耍后，或追击猎物剧烈运动及在阳光下睡醒以后开始梳洗整理被毛。

在脱毛季节，经常对猫进行被毛梳理，可促进新毛生长。猫也可通过抓咬被毛，防止被毛感染寄生虫（如跳蚤、虱等），以保持身体健康。野猫为了防止天敌发现它们的踪迹，会将粪便掩盖起来。高度驯养的家猫仍保留了这种爱清洁的行为，从而赢得爱清洁的美名。

5. 具有捕猎本能

捕猎是猫的原始本能，从而保证在野生状态下的生存。猫的捕猎行为大致可分成四个阶段，首先是安静地等待猎物的出现，然后立即行动并攻击，随后便是致命的一咬，最后则是享用其胜利果实。家养猫的驯化程度越低，其捕猎的原始本能越强；高度驯养的纯种猫则有相对较弱的原始捕猎动机，只需给其毛球或玩具猎物，就能满足其捕猎的原始需求。

从捕鼠能力的个体发育来看，虽然捕猎的每一个阶段都是幼猫的原始天赋，但高超的捕鼠技巧则需后天学习，其中母猫的言传身教尤为重要。母猫从野外带回活猎物（如鼠），并教幼猫尽快学会捕鼠技能。猫还有一种与原始本能有关的行为——偷食，可在后天进行这种异常行为的纠正。

6. 天性聪明，喜爱玩耍

由于猫的大脑发育良好，大脑皮层发育较完善，所以猫能很快适应生活环境，并能利用生活设备，如正确使用便盆，打开与关闭饮水器、辨别人类的好恶等。成年猫记忆力极强，如去医院打过一次针后，再去医院就会十分紧张；再如把猫带到几十千米以外的陌生地方，猫可以轻易独自返家等。另外猫还能预感某些自然现象，如地震及其他自然灾害将要发生等。但 5 月龄前的小猫大脑尚未发育完善，必须依赖母猫和主人的帮助。

猫喜欢玩耍，特别是幼龄猫。一般仔猫出生后 3 d 就能开始玩耍，玩耍的对象可以是母猫、同窝的兄弟姐妹、主人或其他物品和玩具。猫与猫之间的玩耍是一个互相学习、交流或传艺的过程。小猫在独自玩耍的时候，被吹动的树叶、乒乓球、毛线团、绳子、篮子、纸篓等都可以作为玩耍的对象。猫对球状的、嬉戏中能发出声音的玩具更感兴趣。猫玩球时常用力前冲,扑向小球或用前爪扑打玩弄小球。对一个小球,猫常常能玩上很长时间。有时空中无物,猫也会跳上跳下,向空中扑来扑去,这是猫在幻想捕捉食物或是在训练捕食的本领。调教好的小猫还喜欢与主人嬉戏、撒娇,或抱腿、或舔手,十分惹人喜爱。

7. 性格倔强

猫的性格十分倔强。对待主人的指令,即使已经理解,但只要不合其意,猫就不会去做。主人指定它去的地点(采食、休息、睡眠等)它往往不去,主人不许它去的地方(冰箱、电视机、玻璃家具上面等)它偏要去。猫常拒绝主人的爱抚,在主人强行抱入怀中爱抚时,往往从主人怀中挣脱逃遁。经常有这样的现象:猫与客人嬉戏,抓破了客人的衣服,客人将其赶出家后,它会一直到客人走后才肯回家;以后每当有客人来时,它就避开。当赶它的客人再次出现时,它就以不友好的态度躲在椅子或其他物品下面,并表现出狰狞的面孔。所以,调教猫必须要有足够的耐心和爱心。

【考核评价】

1. 简述犬、猫的起源。
2. 犬、猫的感觉系统有哪些?
3. 简述犬、猫的行为特征。
4. 简述犬、猫的生活习性。

项目四

宠物品种与选购

学习目标

了解犬、猫的分类,常见犬、猫的品种特征;学会宠物犬、猫的选购,外貌和年龄鉴别。培养学生热爱宠物、热爱生活的情感,提商学生行业认知和行为规范意识。

【学习任务】

任务 1　犬、猫的分类

目前世界上公认的犬的品种有 400 多个。由于犬的品种较多，形态、血统较复杂，部分犬在用途上可兼用，目前尚无一种完善的分类方法。犬的分类有以下几种方法：

一、犬的分类

(一)按体型分类

(1)超小型犬　这类犬体重不超过 4 kg，体高不超过 25 cm。由于体型小，可放入袖内或口袋内，故有“袖犬”“口袋犬”“珍宝箱犬”之称，代表犬种有吉娃娃犬、约克夏㹴、博美犬、玩具贵宾犬、马尔济斯犬等。

(2)小型犬　这类犬体重不超过 10 kg，体高不超过 40 cm。此类犬具有开朗的性格和悦目的外貌，但警戒心较强，吠声较大，代表犬种有西施犬、北京犬、巴哥犬、腊肠犬、迷你雪纳瑞犬、日本狐狸犬、喜乐蒂牧羊犬、美国可卡犬等。

(3)中型犬　这类犬体重 11～30 kg，体高 41～60 cm。由于个体略大，活动范围广，多用作家庭玩赏犬、猎犬，少数可作警犬、军犬，代表犬种有松狮犬、沙皮犬、惠比特犬、巴吉度犬、史宾格犬等。

(4)大型犬　这类犬体重 31～40 kg，体高 61～70 cm。因个性较强，用途广泛，可用作军犬、警犬、猎犬、看家犬、导盲犬、牧羊犬等，代表犬种有德国牧羊犬、杜宾犬、拉布拉多猎犬、金毛寻回猎犬、大麦町犬等。

(5)超大型犬　这类犬体重约在 41 kg 以上，体高在 71 cm 以上。拥有魁梧的身躯、威武的外貌，常作看家、护卫、狩猎、拖运等工作，代表犬种有圣伯纳犬、大丹犬、大白熊犬、藏獒、高加索犬等。

(二)按用途分类

(1)工作犬　指从事狩猎以外各种劳动作业，如担任护卫、导盲、牧畜、侦破等工作，一般体型较大，比其他犬机敏、聪明，具有惊人的判断力和独立排除困难的能力。这类犬是对人类贡献最大的犬，主要有德国牧羊犬、拉布拉多猎犬、金毛寻回猎犬等。

(2)狩猎犬　主要用于狩猎作业的犬，又称为猎犬。这类犬体型大小不等，但都机警，视觉、嗅觉敏锐，能善于发现猎物的踪迹，且具有温和、稳健的气质，主要品种有巴吉度犬、比格犬、惠比特犬等。

(3)枪猎犬　主要用于猎鸟的犬，多数从狩猎犬演变而来，一般体型较小，性格机警、温顺、友善，能从隐蔽处追逐出鸟供猎人射击，有的更能通过头、身躯、尾巴的连线指示鸟的位置，主要有德国短毛波音达猎犬、英国指示犬等。

(4)㹴犬　这类犬善于挖掘地穴，猎取栖于土中或洞穴中的野兽，多用于捕獾、狐、水獭、兔、鼠等，因多数是捕鼠高手，故又称为“鼠犬”。㹴犬现已演变为漂亮的玩赏犬而遍布全球，比较著名的有约克夏㹴、雪纳瑞犬、波士顿㹴等。

(5)玩赏犬　指专门作为家庭用的小型室内犬，有“犬国小孩”之称。此类犬体态娇小，姿容优美，举止优雅，被毛华美，可增加人们生活的情趣。代表品种有北京犬、蝴蝶犬、吉娃娃犬、玩具贵宾犬、博美犬等。

(6)家庭犬　适于家庭饲养的一类犬，对主人忠心、热情，活泼好动，待人亲切，能给人们增添许多生活的乐趣，适合独居者与老人饲养。主要品种有贵宾犬、日本狐狸犬、西施犬、松狮犬等。

(三)AKC 分类

世界上第一个养犬俱乐部 KC 于 1873 年在英国成立，此后，美国犬业俱乐部 AKC(American Kennel Club)(图 4-1)、国际犬业联盟 FCI(Federation Cynologique Internationale)等相继成立，制定了各种犬的品种标准，同时使犬种的分类统一化。某些犬种 FCI 予以承认，但 KC 或 AKC 不一定认可。

图 4-1　AKC 标志

AKC 是致力于纯种犬事业的非营利组织，成立于 1884 年，由美国各地 530 多个独立的养犬俱乐部组成。此外，约有 3 800 个附属俱乐部参与 AKC 的活动，使用 AKC 的章程来开展犬展览活动，执行有关事项，教育计划，举办培训班和健康诊所。AKC 机构分为位于纽约总部和在北卡罗纳州首府的策划执行部，所有登记注册职能由北卡罗纳州管理。AKC 每年记录 130 多万只犬的亲代情况，但不参与犬的买卖，因而不能保证注册犬的健康和品种质量。

世界各地对于犬的分类各有不同，但 AKC 的犬种分组法是广为接受的一种。AKC 将其承认的 147 种犬分为 7 个组别。

1. 枪猎犬组(Sporting Group)

枪猎犬组也称为运动犬组，在 19 世纪的英国，打猎是非常流行的贵族运动，所以跟人们一起享受狩猎乐趣的犬就叫做 Sporting Dog，也称为 Gun Dog。当时人类已经发明了枪支，枪猎犬已经不再需要追逐、捕杀猎物了。枪猎犬家族犬种类很多，例如指示猎犬类，它们的工作是利用敏锐的嗅觉和听觉，帮人们发现猎物的位置，并且把情报反馈给猎人；激飞猎犬类，它们的任务是追赶驱逐猎物，让野鸭、野兔受惊逃窜，以便猎人射击。很多的枪猎犬都具有活泼、温顺、亲和力强的特点，自然也很容易受到人们的宠爱。例如拉布拉多犬、金毛寻回猎犬、美国可卡犬，都是枪猎犬中的一员。

2. 狩猎犬组(Hound Group)

因为犬最早协助人类完成的工作就是狩猎，所以很多的狩猎犬都是非常古老的犬种。另外，狩猎犬还是枪猎犬的祖先，也可以说，在人类发明猎枪之后，很多的狩猎犬才“转业”成为了枪猎犬。狩猎犬的种类非常多，它们有的可以用敏锐的嗅觉追踪猎物，有的会挖洞，厉害的狩猎犬可以追捕猎物，然后将它们杀死。所以，很多的狩猎犬作为宠物饲养的难度就比较大，因为最初它们的任务是帮助人类捕杀凶猛的狼、熊及麋鹿等大型动物，通常它们需要的空间、运动和训练都较多。例如阿富汗猎犬、格力犬、腊肠犬、比格犬等，都属于奔跑速度极高、杀伤力很强的犬种。

3. 工作犬组（Working Group）

工作犬组是目前对人类贡献最大的一个犬组，通常它们的体形都比较大，因为它们要帮助人类完成各种“不可能的任务”，如警卫、拉雪橇、导盲、缉毒、搜索、救援等。所以大部分工作犬都是接受人类长期的选育培养之后才诞生的，例如拳师犬、杜宾犬、圣伯纳犬、雪橇犬，纽芬兰犬等都属于服从性和工作能力很强的犬种。虽然工作犬的智商都很高，但是它们更适合饲养经验丰富的主人，因为体形较大的犬必须经过良好的训练，才能成为人们的好伙伴，否则是很难控制的。

4. 㹴类犬组（Terrier Group）

Terrier 在拉丁文字中有“土地”的意思，所以不难分析，大部分犬都是挖洞高手。除了广受欢迎的迷你雪纳瑞之外，大多数犬都起源于英国。㹴犬通常都拥有勇敢、活泼的性格，坚硬的被毛，较小的体形和较大的牙齿以及极强的好奇心，正因为这些特征人类利用它们来捕杀狐狸、老鼠、臭鼬、黄鼠狼等小型野兽。例如猎狐犬，从名字上就能得知，它们是专门用来猎捕狐狸的，还有现在非常流行的西高地白㹴和约克夏㹴，最初是用来捕捉老鼠的。

5. 玩具犬组（Toy Group）

玩具犬是最受女孩们欢迎的犬组，它们不但体形娇小，性格温顺，还长着一张非常甜美或非常滑稽的面孔，而且它们还是非常会讨好卖乖的小家伙，经常可以逗得主人开怀大笑。玩具犬在最初对人类是很有帮助的。早期人们利用犬的天性，让它们帮助主人完成狩猎、牧羊等各种工作。不过一些体形较小的犬不能胜任，但是人们依然选择养育它们，原因就是它们体形小，需要的食物也很少，所以饲养起来很容易，同时它们可以帮助人们取暖。在此之后，人们发现犬可以成为非常好的伴侣，来满足人类的精神需要。此后越来越多的工作犬在“失业”之后被小型化，改良成为了玩具犬，现在非常流行的博美犬、玩具贵宾犬都是由体形较大的犬改良而来的。

6. 家庭犬组（Non-Sporing Group）

家庭犬组也称伴侣犬组，是一个涵盖种类比较多元化的组别，通常有很多的外来犬种，无法按照常规方法分类，所以就被列入家庭犬组。家庭犬组确实是一个来自五湖四海的大家庭，这类犬也包括一些不属于其他 6 大类的犬，是这些犬类的总和。如比熊犬、斗牛犬、松狮犬、大麦町犬、贵宾犬、沙皮犬等都被列入了家庭犬的范围。因此，家庭犬组没有一个统一的特征。

7. 畜牧犬组（Herding Group）

AKC 直到 1983 年才建立了畜牧犬组，所以畜牧犬组是一个新的组别，它们基本上是由工作犬派生而来的。直到现在，很多畜牧犬依然在帮助人类放牧牛、羊、鸡、鸭等各种家禽、家畜。所以它们都拥有非常高的智商和极为敏锐的洞察力。而且很多畜牧犬的放牧本领是与生俱来的，它们生来就有控制其他动物的欲望。

除此之外，还有些纯种犬是未被 AKC 承认的犬种。例如高加索犬。所以它们还不能参加正规的比赛，准确地说是可以比赛，但是没有资格争夺冠军。但是这些纯种犬有资格参加敏捷性比赛、服从性比赛。当一个犬种发展到一定程度时，就很有可能被登记承认，AKC 也在不断地登记、承认新的犬种。

(四)FCI 分类

国际犬业联盟(Federation Cynologique Internationale,FCI)也叫世界犬业协会或国际畜犬联盟(图 4-2),成立于 1911 年,最初由比、法、德、奥、荷五国联合创立,目前是世界上最大的犬组织。FCI 的主要职责是:监察其会员机构每年举办 4 次以上的全犬种犬展;统一各个犬种原产国的标准,并广泛公布;制定国际犬展规则;组织、评审以及颁发冠军犬头衔;制定协会成员国血统记录,认定犬种标准。虽然 FCI 是一个统一的国际性组织,但是有比较强的兼容性,它包含 84 个成员机构,日本的 JKC、法国的 SCC 以及中国台湾的 KCT 等机构都是其成员机构。这些机构都保留有自己的特性,但都归属于 FCI 统一管理,并且使用共同的积分制度。目前 FCI 承认世界上 337 个品种的犬类,并将其所有认可的纯种犬分为 10 个组别,其中每个组别又按产地和用途划分出不同的类别。作为犬界领军组织,FCI 致力于发展繁殖优良的纯种犬,并完善出一套规范合理的纯种犬管理繁殖理念,将纯种犬的管理和繁殖更加系统化、优越化。目前中国唯一得到 FCI 授权,合作伙伴关系的单位为 CKU。

教学视频——犬的分类

图 4-2　FCI 标志

FCI 常见比赛犬种分组:

①牧羊犬和牧牛犬(不含瑞士高山牧牛犬)组(13 个)。

比利时牧羊犬、长须牧羊犬、边境牧羊犬、苏格兰牧羊犬、短毛牧羊犬、喜乐蒂牧羊犬、卡迪根威尔士柯基犬、彭布罗克威尔士柯基犬、波利犬、可蒙犬、德国牧羊犬、古代英国牧羊犬、弗兰德斯牧羊犬。

②宾莎犬和雪纳瑞类-獒犬、瑞士山地犬和瑞士牧牛犬组(23 个)。

杜宾犬、迷你宾莎犬、猴面宾莎犬、巨型雪纳瑞、雪纳瑞、迷你雪纳瑞、阿根廷杜高犬、沙皮犬、德国拳师犬、大丹犬、罗威纳犬、法国波尔多獒犬、斗牛犬、斗牛獒犬、獒犬、那不勒斯獒犬、比利牛斯山地犬(大白熊)、圣伯纳犬、西藏獒犬、伯恩山犬、高加索牧羊犬、纽芬兰犬、意大利凯因克尔索犬。

③㹴犬组(19 个)。

万能㹴、贝灵顿㹴、平毛猎狐㹴、刚毛猎狐㹴、湖畔㹴、曼彻斯特㹴、威尔士㹴、爱尔兰㹴、凯利蓝㹴、凯安㹴、苏格兰㹴、西里汉姆㹴、西高地白㹴、牛头㹴、澳洲丝毛㹴、约克夏㹴、爱尔兰软毛麦色㹴、斯凯㹴、美国斯塔福德郡㹴。

④猎獾犬(腊肠犬)组(1 个)。

腊肠犬。

⑤尖嘴犬和原始犬种组(11 个)。

萨摩耶犬、阿拉斯加雪橇犬、西伯利亚哈士奇犬、德国狐狸犬(博美)、秋田犬、美系秋田、日本狐狸犬(银狐)、柴犬、墨西哥无毛犬、巴辛吉犬、松狮犬。

⑥嗅觉猎犬及相关犬种组(6 个)。

寻血猎犬、哈利犬、短腿猎犬(巴吉度)、比格犬、大麦町犬、罗德西亚脊背犬。

⑦短毛大猎犬组(指示犬组,5 个)。

德国短毛指示犬、魏玛猎犬、匈牙利短毛指示犬、英国指示犬、爱尔兰红色蹲猎犬。

⑧寻回猎犬、搜寻犬和水猎犬(7 个)。

平毛寻回猎犬、拉布拉多寻回猎犬、金毛寻回猎犬、英国可卡犬、英国史宾格猎犬、威尔士史宾格猎犬、美国可卡犬。

⑨伴侣犬和玩具犬组(16 个)。

玛尔济斯犬、贵宾犬、中国冠毛犬、查尔斯王骑士猎犬、北京犬、日本种犬、蝴蝶犬、法国斗牛犬、巴哥犬、卷毛比熊犬、拉萨犬、西施犬、西藏㹴犬、西藏猎犬、吉娃娃犬、波士顿㹴。

⑩灵猩组(6 个)。

阿富汗猎犬、苏俄猎狼犬、爱尔兰猎狼犬、意大利灵猩、萨卢基猎犬、惠比特犬。

二、猫的分类

国际爱猫联合会(The Cat Fanciers' Association,简称 CFA)(图 4-3),是一个于美国登记的非营利性团体,成立于 1906 年年初。起初 CFA 只是一个很小的组织,发展至今已经成为全球拥有最多注册纯种猫的机构。

人类驯养猫的时间很长,但对猫品种的改良工作做得较少,猫的繁育及进化在很大程度上未受控制,猫的品种远没有其他畜禽的品种多。目前分布在世界各地的猫与其祖先相比,在体重及体长方面几乎没有什么变化。

图 4-3　CFA 标志

已经确认的猫的品种超过 100 种,猫的品种分类有以下 3 种方法。

1. 按生存环境分类

(1)家猫　指经过人类驯化后饲养的猫,但并不会太过依赖人类,仍保留独立生存的本能。

(2)野猫　家猫的祖先,原来生活在沙漠、山林等野外环境中,最早出现猫的踪迹在 1 200 万年前。

2. 按品种培育分类

(1)纯种猫　指经过数年、数代的时间,由人们精心培育而成的猫种,严格控制其繁殖程序,以避免品种退化。这类猫的遗传特性稳定,小猫与父母猫之间具有相似特性,而且每只猫都有血统记录,包括性别、品种、体态特征及其祖先等数据。

(2)杂种猫　指未受人为控制,自行繁衍的品种,这类猫的遗传特性很不稳定,同窝小猫中,也常会出现不同的毛色。

3. 按毛的长短分类

猫的被毛是最具显著特征的，不仅指被毛颜色和图案花纹，也指其对猫体态和外观大小的影响。纯种猫按被毛的长度分为长毛猫、短毛猫和无毛猫。

(1)长毛猫　长毛猫的被毛茂密，甚至能使猫的体形增大一倍，而底层被毛是猫体形增大的主要原因。长毛猫在春季和秋季会大量脱毛，使外貌发生较大的变化。

长毛猫的脸型分为 3 大类，圆脸、楔形脸或是介于两者之间。脸型通常与体型有关，圆脸猫体形矮胖，楔形脸的猫体形较修长。脸型在一年之中也有变化，尤其是在脱毛期或是茂毛期更明显不同。圆脸长毛猫头圆而结实，顶宽；双颊圆而饱满；耳小，尖端呈圆形，耳间距宽，耳位低；鼻短宽，鼻梁凹陷。楔形脸长毛猫，两耳间距宽，并呈直线向鼻口部变窄；侧看时脸形突出，鼻长且直，耳大而尖。中间脸型长毛猫，头长中等，比例恰当；侧看脸呈直线或稍有凹陷，耳大而尖，间距宽，高高位于头上。如缅因猫、布偶猫、喜马拉雅猫、波斯猫及索马里猫等品种。

(2)短毛猫　短毛猫因被毛较短，常能清楚地看到其毛皮下的肌肉线条。短毛猫在外观和毛皮质地上不尽相同，被毛可能是短而光亮，紧贴身体，也可能身体各处的被毛长短不一；被毛质地也有细腻和粗糙、厚密和松软、平直和卷曲之分。

短毛猫的脸型分为 3 大类，圆脸、楔形脸或是介于两者之间。圆脸短毛猫的脸呈圆形，双颊饱满，头顶很宽；鼻宽而短直；侧看时前额呈圆形，鼻梁略凹；耳小，间距宽，耳尖呈圆形。楔形脸短毛猫的脸形细长典雅，鼻口部明显变窄；侧看时脸呈直线形，长鼻无凹陷；耳大而尖，耳根宽。中间脸型短毛猫的头比例适中，头顶略宽，并逐渐变成稍成圆形的三角形；鼻梁略凹陷；耳中等偏大，耳根宽。如暹罗猫、美国短毛猫、日本短尾猫、俄罗斯蓝猫、异国短毛猫、阿比西尼亚猫及苏格兰塌耳猫等。

(3)无毛猫　无毛猫全身无毛或毛较少，有时在身体的某些特殊部位有绒毛分布，如加拿大无毛猫全身披有一层绒毛，尤其是在脸、耳、脚和尾巴上。

任务 2　宠物犬的品种介绍

1. 吉娃娃犬

吉娃娃犬(图 4-4)，原产于墨西哥，体高 16～22 cm，体重 0.5～2.7 kg，AKC 分类属于玩具犬组。圆拱形的苹果头颅，有囟门；眼圆而不突，间距大；耳大，直立，与头部中心线成 45°开张；口吻短，略尖，双颊及下颚瘦削，鼻色与毛色相协调；牙齿呈剪状咬合。颈部稍呈拱形；前肢骨骼纤细，垂直；后肢大腿肌肉发达，伸展良好，稳固强健；趾小巧精致，卵圆形，肉垫发育良好。尾巴长度适中，形成镰刀状向上或向外，或在背上形成圈状，同时尾尖刚好触背。被毛有短毛与长毛之分，短毛型质地柔软，细致紧密，光滑而有光泽；长毛型质地柔软，平直或轻微卷曲，双耳有饰毛，尾部饰毛丰富，呈羽状尾。毛色允许所有颜色，单一色或间有斑块。

教学视频——猫的分类

2. 博美犬

博美犬(图 4-5)，原产于德国，体高 18～25 cm，体重 1.3～3.5 kg，AKC 分类属于玩具犬组。面部酷似狐狸，呈楔形，头盖骨略圆；口吻短

图 4-4　吉娃娃犬

图 4-5　博美犬

直，鼻镜呈黑色；眼睛色深、明亮、中等大小，杏仁状；耳小，直立；牙齿呈剪状咬合。颈部短，背短，背线水平。身躯紧凑，肩胛的长度与上臂相等，肩靠后，使颈部和头高高昂起；肋骨扩张良好，胸深与肘部齐平；腰细而轻；腹部适当收缩。前腿直而且相互平行，腕部直而且结实；后肢大腿肌肉适度发达，后膝关节适度倾斜，轮廓清晰，飞节较短；足爪呈拱形，紧凑。尾根高，翻卷在后背中间。双层被毛，外层毛长、直、光亮而且质地粗硬，内层毛柔软而浓密，颈部、肩前和前胸被毛浓密，前肢饰毛延伸到腕部，尾巴上布满呈羽状的长而粗硬的被毛。毛色主要有红棕色、黑色和白色三种单一毛色，以红棕色最为多见。

3. 北京犬

北京犬(图 4-6)，原产于中国，体高 25～35 cm，体重 3～6 kg，AKC 分类属于玩具犬组。头顶宽阔且平，面颊骨骼宽阔呈矩形，侧看时下巴、鼻镜和额部处于同一平面(下巴到额头略向后倾斜更多见)；鼻短，位于两眼中间；眼睛大、黑、圆，稍外突；止部(鼻额角)有较深的皱纹；心形耳，位于头部两侧；牙齿下颌突出式咬合，闭唇时不可见舌。颈短而粗，与肩结合良好。身体呈梨形，紧凑；前躯重，肋骨扩张良好，胸宽，胸骨无明显突出；腰细而轻；背线平。前肢短且粗，肘部到脚腕之间的骨骼略弯；后膝和飞节角度柔和；足爪大、平，略向外翻。尾根高，翻卷在后背中间。被毛长、直，有丰厚柔软的底毛，脖子和肩部周围有显著的鬃毛，前腿和大腿后侧、耳朵、尾巴、脚趾上有长长的饰毛。毛色允许所有的颜色，但必须是单一色。

4. 巴哥犬

巴哥犬(图 4-7)，原产于中国，体高 25～30 cm，体重 6～8 kg，AKC 分类属于玩具犬组。头大、粗壮，苹果头，额部皱纹大而深；眼大，色深，稍突；耳薄、小、软，黑色，触感如天鹅绒，有玫瑰耳或纽扣耳两种耳形；口吻短、钝、宽，不上翘；咬合应是轻微的下颌突出式咬合。颈部呈轻微的拱形，粗壮，其长度足够使头能高傲的昂起。身体短而胖，身高与体长相当，体躯呈正方形；胸宽，肋骨扩张良好；背短，背线水平；腹部稍收。前肢粗壮、平行，长度适中，腕部结实；后肢粗壮、平行，大腿和臀部丰满，膝关节角度适中，飞节垂直于地面；足爪椭圆形，脚趾适当分开，黑色趾甲。尾根高，尽可能卷在臀部以上，双重卷曲则更理想。被毛短、柔软、美观而平滑，有光泽；毛色有银色、杏黄色或黑色等毛色，其中面部、口吻、耳朵的颜色应是黑色。

图 4-6　北京犬

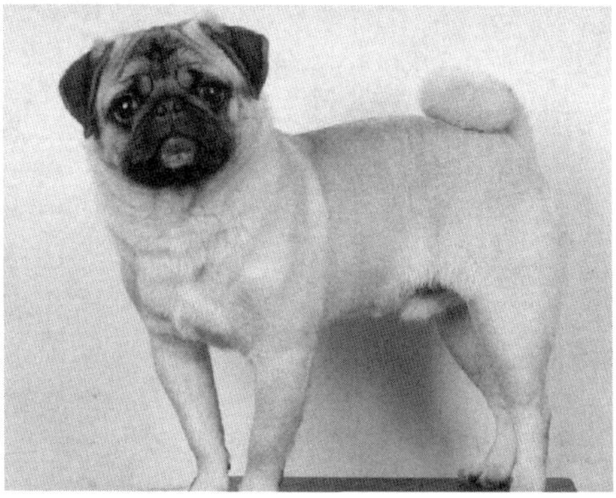

图 4-7　巴哥犬

5. 西施犬

西施犬(图 4-8),原产于中国,体高 25～30 cm,体重 4～7 kg,AKC 分类属于玩具犬组。头部宽,呈圆拱形;眼大而圆,不外突,色深,眼间开阔;耳朵大而下垂,耳根低;口吻宽、短,无皱纹,上唇不能低于下眼角,鼻镜、嘴唇、眼圈呈黑色;牙齿呈下颚突出式咬合,闭唇时不可见舌。颈部与肩的结合流畅平滑,与肩高和身长相称,背线平;身躯短而结实,体长略大于肩高;胸部宽而深,肋骨扩张良好,胸部的深度刚好达到肘部的位置,从肘部到马肩隆的高度略大于从肘部到地面的距离。前肢直,骨骼良好,肌肉发达,腕部强壮而垂直;后肢发达,与前肢成一线,膝关节适当弯曲,飞节低;脚垫发达,脚尖向前。尾根位置高,饰毛丰厚,呈菊花型翻卷在背后。被毛华丽,双层毛,浓密,毛长而平滑,允许有轻微波状起伏;毛色允许所有颜色,但通常两耳、肩部、臀部的颜色稍深。

6. 贵宾犬

贵宾犬(图 4-9),原产于法国,AKC 分类属于玩具犬组。体型有 3 种,玩具型犬体高小于 28 cm、体重小于 4 kg;迷你型犬体高小于 38 cm、体重小于 12 kg;标准型体高大于 38 cm、体重大于 12 kg。头小而圆,颅骨呈圆形;吻长不尖,直纤细,吻长为头长的 1/2,鼻镜黑;眼睛为杏仁眼,色黑;耳朵下垂,紧贴头部,耳根位置稍低于眼睛的水平线,耳廓长而宽;牙齿呈剪状咬合,颈部比例匀称,结实、修长,显出其高贵、尊严的品质,喉部的皮毛软。胸部宽阔舒展,肋骨富有弹性;腰短而宽,结实、健壮,肌肉匀称;背线水平,从肩胛骨的最高点到尾巴的根部不倾斜也不成拱形,肩后有一个微小的凹陷。前肢直,位于肩的正下方,正看平行;后肢

图 4-8　西施犬

图 4-9　贵宾犬

膝关节健壮、结实，曲度合适，股骨和胫骨长度相当，跗关节到脚跟距离较短，且垂直于地面；足较小，形状呈卵状，肉垫厚、结实。尾巴直，位置高并且向上翘，通常截尾后留 2～3 节尾椎。被毛呈羊毛状，有两种毛型，粗毛自然、质地粗糙，软毛紧凑、平滑，胸部、身体、头部和耳朵等部位的毛较长。毛色多为单色，毛色均匀，有纯白色、黑色、香槟色和红棕色，同一种颜色也会有不同深浅，通常是耳朵和颈部毛色深一些。

7. 迷你雪纳瑞

迷你雪纳瑞(图 4-10)，原产于德国，体高 30～35 cm，体重 4～7 kg，AKC 分类属于㹴犬组。头部结实，呈矩形，面颊部咬合肌发达；眼中等大小，深褐色，卵圆形，眉毛浓密；耳位置高，中等厚度，呈"V"形向前折叠，内侧边缘贴近面颊，一般要做立耳手术；口吻结实，末端呈钝楔形，胡须浓密；鼻镜大，黑色，唇黑；牙齿呈剪状咬合。颈部结实，中等粗细和长度，呈优雅的弧线形，与肩部结合简洁。身躯紧凑，结实；胸部宽度适中，肋骨扩张良好，横断面呈卵形；背线从第一节脊椎到臀部略微向下倾，并略呈弧形；腰部发育良好，从最后一根肋骨到臀部的距离尽可能短；臀部丰满、略圆。前肢笔直无弯曲，垂直于地面，两腿适度分开；后肢大腿肌肉发达，后膝关节角度合适，飞节短；足爪小、紧凑而圆，脚垫厚实，趾甲黑色。尾根位置稍高，向上竖立，需断尾，保留 2 节尾椎。双层被毛，外层刚毛紧密、粗硬、浓密、不平滑，内层毛柔软、平顺。毛色有椒盐色和纯黑色两种，典型的椒盐色是灰色底毛中混合黑色和白色毛发，椒盐色毛发在眉毛、胡须、面颊、喉咙下面、胸部、尾巴下面、腿下部、身体下面和腿的内侧淡至浅灰色或银白色；理想的黑色是真正的纯色，没有任何褪色、变色。

8. 蝴蝶犬

蝴蝶犬(图 4-11)，原产于西班牙，体高 20～25 cm，体重 2.0～3.5 kg，AKC 分类属于玩具犬组。狐狸脸型，头颅宽度中等，略呈圆拱形；吻尖长为头长的 1/3 左右，鼻镜呈黑色；眼睛圆，中等大小，色暗，不外突；耳朵直立，耳饰毛丰富；唇紧、薄，牙齿为剪状咬合。颈部长度中等，较清秀，背线直而且平。胸深中等，肋骨扩张良好，腹部向上收。前肢直，骨骼纤细；后肢发达，有适当的角度；足爪细而长，呈野兔爪型。尾巴长，尾根位置高，反搭在背上，尾巴上长有长而飘逸的饰毛。毛量丰富，长而精致，飘逸，毛直而且有弹性。胸部长有丰富的饰毛，头部、口吻部、前肢正面和后肢从足爪到飞节部分的毛发紧而短，前腿背面长有饰毛，至腕处减少，耳边缘长有漂亮的饰毛。理想的颜色是白色加其他颜色的斑纹，头部颜色必须是除白色外的其他颜色覆盖两耳，并且延伸到眼睛，中间不断开，鼻梁到额为白色。

图 4-10　迷你雪纳瑞犬

图 4-11　蝴蝶犬

9. 美国可卡犬

美国可卡犬(图 4-12),原产于美国,体高 34～39 cm,体重 9～13 kg,AKC 分类属于枪猎犬组。头盖圆,止部明显,面颊不突出;杏仁状眼,深褐色;颌部四方,口吻宽而深,上唇丰满;耳长,完全下垂,有大量羽状饰毛,位置不应该高于眼睛内角水平线;鼻镜的颜色与眼圈的颜色一致(黑色、棕色、黑白花色犬的鼻镜为黑色,其他颜色犬的鼻镜可为褐色、肝色或黑色);牙齿呈剪状咬合。颈部肌肉发达,无下垂的赘肉,从肩部有力地升起,略微圆拱,逐渐变细与头部衔接。胸深,宽阔;背部结实,均匀地略向下倾斜;肋骨深,支撑良好;腹部微收;臀部宽,后体圆,肌肉发达。前肢垂直,平行,骨骼和肌肉强健;后肢膝关节结实、角度适中,大腿有力;足爪紧凑、大、圆而稳固,脚垫既不向内弯,也不向外翻。尾巴在背线的延长线上或略高,通常截尾后留 2～3 节尾椎。丝状被毛,平坦或略微呈波浪状,头部毛短而纤细,耳朵、胸部、腹部、腿部有大量羽状饰毛。毛色有纯黑色、咖啡色、黑白花色等,纯黑色允许胸部和喉咙有少量白色,咖啡色从浅奶酪色到暗红色均可,黑白花色要求明显,其中咖啡色、黑白花色的犬可能在两眼上方、口吻两侧和面颊有整洁的棕色斑点。

10. 松狮犬

松狮犬(图 4-13),原产于中国,体高 45～51 cm,体重 18～22 kg,AKC 分类属于家庭犬组。头颅骨宽阔平坦,眉间多皱纹;口吻短宽,无皱纹;眼深褐色,深陷,眼距离宽,中等大小,杏仁状;耳小,三角形竖耳,略微前倾,耳尖稍圆,耳间距宽;鼻大、宽,黑鼻(蓝色松狮犬的鼻子可为蓝或暗蓝灰色);舌的表面和边缘是深蓝色,颜色越深越好;牙齿呈剪状咬合。颈部强壮有力,饱满,肌肉发达,颈部呈优美的弧拱。胸宽深,肌肉发达,肋骨闭合紧密,弧度优美;背线平直,强壮,从马肩隆到尾根保持水平;腰部短宽深,肌肉发达强壮;臀部短而宽,尾部和大腿肌肉强壮,与臀部齐平。前肢笔直,骨骼粗壮,两腿平行,分得较开,与宽阔的前胸相称;后肢笔直,膝关节几乎没有角度,接合处紧密稳定,尖端正指向后方,飞节强壮,接合紧密结实;足爪圆,紧凑,为标准猫爪,肉垫厚。尾根高,卷起紧贴背部。双层被毛,外层毛杂乱粗糙、平直,内层毛柔软丰富、浓密,特别是头和颈周围形成了一圈浓密的鬃毛。毛色有红色(淡金黄色至红褐色)、黑色、蓝色、肉桂色(浅黄色至深肉桂色)和奶油色 5 种。

图 4-12 美国可卡犬

图 4-13 松狮犬

11. 拉布拉多猎犬

拉布拉多猎犬(图 4-14),原产于加拿大纽芬兰岛,体高 55～60 cm,体重 25～30 kg,AKC 分类属于运动犬组。头骨宽阔,额段适中;眼中等大小,眼色与毛色相协调(黑色和黄色犬的眼睛是褐色，巧克力色犬的眼睛呈褐色或淡褐色）；耳朵紧贴头部，稍低于头骨而高于眼水平线；口吻部长短、宽窄适中，鼻色与毛色相协调（黑色或黄色犬的鼻子是黑色，巧克力色犬的鼻子是褐色）；牙齿呈剪状咬合。颈部长度适中，肌肉发达，活动灵活，从双肩处强劲升起，呈适合拱形。胸部宽窄适中；背部强壮，水平；腰部短宽而健壮；臀部宽阔，肌肉发达。前肢发育良好，骨骼强壮，呈垂直状态；后肢垂直平行，大腿部强壮有力；趾强健而紧凑，适当拱起，肉垫发育良好。尾根部粗，朝着尖端渐细，长度中等，不超过跗关节。被毛短而直，非常致密，手感粗硬，有柔软、抵抗恶劣天气的下层被毛，可以防水、防冷和抵挡各种类型的荆棘等破坏物，背部被毛可呈轻微波纹状。被毛颜色有黑色、黄色和巧克力色等单色，黑色必须是单一黑色；黄色可从淡红到淡奶油色，颜色变化部分一般在犬的双耳、背部和体下部；巧克力色可以从浅巧克力色到深巧克力色。

12. 金毛寻回猎犬

金毛寻回猎犬（图 4-15），原产于英国，体高 55～60 cm，体重 25～35 kg，AKC 分类属于运动犬组。头骨宽，呈轻微拱形；眼中等大小，色深，间距大；耳根高，耳小，下垂，紧贴面颊；鼻黑色或棕黑色；牙齿呈剪状咬合。颈中等长，逐渐融入充分靠后的肩部，显得强健、肌肉发达。胸深，胸骨延伸至肘部；背线强壮，水平，从马肩隆至微倾的臀部；肋骨长、曲率良好，很好地延伸至后躯；腰短、强健，宽而深，轻微收缩；臀部丰满，略下斜。前肢直，骨量充足，不太粗壮，掌部短而强健、略倾；后肢宽，肌肉发达，膝关节充分弯曲，踝关节贴近地面；足爪中等大小，圆而紧凑，趾垫厚。尾根高，尾基部厚实，尾长垂过跗关节，呈水平或适度的上扬曲线。双层被毛，外层被毛硬、有弹性，既不粗糙也不过分柔软，毛直或略呈波浪状；内层毛浓密、柔软，有防水功能；前腿后部和身体下部有适度的羽状饰毛，颈前部、大腿后部和尾下侧的羽状饰毛丰厚。毛色呈有光泽的金黄色，羽状饰毛可比其他部位色泽略淡。

图 4-14　拉布拉多猎犬

图 4-15　金毛寻回猎犬

13. 边境牧羊犬

边境牧羊犬（图 4-16），原产于以色利，体高 45～50 cm，体重 14～20 kg，AKC 分类属于畜牧犬组。头盖宽阔，止部清晰；眼睛中等大小，间距宽，褐色，卵圆形；耳朵中等大小，间距宽，耳朵半立；口吻略短细，鼻镜色与身体主要颜色相协调；牙齿呈剪状咬合。颈部长度恰当，结实且肌肉发达，略拱，向肩部方向逐渐放宽。胸深，宽度适中，肋骨扩张良好；腰部深度适中，肌肉发达，略拱；背线平，腰部后方略拱；臀部向后逐渐倾斜。前肢骨骼发达，彼此平行，脚腕略微倾斜；后肢宽阔，肌肉发达，飞节结实、位置低；足卵形，脚垫深且结实，脚趾适度圆拱紧凑。尾根位置低，中等长度，延伸到飞节，末端有向上的旋涡。被毛有粗毛和短毛两种，其中粗毛毛发长度中等，略呈波浪状。毛色多，有各种式样和斑纹，多以黑色为主，白色集中在额头、脖领、腹下、四肢下部和尾尖，有时还杂有褐色斑点。

14. 苏格兰牧羊犬

苏格兰牧羊犬(图 4-17)，原产于苏格兰，体高 56～66 cm，体重 24～34 kg，AKC 分类属于畜牧犬组。头部呈倾斜的楔形，侧看，从耳朵到鼻镜方向渐细，两个眼内角的中点(止部的中点)正好是整个头部长度的中点；眉骨和枕骨稍突；杏仁形眼，中等大小，呈暗黑色(毛色为芸石色的犬眼为深褐色最理想)；耳根位置高，自然状态下耳朵向前折叠，呈半立状(警惕时 3/4 部分直立，1/4 耳尖向前折叠)；牙齿呈剪状咬合。颈部长度恰当，竖直上举，颈背稍呈圆拱形，肌肉发达，有大量饰毛。身躯肌肉发达，背部水平，臀部倾斜呈圆弧形。前肢直，后肢肌肉发达且非常有力，足爪小呈卵形，脚垫厚实而坚韧。尾巴能延伸到飞节或更低，休息时尾巴下垂，尾尖向上扭曲呈旋涡，兴奋时不过背线。外层被毛直、粗硬，底毛柔软、浓厚，鬃毛和臀部饰毛丰富。毛色有 3 种，黄白色(二色)以黄色或驼色(深浅程度从浅金色到暗桃木色不等)为主，带白色斑纹，白色斑纹主要出现在胸部、颈部、腿、足爪、尾尖等位置；三色以黑色为主要色调，与黄白色一样带有白色斑纹，在头部和腿部有茶褐色阴影；芸石色以白色为主要色调，斑块为芸石色。

图 4-16　边境牧羊犬

图 4-17　苏格兰牧羊犬

15. 德国牧羊犬

德国牧羊犬(图 4-18)，原产于德国，体高 56～66 cm，体重 30～40 kg，AKC 分类属于畜牧犬组。头部高贵，线条简洁，结实而不粗笨；眼睛中等大小，杏仁形，位置略微倾斜，不突，色深；耳朵略尖，向前直立，理想的姿势是从前面观察，耳朵的中心线相互平行，且垂直于地面；口吻长而结实，牙齿呈剪状咬合。颈部结实，肌肉发达，轮廓鲜明且相对较长，与头部比例协调。体长与身高的理想比例为 10∶8.5，由肩部向后倾斜形成自然的流线型；胸深而宽，稍向前突出，肋骨长而扩张良好；腹部稳固，适度上提；臀部长且逐渐倾斜。前肢直，后肢肌肉非常宽且发达有力，后肢狼爪必须切除，足爪短，脚趾紧凑且圆拱，脚垫厚实而稳固，正常站立时后肢飞节向下必须与地面垂直。尾根低，尾毛浓密，尾椎至少延伸到飞节，休息时尾巴笔直下垂，略微弯曲，呈马刀状；兴奋时或运动中，尾巴突起，曲线加强，但不超过背线。中等长度的双层毛，外层毛直而粗硬略呈波浪状，内层毛浓密而柔软，头部被毛较短，颈部毛长而浓密。毛色多变，大多数毛色都是允许的，多为黄褐色底黑背。

16. 萨摩耶犬

萨摩耶犬(图 4-19)，原产于俄罗斯，体高 55～60 cm，体重 25～35 kg，AKC 分类属于工

图 4-18　德国牧羊犬

图 4-19　萨摩耶犬

作犬组。头部呈楔形，顶略凸；口吻中等长度，向鼻镜方向略呈锥形，鼻镜黑色；唇黑，嘴角略向上翘，形成具有特色的“萨摩式微笑”；耳朵直立，三角形，尖端略圆；眼色深，杏仁状，位置较开；牙齿呈剪状咬合。颈部结实、肌肉发达，骄傲地昂起，立正时在倾斜的肩上支撑着高贵的头部，与肩结合形成优美的拱形。胸深，肋骨从脊柱向外扩张，到两侧变平；腰部结实而略拱，背直；腹部肌肉紧绷，形状良好，与后胸连成优美的曲线（收腹）；臀部略斜，丰满。前肢直，彼此平行，脚腕结实而柔韧；后肢发达，后膝关节角度恰当（约与地面成 45°），不内弯也不外翻；足爪长而大，稍平，脚趾圆拱，脚垫厚实。尾长度适中，能延伸到飞节，警惕时会卷到后背上或卷向一侧，休息时尾巴自然下垂。双层被毛，内层毛为短、浓密、柔软、絮状、紧贴皮肤的底毛；外层毛为较粗长的毛发，闪烁着银光，直立在身体表面，不卷曲，颈部和肩部的被毛形成“围脖”。毛色纯白色最为多见，或白色带较浅的浅棕色和奶酪色。

17. 西伯利亚雪橇犬

西伯利亚雪橇犬（图 4-20），原产于西伯利亚地区，又称哈士奇，体高 51～60 cm，体重 20～26 kg，AKC 分类属于工作犬组。头顶稍圆，往眼处渐细，额段明显；眼杏仁状，稍斜，眼睛颜色为棕色或蓝色或两眼颜色不同；耳大小适中，直立三角形，相距较近；口吻宽度适中，逐渐变细，鼻镜与体色相协调（灰色、棕褐色或黑色犬的鼻镜为黑色，古铜色犬的鼻镜为肝色，纯白色犬的鼻镜颜色可能会鲜嫩）；牙齿呈剪状咬合。颈长度适中、拱形，犬站立时直立昂起，小跑时颈部伸展，头略微向前伸。胸深，强壮，最深点与肘部齐平；肋骨充分扩张，侧面扁平；背直而强壮，略微呈拱形；腰部收紧，倾斜；臀部以一定的角度从脊椎处倾斜。前肢平行，笔直，肘部接近身体，不向里翻，也不向外翻；后肢距离适中，上半部肌肉发达，有力，膝关节充分弯曲，踝关节距地的位置较低；椭圆形趾，紧密，肉垫紧密，厚实。尾巴像狐狸尾巴，位于背线之下，站立时尾巴以优美的镰刀形曲线背在背上，举尾时不卷在身体的任何一侧，也不平放在背上。双层被毛，中等长度，浓密，内层毛柔软，浓密；外层毛稍粗糙平直，光滑。毛色从黑到纯白的所有颜色都可以接受，允许头部有一些其他色斑。

18. 英国斗牛犬

英国斗牛犬（图 4-21），原产于英国，体高 40～45 cm，体重 22～25 kg，AKC 分类属于家庭犬组。脑袋大，正方形，头部周长（耳朵前面）至少与肩高相当，前观从下颌最低的角落到脑袋顶点的距离相当长，侧观从鼻镜到后枕骨的距离相当短，前额平；面颊圆，向两侧突出，超过眼睛的范围。止部清晰，在眼睛中间形成凹槽。眼睛位于脑袋上比较低的位置，眼角间的连线与止部呈直角，眼圆，中等大小；耳位高，耳小而薄，典型的“玫瑰耳”（玫瑰耳是指后面下端边缘向内折叠，前面上端边缘越过去，有部分内耳和边缘显示出来）；鼻镜大而宽，黑色，鼻尖靠后，位于眼睛中间；上唇厚、宽，下垂，位于下颌两侧，在前面与下唇结合，刚好能盖住牙齿；牙齿呈下颚突出式咬合。颈部短粗，颈背深而结实呈圆拱；肩胛后方略微塌陷，紧随在肩胛之后。身躯宽，侧面丰满，肋骨圆；胸部宽而深，丰满；背部短而结实，肩胛略宽，腰部略窄。尾巴直或呈“螺旋”状（但不弯曲或卷曲），直尾呈圆柱状，锥度统一；“螺旋尾”的纠结处弯曲清晰，略显生硬。肩胛肌肉发达，向外倾斜；前肢腿短，结实，肌肉发达，位置分得较开，腓骨发达，足爪位置间距较大；肘部位置低，向外展；足爪中等大小，紧凑而稳固，趾关节高。后腿结实，肌肉发达，比前肢略长，使得腰部高于肩胛；飞节略微弯曲，位置低；下半部后腿短、直而结实，膝关节略向外弯曲，离身躯略远；后足爪向外翻，足爪中等大小，紧凑而稳固。被毛直、短，平坦而紧密，质地细腻；皮肤柔软而松弛，尤其是头部、颈部和肩胛，头部和脸部覆盖有沉重的皱纹，从下颌到胸部有两层松弛而下垂褶皱形成的赘肉。被毛颜色有红色虎斑（其他颜色虎斑或花斑色）、纯白色、纯红色、驼色或浅褐色，但应注意的是：正确的花斑色比污浊的虎斑色或有缺陷的纯色更可取，不允许纯黑色，允许在花斑色中出现一定量的黑色斑块，虎斑色的理想情况是组成虎斑的颜色精美、连贯、分布均匀，允许虎斑色或纯色在胸部有少量白色，花斑色要求色块明确、清晰，颜色纯净，分布对称。

图 4-20　西伯利亚雪橇犬

图 4-21　英国斗牛犬

19. 藏獒

藏獒（图 4-22），原产于中国，公犬体高 69～88 cm，体重 55～70 kg，母犬体高 65～80 cm，体重 45～60 kg，AKC 分类属于工作犬组。面宽阔，头骨宽大呈正方形，有狮头型、虎头型和小狮头型 3 种；眼中等大小，深邃，呈杏仁状，稍斜；耳中等大小，“V”形，自然下垂，紧贴面部靠前；鼻宽且大，色黑（白色犬鼻镜为深肉红色）；唇突出，厚实，上唇两侧适度下垂；牙齿呈剪状咬合。颈部肌肉丰满，呈拱形，公犬头后颈部围绕着厚厚的直立鬃毛。胸深、粗壮，低于上肘部，身躯长度略大于高度；背部挺直宽阔，肌肉发达，柔韧性好，有稍微下蹲的感觉；背线直，脊背到尾骨呈水平。前肢直立，骨骼肌肉粗大；后肢强壮有力，肌肉发达，后腿和膝盖平行，跗关节强壮，前足猫足，大而健壮结实，趾间有毛，趾甲为黑色或白色。尾巴中等长度，不超过踝关节，与背部呈一条直线，自然卷起，警觉时尾巴翘起朝向任何一边。

被毛毛型有长毛、中长、短毛 3 种，双层被毛，外层毛浓密坚韧，内层毛柔软致密。毛色有铁包金、杏黄、金黄、纯白、纯黑、狼青色 6 种，以铁包金色和黄色最为多见，铁包金色的铁锈色饰斑可能出现在眼睛上方、眼周、咽喉、前腿下及内侧的延伸部位、后腿内侧及后腿膝关节的前方和腿前宽阔的部位、尾下等，总面积不得超过身体面积的 10%。

20. 罗威纳犬

罗威纳犬(图 4-23)，原产于德国，公犬体高 61～69 cm，体重 35～45 kg，母犬体高 56～64 cm，体重 29～39 kg，AKC 分类属于工作犬组。前额呈拱形，警觉时有皱纹；眼中等大小，杏仁形，黑棕色；耳中等大小，向前垂，三角形，耳距大；鼻梁直，根部宽，鼻镜黑色；口腔黏膜黑色最理想，牙齿呈剪状咬合。颈部肌肉发达有力，相当长，没有皮赘。体高与体长理想比例为 9∶10；胸部宽，深达肘关节，肋部伸展；背部直而有力，腰部肌肉丰满，腹部向上稍收；臀部宽，中等长度。前肢直而强健，脚跟结实有弹性；后肢长而宽，肌肉发达，膝关节屈曲；足爪紧凑，趾间拱起，脚垫厚而硬，趾甲黑色。尾部长度适中，镰刀状向上形成半圈状，截尾时通常留 1 节尾椎。双层被毛，外层毛硬直，密而平滑，中等长度；内层毛直，柔软致密。毛色以黑色为底色，黑色被毛间有铁锈色斑块，斑块轮廓清晰，斑块主要位于两眼上方、面颊部、吻部两侧、喉部、前胸、腕关节以下、后肢内侧、跗关节、尾下等部位，总面积不得超过身体面积的 10%。

图 4-22　藏獒(铁包金)

图 4-23　罗威纳犬

21. 沙皮犬

沙皮犬(图 4-24)原产于中国，又名大沥犬、中国斗犬，体高 38～48 cm，体重 15～20 kg，是世界上现存数量最少的犬种品种之一，十分珍贵，AKC 分类属于家庭犬组，是世界丑犬之一，也是犬家庭中长有深蓝色舌头的独特品种之一。因为它有强韧的被毛，形似打磨用的砂纸而得名。头部肥大而笨拙，前额宽阔，覆盖着大量的皱纹，脑部平而宽，上部适度发达。嘴部与额部约等长，长度适中，唇宽大、肥厚，为本品种独特特征。细眼深凹，眼睛颜色深，显示出愁眉不展的表情。耳极小，较厚，尖端略圆，半挺半垂，耳根位置高，耳距宽，可以活动。颈部丰满，有略显沉重的褶皱；胸部宽而深，胸底至少延伸到肘部；尾部粗而圆且位置高，尖端细，锥形，卷曲在后背或背部的任意一侧，俗称“铁尺尾”或“辣椒尾”。四肢粗大，肌肉发达，脚趾并拢似虎蹄，俗称“蒜头脚”，跟骨(飞节)短。被毛短粗，顺毛触摸似天鹅绒，但逆向抚摸时则如摸砂纸，俗称“砂纸皮”。沙皮犬带有王者之气，警惕、聪明、威严、镇定而骄傲，显得平静而自信。活泼好动，鼻道较短，剧烈运动易缺氧；皮肤皱褶较多，易患疥癣和皮肤病；极易患眼睑内翻症及佝偻症，故应在饲养管理中加以注意。

22. 马尔济斯犬

马尔济斯犬(图 4-25)又名马耳他犬、马耳他猎犬,AKC 分类属玩赏犬组,原产于地中海马耳他岛。体高 20～26 cm,体重 2～3 kg,以其端庄高雅的姿态深受人们的娇宠。头部略圆,额段明显,眼大而圆,微凸出,呈暗色,眼缘色黑;口吻部为头长的 1/3,唇布满毛发,呈胡须状,齿呈剪状咬合;鼻孔微张,鼻端黑色;头顶布满长长的饰毛;耳极低,下垂,长满长长的饰毛。身材矮小,身躯长短适中,胸宽而深,背平直,腹部微收。尾部饰毛丰厚,呈放射状的旗状尾,拱形,尾尖垂悬在后躯的一侧。前肢短而直,后肢强健,膝关节弯曲适度,四肢短,脚圆形、爪黑,有饰毛,步态轻盈呈起伏式小跑。单层被毛,不脱毛,被毛长、平而呈丝状,毛长 22 cm 左右,向体侧下垂及地,头部长毛可用头饰扎住或任其下垂。毛色以纯白最名贵,允许耳部有淡黄褐色或柠檬色,毛质光滑,呈绢丝状长毛。外形优雅,感情丰富,体形极小,健康聪明,勇气十足,情感丰富,性格温驯,稳重,但也非常活泼,很喜欢玩耍,是儿童和妇女的伴侣犬种。运动要求很低,对儿童特别友好,非常依恋主人,具有良好的体质,长寿,要求精心照顾,每天梳理长毛,保持身体清洁。

图 4-24　沙皮犬

图 4-25　马尔济斯犬

23. 约克夏㹴犬

约克夏㹴犬(图 4-26)又称约瑟犬、约瑟㹴,别名洋姬,AKC 分类属玩赏犬组,原产于英国东北部的约克郡,体高 20～30 cm,体重 1.3～3.2 kg,身材娇小,被毛光彩夺目,被喻为“移动的蓝宝石”,善于捕鼠。头小顶部平坦,头颅不能突起或拱起。耳小,呈“V”形,耳根高,为直立耳,两耳间距适中。眼睛中等大小,不突出,颜色深而明亮,透出锐利而聪慧的目光,眼缘黑色。口吻短而尖,剪状咬合或钳式咬合,不能是突出式咬合,牙齿结实。身躯紧凑且结实,颈部伸展自然,背部平坦,腰部发育良好,胸部适度扩张,尾巴未剪短,毛多、尾端的毛发颜色要比其他部位颜色更暗。四肢直立,有丰厚的被毛覆盖,前腿上的黄褐色毛不能延伸超过肘部,后腿上的黄褐色毛不能过膝关节,脚爪圆,趾甲呈黑色。约克夏㹴被毛长且非常细,不能有任何波浪状,如同泛着深蓝色金属光泽的丝斗篷,它的前额到胸部若呈现出金茶色,更显高贵。幼犬在出生时毛色为黑色和棕色,成年犬在头部和腿部有大量的棕色是很重要的。性格温和、热情、活泼,感觉敏锐,仍保留小猎犬的性格,对环境变化敏感。为保持美观,应经常整理、梳洗被毛,可以将被毛适度修剪到刚好垂地;头顶的毛发可以梳到中间结起来,或从中间分开,向两边梳,并结成两个髻,适宜公寓饲养。

24. 比熊犬

比熊犬(图 4-27)又名巴比熊犬、卷毛比熊,原产于地中海地区,体高 20～30 cm,体重 3～5 kg。头与身体比例匀称,头盖较平坦,但顶毛部分较圆。头盖比口吻长,口吻粗细适中。鼻突黑色,牙齿呈剪状咬合。眼睛稍圆而不突出,呈黑色或深褐色。眼睛周围有黑色或深褐色皮肤环绕(眼圈)。耳朵下垂,隐藏在长而流动的毛发中,耳郭的长度能延伸到口吻的中间。耳朵的位置略高于眼睛所在的水平线,并且位置比较靠前。颈长约为体长的 1/3, 昂起,平滑地融入肩胛。背线水平,腰部直,肌肉发达。胸部发达,宽度能允许前肢自由而无拘束地运动,胸部最低点至少能延伸到肘部,前胸非常明显,且比肩关节略向前突出一点。下腹曲线适度上提。前肢前臂和腕部既不能呈弓形,也不弯曲,后肢适度弯曲,从飞节到足部完全垂直于地面。足部紧而圆,猫型趾,脚垫为黑色。尾巴的位置与背线齐平,温和地卷在背后,所以尾巴上的毛发靠在背后。底毛柔软而浓厚,毛粗硬且卷曲,富有弹性。经过沐浴和拉直后,被毛直立于皮肤,蓬松、有立体感。颜色为白色,在耳朵周围或身躯上有浅黄色、奶酪色或杏色阴影。温和而守规矩,很容易满足,敏感、顽皮、愉快的性格是这个品种的特点。卷在背后的尾巴和好奇的眼神能体现出其欢快的气质。

图 4-26 约克夏㹴犬

图 4-27 比熊犬

25. 威尔士柯基犬

威尔士柯基犬(图 4-28)共分两种:卡迪根威尔士柯基犬和彭布罗克威尔士柯基犬,属牧羊犬、家庭伴侣犬,原产于英国。体高 25～30 cm,体重 10～12 kg。头部呈狐状,颅部颇宽并且耳间平,额鼻架适中,颊部略浑圆,吻部逐渐变尖。眼睛椭圆形,中等大小,不圆也不突出,眼棕色,与被毛的颜色相协调,眼缘黑色。耳朵坚硬,中等大小,逐渐缩小至浑圆耳尖。耳朵能活动,对声音反应敏感。颈颇长,略呈拱形,与肩部融合良好,背部坚硬,水平,臀部既不突起,也不会凹下去,肋骨弹性良好,略呈卵形,长度适当,腰部较短。尾短而自然,尽可能是短的断尾。前躯短、直,肘部与身体平行,骨量足,肘接近身体两侧,肩位置自然。后躯强壮且灵活,腿短,骨量足,跖部笔直;脚呈椭圆形,脚趾强壮,趾甲短。被毛长度适中,绒毛层短而厚,外层被毛较长而粗糙,被毛最好是直的,但允许有波纹。本品种的犬容易褪毛,外层被毛为单色的红色、貂色、浅黄褐色、黑色及带或不带有白色斑纹的黄褐色。腿部、胸部、颈部、吻部、下体以及鼻梁等处有白色是允许的。本性友好,勇敢大胆,既不胆怯也不凶残。性格温和,很喜欢与儿童相伴,天生热爱运动,生性活泼,喜吠叫,所以需要从小进行训练,从幼犬时就应训练它不吠叫,不嗜咬东西。皮毛易打理,只需每周进行简单梳理。

26. 拳师犬

拳师犬(图 4-29)属工作犬品种,原产于德国。体高 53～63 cm,体重 25～32 kg。头顶略拱,前额略下陷,口吻止部明显,面颊相对平坦。头部比例正确,线条优美,钝口吻,没有过深皱纹。耳薄,耳根高,竖立时皱纹有代表性。鼻宽,鼻镜黑,鼻孔大,鼻上有一条线,鼻尖略高于口吻末端。口吻比例匀称,上轮廓线略突,上唇覆盖口吻,并在前面交会,下额突出式咬合。眼睛呈深褐色,比例协调,结合前额的皱纹,赋予拳师犬一种独特的表情。身体轮廓呈正方形比例,肌肉坚实而匀称,雄性骨量大于雌性同伴,尾部尾根位置高,且直立,断尾,留下仅 5 cm 长。前肢长且直,平行,后肢肌肉发达,大腿宽且弯曲;足部小而紧凑,既不内翻也不外翻,肉趾大,脚尖紧握且厚实,足趾适度圆拱,后脚比前脚小。被毛短、油亮、光滑,紧贴身体;毛色为驼色带斑纹,斑纹相对稀少,白色的斑纹可以点缀拳师犬的外观,但不能超过整个被毛面积的 1/3。

拳狮犬天生是一种"听觉"警卫犬,警戒心强烈、威严且自信,爱玩闹,对孩子非常有耐心和忍耐力,保留对陌生人的警惕,是非常理想的伴侣宠物。

图 4-28　柯基犬

图 4-29　拳师犬

27. 杜宾犬

杜宾犬(图 4-30)又名笃宾犬、都柏文犬、德贝曼犬,属工作犬种。原产于德国,是德国唯一一种以饲养人的名字命名的品种。体高 66～72 cm,体重 34～40 kg。作为一种凶猛、极具勇气、精力旺盛的短毛犬来饲养,被作为警卫犬和侦察犬使用。头部长而紧凑,面颊平坦、肌肉发达,表情敏锐、机智。耳小,耳根高,下折或直立,通常需进行立耳手术。眼睛杏仁形,位置适度凹陷,眼神显得活泼、精力充沛。眼睛的颜色都是越深越好。嘴唇紧贴上下颌,上下颌饱满、有力,位于眼睛下面,牙齿剪状咬合。体型健壮、紧实敏捷、肌肉发达,体高等于体长,头部、颈部和腿的长度与身体的高度及深度的比例协调。尾巴在大约第二节尾骨切断,只有在警觉时,尾巴会举起高过水平线。前肢笔直、彼此平行且有力,骨量充足。后肢大腿长且宽,肌肉发达;足爪拱起、紧凑,类似猫足,既不向内翻、也不向外翻。平滑的毛发,短、硬、浓密且紧贴身体;毛色为黑色、红色、蓝色、驼色;斑纹为边界清晰的铁锈色斑纹,分布在眼睛上方、口吻、咽喉、前胸、四肢的腿、脚及尾下。

生性勇敢、坚定、机警,勇敢忠诚而顺从。但却隐含喜好挑衅的性格,故从幼犬时期起,需严加管教。当陌生人来访时,会发出警告的声音,态度毅然,不留任何余地。

28. 腊肠犬

腊肠犬(图 4-31)也称猪獾犬,四肢短小,整个身躯就像条腊肠,故名腊肠犬,属猎犬种。原产于德国,善于捕捉穴居小动物,体高 18～23 cm,体重 11～15 kg,迷你型 4 kg,玩赏型

图 4-30　杜宾犬

图 4-31　腊肠犬

3.5 kg。玩赏型按体高分为标准型和迷你型，按毛质分为短毛、长毛和刚毛型 3 种。脑袋略微圆拱，宽窄适度，呈锥形，止部较明显，过渡到精效、略微圆拱的口吻。眼睛中等大小，杏仁形，深色眼圈，表情令人愉快、舒适，眼神不尖锐。耳根接近头顶，耳朵中等长度，圆形，挂在两侧，活动时耳朵前侧边缘贴着面颊。牙齿紧密，犬齿有力，呈剪状咬合。颈部长，肌肉发达，颈背略微圆拱，躯干长而肌肉充分发达，背部尽可能直，不允许下陷，腹部略微上提，尾巴位于脊椎的延长线上，不扭曲或明显弯曲。四肢短小，脚掌丰满、紧凑，足爪有五个脚趾，四个有用，脚趾适度圆拱，脚垫坚硬、厚实，整个足爪笔直向前，足爪整体和谐，呈球状，狼爪可以切除。短毛型腊肠犬被毛平滑而直顺；长毛型腊肠犬被毛直而柔软，略呈波浪状；刚毛型腊肠犬拥有长须和浓眉，被毛刚硬，胸部和脚上的毛发较长。毛色一般为单一颜色，红色和奶油色居多。

腊肠犬聪明伶俐、非常善解人意、对主人忠心，喜欢吠叫，具有很强的警戒心，适合深入穴洞捕捉猎物。捕猎动作奇特，以吻部撞昏猎物，再迅速咬住。

注意保持正常体重，因背部很长，过度臃肿易致髋关节受伤，严重可引起局部抽筋和瘫痪。下垂的耳朵内容易积存脏东西，应注意定期清洁；深色趾甲不易看清楚血线，修剪时应注意。

教学视频——常见超小型犬品种

教学视频——常见小型犬品种

教学视频——常见大型犬品种

任务 3　宠物猫的品种介绍

一、长毛猫品种

1. 波斯猫

波斯猫(图 4-32)可谓猫中贵族，天生一副娇生惯养之态，给人一种华丽、高贵的感觉，历来深受世界各地爱猫人士的宠爱，是长毛猫的代表。

波斯猫头部大而圆，有厚度，头盖宽，两颊鼓起，鼻短而宽塌，从侧面看，额、鼻、吻端位于同一平面；耳小且端圆，微前倾，耳根处敞开，两耳间距宽；眼睛大而圆，稍突出，眼间距适中，匀称，眼色因毛色而定，主要有蓝色、绿色、金色、紫铜色、琥珀色等，也有两眼不同色（即鸳鸯眼）；体躯为典型肥胖形，全身骨骼粗壮，前后肢同高，肩与臀同高；趾圆大而有力，爪大，足趾间紧凑，前爪足趾为 5 趾，后爪足趾为 4 趾；尾短而圆，与身体长度成比例，尾向背部倾斜，但不抵背部，走路时尾不拖地，尾毛蓬松；被毛长而柔软，蓬松，富有光泽；毛色有单色系、渐变色系、烟色系、斑点色系和混合色系等 5 大色系，有近 88 种毛色。

2. 喜马拉雅猫

喜马拉雅猫（图 4-33）在英国又叫彩色斑点长毛猫，因其毛色与生长在喜马拉雅地区的喜马拉雅兔的毛色相似而得名。该猫是人工培育的一种长毛型猫，它继承和结合了波斯猫和暹罗猫的优点，既有暹罗猫的蓝眼睛、毛色、斑点和聪明伶俐的性格，又具备波斯猫长毛、体型、温顺等特性。

喜马拉雅猫头盖宽大而圆，前额圆，下额圆，整个头部与短粗的颈部配合协调；鼻短扁而下塌，两颊及颈丰腴，浑圆；耳小，耳端浑圆，耳基部不宽，两耳间距宽；眼大而圆，稍突出，两眼间距略宽，蓝色；典型的短胖体型，胸深宽。肩同腰宽，肋扩张为浑圆，腹不上收，背短而背线平；四肢粗短而直，骨骼强壮，有力；趾大而圆，有力；尾粗短，与身体比例协调，行走时降至背线下，不拖地；被毛长而密生，不紧贴体表而立起，毛质柔软如丝，富有光泽，颈背饰毛丰富，趾间饰毛长，尾毛丰富；毛色有海豹毛色、蓝色、巧克力色、紫丁香色、白色、红色等，面部、耳部、四肢、尾部呈深色。

图 4-32　波斯猫

图 4-33　喜马拉雅猫

3. 伯曼猫

伯曼猫（图 4-34）又称巴曼猫、缅甸神猫、缅甸圣猫，相传伯曼猫的祖先原是在古代东南亚一带由寺庙里的僧侣饲养，视为护殿神猫。

该猫头盖坚实，宽而圆，头前部向后方倾斜，稍呈凸状；鼻直，鼻尖稍缓慢下降，略呈鹰钩鼻状；两颊肌肉发达，呈圆形，面部毛短，颊外侧毛长，胡须密；耳大而向前竖立，两端稍浑圆，两耳尖间距宽，耳根间距适中，面额和耳朵都呈现颇具特征的“V”形，与头部轮廓十分协调；眼睛大而圆，两眼间距稍宽，眼色为深绿色或宝石蓝色；中等体型，骨骼强壮，胸深宽，腰宽，背平直，腹短圆，腿短体长；四肢粗短，骨骼发达，肌肉结实、有力，前肢直立；趾大而圆，握力大，爪短有力；尾长中等，与身体协调，尾毛浓密；被毛长而厚密，毛质如丝，细密而富有光泽，颈部饰毛长，肩胛部被毛短，胸部至下腹部被毛略呈波纹状，腹部被毛允许少量卷曲；体毛应是无条纹的单色，面部、耳部、四肢、尾部颜色稍深，四爪为白色，如同戴了白手套一样，故有“四蹄踏雪”之称。

图 4-34　伯曼猫

图 4-35　土耳其安哥拉猫

4. 土耳其安哥拉猫

土耳其安哥拉猫(图 4-35)亦称安卡拉猫，是最古老的长毛猫品种之一。

土耳其安哥拉猫属东方型苗条体型，头长而尖，头盖大，向颊部变细呈楔形，鼻长中等，鼻梁直无凹陷，额头至鼻尖成直线；耳大直立，耳端尖，基部宽，耳内有较长的饰毛；眼大，杏仁形，眼梢稍吊，眼色有蓝色、琥珀色、金黄色、金银色等；躯体大小中等，颈细，背部起伏较大，胸部紧凑而细，腰高，体型优美；四肢高而细，后肢稍高于前肢，趾小而圆，紧凑，足趾间有饰毛；尾长，尾端尖，尾毛蓬松；全身长满中长度被毛，毛质纤细而不缠结，触之如丝绸，富有光泽，允许有少量波浪形；被毛为白色、红色、蓝色、黑色等单色。

5. 巴厘猫

巴厘猫(图 4-36)亦称巴厘岛猫、爪哇猫，原产于美国，是暹罗猫血统中自然变异或隐性遗传性状产生的，最初被叫作长毛暹罗猫。该猫具有同暹罗猫完全相同的毛色，面部、耳部、四肢、尾部颜色稍深，但被毛比暹罗猫毛长且柔软。

巴厘猫头长而尖，呈“V”形轮廓，由下颌部起向耳顶端笔直敞开，构成三角形；头盖平坦，头顶部至鼻尖呈直线，鼻梁长而直，不凹陷，从前额至鼻成一直线，下颌顶端呈锐角，保持“V”形；耳大，耳端尖，两耳基部宽；眼睛大小适中，杏仁形，凸出，从内眼角至眼梢的延长线斜向耳的顶端，与“V”形轮廓协调一致，蓝色；身躯苗条、修长，呈流线形，为典型的东方猫体态；肌肉紧凑，肋骨扩展，胸为圆筒形，腹部上收不卷起，颈部曲线舒展、清晰，与头部结合灵活、典雅；四肢骨骼细长，与圆柱形体型协调，匀称，后肢比前肢高，呈高腰状；趾小，呈紧凑的卵圆形；尾长而细，尾端尖，尾上有丰富的长饰毛，下垂；被毛长而直，贴附于皮肤上，光滑，具有丝绸般光泽，仅有上毛而无下毛(底层毛)；毛色为均匀的单色，在海豹色斑点、蓝色斑点中也允许有少量的金黄色，脸部、耳部、四肢、尾部的斑点应为同一颜色。

图 4-36　巴厘猫

图 4-37　索马里猫

6. 索马里猫

索马里猫(图 4-37)原产于非洲索马里,是由纯种的阿比西尼亚猫突变的长毛猫经过有计划繁殖而形成的品种。该猫性格温和,善解人意,易与人亲近,但畏惧寒冷,冬季应注意保暖。

索马里猫头部呈微圆的楔形,眼及面颊呈平缓的曲线形;耳大而且机警灵敏,底部阔而末端较尖削;眼睛大呈杏仁形,如宝石般闪烁,眼多为绿色、琥珀色、浅褐色等;鼻大小适中,鼻梁至额头位置呈拱形;四肢修长,骨骼纤细;足掌结实,前肢五趾,后肢四趾,爪呈圆形;尾像一把饱满的刷子,底部较厚,末端纤细;被毛中等长度,厚而细致,丝绸般柔软;被毛光泽柔和,CFA(国际爱猫联合会)认可的毛色共有4种,分别是淡红色(底毛呈啡色,毛尖深啡或黑色)、红色(底毛红色,毛尖朱古力色)、蓝色(底毛啡黄色,毛尖深蓝灰色)和淡黄褐色(底毛带玫瑰红的啡黄色,毛尖深棕色)。

图 4-38　布偶猫

7. 布偶猫

布偶猫(图 4-38),又称"布拉多尔猫",布偶猫于 1960 年开始繁育,1965 年在美国获得认可,是现存体型、体重较大的猫之一。布偶猫头大而呈楔形,头顶扁平,眼睛为深蓝色,吻部呈圆形,短鼻子上略有凹陷,有的脸上有"V"形斑纹,耳朵中等大小,耳距宽并适度向外张开,成为楔形线条的延续。颈粗而短,颈部被毛较长,属长毛猫类。体形大,身体长,肌肉发达,胸部宽,四肢粗大,尾长,身体柔软,多为三色或双色猫。身形较大的布偶猫有着长而美丽的被毛,大而美丽的蓝色眼睛总是水汪汪的,犹如清澈的湖水。全身松弛柔软,像软绵绵的布偶一样,极强的忍耐性常被误认为缺乏疼痛感。因为性格温顺而恬静,对人友善,温柔而甜美的叫声让人忍不住想拥它入怀。

二、短毛猫品种

1. 异国短毛猫

异国短毛猫(图 4-39)又称短毛波斯猫、外来短毛猫、外国异种猫,是由波斯猫和短毛猫杂交培育而成。该猫体型与波斯猫相似,呈短胖型,性情温文尔雅,少动好静,反应灵敏,善解人意,叫声尖细柔和。

外国短毛猫头大而宽圆,与短而粗的颈部相协调,脸颊丰腴,口吻短宽而强壮有力;耳朵小,耳端浑圆前倾,耳间距宽;眼睛大而圆,稍凸出,眼间距稍大;体型中等,躯干短胖,胸深,肋扩张成浑圆,背短而水平;四肢短而粗,结实,前肢直立;趾大而圆,紧握有力;尾短,与体型协调良好,以接近地面为佳;被毛短而密,长度以 5~6 cm 为佳,毛质柔软,光滑而有光泽;被毛有单色、混合色、烟色、渐变色、条纹色 5 大类共 30 多种颜色。

2. 英国短毛猫

英国短毛猫(图 4-40)历史悠久,是经过长期选育后于 19 世纪培育出来的短毛猫品种。该猫性格平静文雅,聪明伶俐,便于饲养,在西方国家是颇受欢迎的伴侣动物。

英国短毛猫头盖宽而圆,面颊丰满,鼻短直,口吻结实有力;耳朵大小中等,顶端浑圆,两耳间距较宽;眼睛圆而大,眼间距宽,眼色有橘黄、蓝色、怪色等;体型中等,骨骼壮实,颈部粗短,与平坦而宽的肩部相协调,胸宽而浑圆,腰粗圆,肌肉丰满;四肢粗短,强健有力;趾大而圆,紧凑,爪短有力;尾短粗,基部粗,尾端细;被毛短而浓密,富有弹性,紧贴于体表;毛色有 18 种,其中以蓝色最受欢迎。

图 4-39　异国短毛猫

图 4-40　英国短毛猫

3. 美国短毛猫

美国短毛猫(图 4-41)体格魁伟,骨骼粗壮,肌肉发达,生性聪明,性情温和,聪明、恋家,喜欢与儿童玩耍,体重 4~5 kg,是短毛猫类中的大型品种,1971 年该猫被选为美国最优秀的猫种之一。

美国短毛猫头盖大而圆,两颊丰满浑圆,与头部比例协调,鼻梁直略有些内凹,于鼻尖处稍向上弯曲,颌紧凑,上唇相对垂直;耳大,略呈圆形,两耳间距离宽;眼睛大而圆,略吊眼梢,眼间距宽;体长中等,体格强健,骨骼粗壮,肌肉发达,胸部浑圆,双肩有力,脊背平直,肢体协调而富有弹性;四肢较长,肌肉结实丰满,骨骼壮实;趾大而圆,肉垫丰厚有弹性;尾长适度,基部宽,尾端圆钝;被毛短硬而密,毛色有 5 大类,即单色(蓝、黑、红和淡黄色)、渐变色(渐变金色、渐变银白色等)、混合毛色(蓝斑和白色混合色、红斑和白色混合色、棕斑和白色混合色等)、烟色(蓝色烟色、黑色烟色等)、斑纹毛色(蓝斑、红斑、棕斑、银斑、金斑等),其中以银色条纹最具代表性和名贵。

图 4-41　美国短毛猫

图 4-42　孟买猫

4. 孟买猫

孟买猫(图 4-42)以印度城市孟买命名,因其外貌颇像印度黑豹,故又称小黑豹。该猫于 1958 年在美国由缅甸猫和美国短毛猫杂交而成,性情温和,感情丰富,聪明伶俐,近几年深受人们欢迎。孟买猫头圆,脸颊丰满而浑圆;鼻长中等,稍有凹陷,鼻镜黑色;耳圆而直立,略前倾,耳间距宽;眼大而圆,眼间距大,眼色为金黄色或紫铜色;体型中等,肌肉发达;四肢强健有力,与身体和尾协调一致;趾圆,紧凑有力,足掌为黑色;尾长中等,笔直,基部粗,尾端稍尖细;被毛短密,有特殊光泽,毛质如丝绸般光滑,手感好;全身被毛均应为漆黑单色,幼猫时毛色允许稍淡一些。

5. 马恩岛猫

马恩岛猫(图 4-43)又称曼库斯猫、曼克斯猫、曼岛无尾猫,最显著的特征就是无尾或短尾,其次是圆头、圆嘴、圆眼、圆耳。该猫性情温顺,聪明伶俐,易于训练,步法奇特如兔子跳跃,故又有"兔猫"之称。

马恩岛猫头盖圆,颈部丰满,口吻圆满,中等长度,鼻梁塌;耳大小中等,基部宽,耳端浑圆,耳间距宽,饰毛少;眼睛大而圆,眼梢稍吊;身躯短小,肌腱发达,颈粗腰短,胸宽深,背短,腰比肩高,从肩部到臀部明显呈拱形,腰腹部肌肉丰满,臀部圆满,体形浑圆似桶形;四肢骨骼强壮,前肢短,与胸部比例协调,后肢长;趾圆,结实有力;无尾或短尾;双层被毛,毛短而密,富有弹性,上毛硬而有光泽,下毛厚而柔软如棉,毛色有单色、双色、斑纹、混合色等色系,其中以青、蓝、紫,红、褐色最为多见。

6. 俄罗斯蓝猫

俄罗斯蓝猫(图 4-44)别名为短毛种之贵族、冬之精,全身绒毛浓密柔软,触之有天鹅绒般柔滑感觉,并闪动着银蓝色光泽,在短毛种中独树一帜。该猫生性稳重、安静,动作灵巧,叫声轻柔,天生一副笑容可掬的面容,能与其他猫和睦相处,易于饲养,颇受人们的喜爱。

俄罗斯蓝猫头盖宽大,头略尖,额角凹陷,鼻长中等,口吻坚实,咬合有力;耳大而薄,耳端稍尖,耳间距宽,耳饰毛少;眼睛呈杏仁形,吊眼梢,眼色绿,眼间距宽;躯体线条柔美,骨骼稍细长，颈细长，肩胛高；四肢细长，与身体比例协调；趾小而圆，足垫呈淡紫色；尾长，与体型相协调，尾端尖；被毛短而浓密，双层毛，绒毛厚，毛质柔软，触摸有天鹅绒般柔滑感觉，毛尖呈银色，在光线下闪耀着明亮的蓝色光泽。

图 4-43　马恩岛猫

图 4-44　俄罗斯蓝猫

7. 埃及猫

埃及猫（图 4-45）又称埃及神猫，体型优美，肌肉强健，聪明温顺，胆小脆弱，记忆力好，对小孩很有耐心，叫声轻细，可能是世界上最早出现的家猫。

埃及猫头部为稍带圆的楔形，额部至鼻梁微微隆起，额、颊丰满，口吻不尖，下颌发达；耳大，耳端稍尖并前倾，耳外侧毛短而密，耳内侧长有饰毛，并向外侧卷曲伸出；眼大，杏仁形，眼梢稍上吊，眼色淡绿色、玻璃绿或醋栗绿色；身躯中等，体型优美，属纤细东方类型，肌肉强健，尤其颈、肩部肌肉最为发达；四肢较长，后腿高于前肢；趾小，呈卵形；尾长度中等，基部粗，尾端稍细；被毛柔软，光滑而富有光泽，毛色有三种代表色，银色（底色为淡银色，在不规则的银色条纹上有黑斑，鼻、唇、眼边缘均由黑线包围，鼻镜砖红色，足趾间黑色）、古铜色（底色为淡棕色，在不规则的古铜色条纹上有巧克力色斑点，鼻、唇、眼边缘均由棕褐色线包围，鼻镜砖红色，足趾间为黑色或棕褐色）、烟色（底色为深灰色，灰色中带有黑斑，绒毛为银色，鼻、唇、眼边缘由黑线包围，鼻镜为黑色，足趾间黑色），最典型的埃及猫额头有“M”形花纹，脸颊有细条形花纹，最长一条从外眼角开始沿脸颊往下延伸，至颈部呈细线状，肩部条纹变宽，肩部向后呈斑点状，四肢上有横条纹，喉部和胸部有断成两半的项链花纹。

8. 暹罗猫

暹罗猫（图 4-46）又称泰国猫，最早饲养在泰国皇室和大寺院中，曾一度是外界鲜为人知的宫廷“秘宝”。暹罗猫生性活泼好动，聪明伶俐，动作敏捷，气质高雅，目前已成为最为流行的纯种短毛猫代表。

暹罗猫头细长呈楔形，头盖平坦，从侧面看，头顶部至鼻尖成直线，脸形尖而呈“V”形，口吻尖突呈锐角，从吻端至耳尖呈“V”形；鼻梁高而直，从鼻端到耳尖恰为等边三角形；两颊瘦削，牙齿为剪状咬合；耳朵大，基部宽，耳端尖，直立；眼睛大小适中，杏仁形，眼色为深蓝或浅绿色，眼角至眼梢的延长线与耳尖构成“V”形，眼微凸；躯体呈典型的东方型苗条体型，骨骼纤细，肌肉结实，从肩部至臀部呈圆筒状，腹部紧凑但不上收，臀部肌肉结实，与肩同宽；四肢细长，与体型协调，前肢比后肢短；趾小，呈椭圆形；尾长而细，尾端尖略卷曲，长度与后肢相等；被毛短、细，紧贴体表，毛质光滑而有光泽；毛色为均匀的单色，但允许海豹色斑点，所有特征部位（面部、四肢、耳部，尾部）斑点均为同一色。

图 4-45　埃及猫

图 4-46　暹罗猫

9. 东方短毛猫

东方短毛猫（图 4-47）又称贵族猫，起源于泰国，与暹罗猫的区别仅仅在于其被毛和眼睛的颜色，1994 年 CFA 正式承认该品种。该猫活泼好动，好奇心强，喜欢攀高跳远与人嬉戏，对人忠诚，嫉妒心强。

东方短毛猫从侧面轮廓看，头骨微微鼓出，吻部细小精致，鼻长中等；耳大，间距宽，耳端尖；眼大小中等，杏仁形，眼梢明显倾斜，眼色除白色个体眼色为蓝色，其他个体眼色为祖母绿色、黄色或古铜色；身体修长纤细，呈管状，颈修长，腹部狭窄，骨骼细致，肌肉紧实；腿修长，与身体成比例，前腿略比后腿短；爪小，呈椭圆形；尾修长，基部纤细，向尖部逐渐变细；被毛短而浓密，丝质平滑；毛色多，常见的为单色，主要有纯白色、乌黑色、蓝色、巧克力色、淡紫色、芥末色、浅黄褐色等。

10. 阿比西尼亚猫

阿比西尼亚猫（图 4-48）原产于阿比西尼亚（今埃塞俄比亚），又称埃塞俄比亚猫，因步态优美，又被誉为芭蕾舞猫。该猫热情可爱，活泼好动，警觉敏捷，善于登高爬树，爱晒太阳和玩水，叫声轻柔悦耳，对主人极富感情，是非常理想的伴侣动物，尤其适合耐心细致、童心未泯的赋闲老者。

阿比西尼亚猫头形精巧，为稍带圆的三角形；鼻梁稍隆，鼻镜呈砖红色，吻短而坚实，呈剪状咬合；耳大而直立，基部宽，耳郭边缘很薄，耳端稍尖并前倾，耳毛短而密，耳内长有饰毛；眼大呈杏仁形，略吊眼梢，眼缘黑色，周围为褐色毛覆盖，眼色为绿、黄、淡褐等色；体型中等，体态轻盈，肌肉发达，各部比例匀称协调；四肢细长，脚爪纤巧，与圆形而修长的身材协调一致；趾为小而坚实的卵形，足趾间黑色或茶色，足趾至爪尖都为黑色；尾长而尖，呈锥形，尾根部粗大，尾端的毛尖为巧克力棕色；被毛细密柔软，富有弹性，多呈红黄相间，深浅不一，加上折光作用而形成斑纹，活动时被毛颜色变化微妙，如丝绸般艳丽闪亮，极富魅力；公认的毛色为红褐色和红色两种（红褐色种全身色调为红褐色，毛尖呈黑色或黑褐色；红色种全身色调为砖红色，毛尖呈巧克力色），胸部、腹部和前肢内侧被毛颜色与整体颜色协调一致，以黄褐色最为理想。

图 4-47　东方短毛猫

图 4-48　阿比西尼亚猫

三、特殊猫品种

1. 斯芬克斯猫

斯芬克斯猫(图 4-49)又名加拿大无毛猫,顾名思义即身上不长毛。该猫性情温顺,聪慧谦逊,感情细腻,在笑容可掬的面孔上闪烁着一双充满惊喜好奇的大眼睛,有时陷入冥思苦想,表现出迷惘疑惑的神态,十分可爱。

斯芬克斯猫身体壮实,肌肉发达,头宽大而呈楔形,颧骨突出,两颊瘦削,脸呈等边三角形,无须;耳郭硕大,直立,高耸于头顶,耳端尖圆,微前倾;柠檬形眼睛,大而微突,眼色橘黄;胸深,背较驼,腹紧凑而不上收;四肢细长,骨骼纤细,后肢比前肢长;尾巴如鼠尾又细又长,像长鞭一样弯曲上翘;浑身无毛,皮肤多皱有弹性。

2. 美国卷耳猫

美国卷耳猫(图 4-50)起源于美国加利福尼亚州,培育进程一直相当缓慢,直到 1983 年才开始对该品种进行选育,1988 年得到了 CFA 的承认,并一举成为稀有的新成员。该猫性格稳定而聪明,模样机警,表情甜美,好奇心很强,不爱叫,是很好的家庭伴侣。

美国卷耳猫头部似楔形,有和缓的曲线;眼睛呈胡桃形,上眼眶为椭圆形,下眼眶为圆形,卷耳,直鼻;身躯中等,体型优美,属东方纤细类型,肌肉强健发达;四肢较长,趾小,呈卵圆形;尾巴与身体一样长,尾巴蓬松呈锥形,根部宽,至尖部逐渐变细;被毛有长毛和短毛两种类型,柔软而紧密,底层绒毛少,毛色多。

美国卷耳猫出生的时候耳朵是直的,在 2～10 d 时耳朵会向逐渐向后弯曲,约 4 月龄时,耳朵才可永久性地定型。美国卷耳猫耳朵至少有 90°的圆弧弯曲,耳部的卷曲可分为 3 个等级,耳朵稍有折转的猫(第一等级),可作为宠物;卷曲程度更大的猫(第二等级),常用作育种;耳朵弯成满月形的猫(第三等级),则被用于展览。

图 4-49　斯芬克斯猫

图 4-50　美国卷耳猫

3. 苏格兰折耳猫

苏格兰折耳猫(图 4-51)又称苏格兰塌耳猫、苏格兰短耳猫、苏格兰叠耳猫等,由英国短毛猫、苏格兰猫、美国短毛猫交配培育而成,1978 年被国际承认。该猫性情温顺、聪慧,感情丰富,忠于主人,容易与人和其他小动物相处,体格强壮,抗病能力强,耐寒。

苏格兰折耳猫头呈方形,额宽,颊丰浑圆,鼻小而扁,鼻梁直稍凹陷,口吻紧凑;耳小向前方弯曲,弯曲越大越好(苏格兰折耳猫的后代并不一定都是折耳,小猫出生时,两耳直立,此时欲鉴别是否弯耳,只能看其尾巴,尾短而粗者将来发育为折耳猫);眼大而圆,眼色以古铜色、金黄色多见;身躯短矮,浑圆,属半短胖体型,骨骼强壮,肌肉坚实,胸宽深,肩与腰同宽;四肢粗壮,强健;前肢直立,长度与身体比例协调;趾大而圆,结构紧凑,握力强;尾短粗,尾端钝圆;被毛短而密,紧贴于体表,触时柔软而富于弹性;毛色以金黄色、黑色、浅蓝色多见。

4. 德文莱克斯猫

德文莱克斯猫(图 4-52)又称德文帝王猫、德文雷克斯猫,属于普通短毛猫的变异种。该猫聪明伶俐,好奇心强,爱叫,富有感情,以金黄色的大眼睛、短塌的鼻梁、美妙的三角头、高耸的颧骨、大大的耳朵而独树一帜。

德文莱克斯猫头部呈“V”形,头盖小而平,颊丰润,颧骨高,鼻短塌,胡须部分凹陷,须较稀,口吻坚实有力;耳大直立,稍前倾,耳端稍圆,耳间距宽;眼大略呈卵圆形,眼梢稍吊,眼色呈金黄色;身躯苗条、纤细,肌肉结实,胸宽,腰高;四肢长而细,尤以后肢特长;趾呈卵形,小而紧凑;尾长而细,尾端尖;全身被毛卷曲,单层密生,无下毛,毛质柔软,有单色、烟色、条纹色、混合色、渐变色等色系,其中以白,蓝、橘红、乳白、微黄、虎斑、棕褐色最为多见。

图 4-51　苏格兰折耳猫

图 4-52　德文莱克斯猫

任务4　犬、猫的选购

一、犬的选购

宠物犬的品种繁多，外型也各不相同，对每个饲养者来说，各有不同的鉴赏标准。正确选择一只自己喜爱并适合自己性格、生活方式和饮食习惯的宠物犬，必须对各品种的性格、体型大小及饲养目的等进行权衡考虑后，才能做出准确的判断。

（一）养犬前需考虑的主要问题

1. 体型选择

选购大型犬，还是小型犬，要根据饲养者的爱好、养犬目的和饲养的空间来确定。如有较大的饲养空间，并且准备用作看家护院和工作犬时，即可饲养大中型犬，如德国牧羊犬、松狮犬、金毛寻回猎犬等；如饲养空间较小，只能饲养小型犬，如京巴犬、博美犬等。大型犬对入侵者有较大的威慑力，选择时要注意考虑大型犬的饲养空间，大型犬的寿命比小型犬要短些。

此外，养大型犬还是小型犬，还应与当地政府的具体规定相一致。目前我国很多城市都出台了相关限养大型犬、禁养烈性犬的法规、政策，对领取证件的需植入芯片（电子身份证）。

2. 年龄选择

一般情况下，幼犬能很快适应新环境，与主人建立良好的关系和感情，忠于主人，依恋家庭中的每一个成员，主人可看到犬生长发育的全过程，本身也是一种享受。不足之处是幼犬独立生活能力差，体质较差，抗病能力较弱，极易感染各种疾病，需细心照料和花费较多的时间。相反，成年犬生活能力强，省心省力，特别是经过良好训练的犬，不需要主人过多的细心照顾。但成年犬适应新环境的能力较差，而且已形成的习惯一般很难改变，不容易与新主人很快建立良好关系，要赢得它的信任需花很多的时间和精力。

不论饲养什么品种的犬，在购买时一般不选成年犬，以选2～3月龄的犬较为合适。一方面，幼犬的哺乳期通常为35～45 d，2月龄的犬已经断奶并能自由采食，有一定的独立生活能力，同时前期的疫苗接种也已基本完成，幼犬的发育情况较好，对疾病有一定的抵抗力；另一方面，这一阶段幼犬的智力和情绪也相对较发达，学习和认知的速度也较快，此时极容易受到环境和主人的影响，是幼犬一生中最适合调教和训练的时期。

3. 被毛长短选择

长毛犬好还是短毛犬好，不能一概而论，需根据养犬者的爱好而定。通常长毛犬梳理干净，会给人一种优雅漂亮、雍容华贵的感觉，惹人喜欢，但是需要主人每天花较多时间梳洗、刷毛、整理，否则被毛就会缠结成团、污秽不堪，反而适得其反。相反，许多中短毛犬则很有特色，无须花费很多时间梳理，受到许多人的青睐。因此，如果工作较忙、空闲时间较少，则不宜饲养长毛犬；如果是退休老人或无其他多余家事者，则可选择长毛漂亮的玩赏犬。

许多长毛犬如贵宾犬、卷毛比熊犬等需要精心的美容和护理，请专业的宠物美容师给犬美容会花费不小的开支；少数短毛犬如沙皮犬因体表皱褶过多容易藏污纳垢而导致体臭，腊肠犬则由于自身体躯过长易出现关节脱臼或截瘫等。因此，在选择长毛犬或短毛犬时，不能片面追求时尚，而应讲求实际，才能真正获得养犬带来的欢乐。

4. 性别选择

公犬和母犬都有各自的优点和缺点，一般而言，犬与主人的感情、对主人的忠心、性情的好坏、聪明与否，都与犬的性别无关，主要取决于其品种。就性格而言，公犬的性格刚毅，勇敢威武，好斗性强，争强好胜，活泼好动而难于控制，自主独立性强。如不准备利用公犬进行繁殖，可对公犬进行去势手术，但去势后的公犬体重增加较快，特别是到了中年后更明显，应通过控制采食量和加强运动等方式来防止公犬的体重过大而导致体躯变形。

从经济角度考虑，养母犬比养公犬经济，母犬因性情温顺易于调教而受到更多人的喜爱。但母犬一年发情两次，发情期间从外阴部流出的分泌物较脏，需要经常清理，同时因意外配种而导致妊娠、分娩等诸多事情会增加很多麻烦。为了减少母犬因繁殖而带来的诸多不便，或防止母犬因繁殖而导致犬的体型发生改变，也可以给母犬做绝育手术，但手术应在母犬发情一次后进行，过早地摘除卵巢，一方面可能因激素分泌不足而影响母犬后期的体型生长，另一方面可能会使母犬出现大小便失禁现象。

因此，养公犬还是母犬，主要还是根据养犬者的目的、性格、爱好而定。一般情况下，喜欢户外运动或养犬目的是为了看家护院者宜选择公犬，喜欢安静或养犬是为了从繁殖中受益者宜选择母犬。

5. 纯种犬、杂交犬、杂种犬选择

养犬前应考虑纯种犬、杂交犬和杂种犬的选择。纯种犬指由相同品种繁殖的后代，其父母的品种特征都符合该品种的标准规定；杂交犬的父母都是纯种，但不是同一品种；杂种犬的父母有一方或双方都是杂交犬或杂种犬。

一般情况下，应尽量选择纯种犬，而不选杂交犬或杂种犬。杂交犬或杂种犬往往外形不雅，毛色不纯正，容易变异，较少具有卓越的才能和突出的特性及外貌，而且杂种犬繁殖的幼犬价值不高，杂种犬和杂交犬也不能参加犬展、犬赛，但杂种犬和杂交犬具有价格低廉、抗病力强、容易饲养等优点。纯种犬是经过很长时间的精心选种选育培育而成，其外貌特征符合该品种标准的规定，是参加各类犬展、犬赛的先决条件。

纯种犬通常毛色纯正，发育匀称，姿势端正，活泼敏捷，气度良好，步态端正，所有的指标都符合本品种特征要求(可参照美国 AKC 品种标准)。杂种犬通常毛色不纯，常在品种特征之外的部位出现异色毛、异色斑块等，斑块较多的毛色是黄褐色、黑色、白色等，或由几种不同颜色的斑块相混杂，斑块的交界面通常非常清晰。因此，如果经济基础较好，计划参加犬的各类比赛，应选择纯种犬；如只是为了从养犬中获得快乐，饲养纯种犬、杂交犬与杂种犬均可，只要满足健康这一要求即可。

6. 家人态度

家庭饲养宠物犬是为了给家庭带来欢乐，保证人与犬的和谐，应把犬真正当作家庭的一份子。但家庭饲养宠物犬并不是一件简单的事，除了每天要为犬调制好日粮，定期给犬进行护理如被毛梳理、洗浴、口腔的保洁、耳道和眼睛的清洁、趾甲的修剪外，还应经常带犬外出散步，如犬生病时更需要加倍呵护。因此，饲养一只宠物犬需要花费很多时间，必须得到家庭中所有成品的认同。如家庭中有人不同意养犬，则不可养犬，否则将会带来很多的家庭矛盾,从而违背了饲养宠物犬的初衷。

(二)购犬途径

目前就国内而言,购买宠物犬主要有犬繁殖场、宠物市场或宠物医院、个人繁殖者、流浪犬收容所和网上购买5个途径,各有利弊,可权衡考虑。

1. 犬繁殖场

在犬繁殖场(专业犬舍)购买的犬,一方面能保证犬的纯度,另一方面也能保证犬的健康,因为犬繁殖场有较为严格的兽医卫生防疫制度,离场前的宠物犬已注射过疫苗。此外,正规的犬繁殖场都有较好的信誉,一旦出了意外,也可以找场方协商解决,但犬的价格相对较高。对于比较名贵的犬,最好从正规的繁殖场购买。目前我国较好的宠物繁殖场还较少,主要集中在北京、上海、广东、四川、浙江等经济发达的城市或地区。

在专业犬繁殖场购买犬只时,还需从犬场整体规划、卫生防疫水平、犬只繁殖水平、饲养水平等多方面对该犬舍的整体实力进行综合评估。

2. 宠物市场或宠物医院

在现有条件下,宠物市场的卫生、防疫、消毒和疾病控制措施离科学的要求还相差甚远。从宠物市场购买的犬,较难保证犬已注射过疫苗,也较难保证犬的健康,一旦出了问题,无法有足够的证据要求销售者负责,在传染病的高发季节常出现新购犬在一周内生病的现象,此类犬多数人称之为"星期犬"。此外,宠物市场上买的犬多数无法得知该犬的父母代是否优良,只能靠外观来判断幼犬的品质优劣,但犬只的价格相对便宜,这是宠物市场购犬的最大优势。

越来越多的宠物医院(或宠物美容院)都进行宠物买卖。宠物医院在进行宠物买卖时有一定的优势,一些宠物医院的新老客户因对宠物医生的信任而更愿意从宠物医院购买宠物。但应注意购犬时应直接将犬放在犬笼中,提笼于手,不宜让犬在宠物医院的地面上走动,以防感染细菌或病毒,减少一些不必要的麻烦。

3. 个人繁殖者

到朋友家买犬,可知道幼犬父母代的情况,知道幼犬是否注射过疫苗,能保证所买犬只的健康,而且不会上当受骗,即使出现问题,也可以及时得到解决。此外,犬的价格也容易商量。因此,如果是熟人,到朋友家购犬是一个理想的购犬途径。

目前很多家庭饲养主在自家进行犬的繁殖,并对外销售,在做好对母犬和幼犬正常护理和防疫的情况下,能保证幼犬极高的成活率,购买这种幼犬已成为越来越多购犬者的首选途径。

4. 流浪犬收容所

目前,流浪犬的处置已引起各地政府部门的高度重视,各地也相继成立了流浪犬的救护中心、救助站或收容所,但大多是民间组织或个人创办,极少有政府行为。办理流浪犬在被领养前必须经过严格的评估,确认领养者是否有能力领养,评估时会重点考察领养者在经济实力、饲养空间、领养目的及其家人的态度。领养程序一般是这样的:犬主向受政府委托的动物医院或收容所提出领养申请,并提供本人身份证、家庭成员、经济情况说明、宠物犬登记证,在经过严格的评估后办理相关手续即可。

5. 网上购买

网上购犬的最大特点是品种繁多,可供选择的余地大,缺点是有时网上图片不能反映犬的真实品质，常常与实物不相吻合，上当受骗的机会更大。

关于宠物犬的网站较多，很多专业犬舍在网上进行犬的购买，购犬时可直接在相关网站上进行专业犬舍的搜索，但最好是到犬舍进行实地考察。

（三）购犬时应索取文件

目前国内购买宠物犬时一般不附带相关文件，但如从国外进口或国内少数纯种繁育场购买纯种犬时，应索取以下几个文件：

1. 血统证明书

正规的宠物繁殖场大多具有犬的血统证明书。血统证明书相当于是犬的户口本，它是该犬及其祖先三代的健康状况、训练成绩等的记录。血统证明书上一般应有犬种名、犬名、犬舍号、出生时间、性别、毛色、繁殖者、同胎犬名、比赛和训练成绩、登记编号、登记者、登记日期等内容（国外有冠军登录制度，血统证明书上通常还有冠军登录数量和名犬数量）。目前我国 CKU 正在积极健全此方面职能，国内建立犬血统证书档案的犬舍也越来越多。

2. 预防接种和驱虫证明书（卡）

无论犬舍或犬场是否对即将卖出的幼犬进行过疫苗预防接种和驱虫，如有购犬者应索取此证明材料。如未进行过疫苗预防接种或驱虫，购回后应尽快在适当时间内到当地兽医部门进行预防接种和驱虫，并索取预防接种和驱虫证明书（卡）。如已进行过疫苗预防接种或驱虫，在索回预防接种和驱虫证明书（卡）后，应被告知何时需要再次进行防疫接种和驱虫，每次接种和驱虫后都应在预防接种和驱虫证明书（卡）上做好登记。

3. 食谱

在购买犬时，最好索取一份犬原始的食谱，以便在购得后逐渐改变食物，让犬适应新的饲料配方，防止因突然改变食谱而引起犬消化不良。我国绝大多数宠物市场的商贩一般只是口头告知购犬者，尚未形成正规的书面材料，国外引进的犬通常都配有原始的食谱。

4. 饲养手册

不同品种类型犬的常规饲养管理措施基本相似，少数犬的饲养管理可能有特殊要求。饲养手册中应包含犬的常规饲养管理措施以及一些特殊要求，甚至犬的美容护理、调教训练、疾病防治等方面的技术要求也应列于其中，以便主人能做到有的放矢。目前在犬只的买卖时，多数情况下没有提供饲养手册，购犬者可进行相关资料的查询。

越来越多的专业犬舍都有自己宣传画册，建议在画册上适当加入该犬种的饲料配方及饲养管理、繁殖训练、疾病防治等过程中的特殊要求，这样能更方便犬主对该犬种的日常养护和管理。

5. 纯种犬转让证明

为了防止出现犬所有权归属的矛盾纠纷，在购买纯种犬特别是较名贵犬时一定要向犬的原主人索取纯种犬转让证明。国外在名贵犬只的转让时都附带相应的转让证明，我国养犬者急需进一步提高此方面的法律意识。

（四）宠物犬的抓抱与运输

1. 犬只抓抱

抓抱玩赏犬动作一定要轻，不要用力太猛，以防犬感到不舒服而挣扎或引起犬惊慌而反抗。抓小型犬时，一般一只手抓住犬的头颈部上方皮肤，另一只手则托住犬的后躯，这样既可避免犬咬人，也可防止犬摇摆不定；也可一只手从犬胸的下面绕过犬的胸部，用手臂托住犬胸，另一只手从犬的腰荐上方绕过犬的腰部，用手稳住犬腰。对于大型犬，在保证安全的同时，可以采取抱起四肢或直接将两手臂分别从犬的前胸部和后腹部呈抱姿将犬托起。如要将犬引出犬舍，则可事先将准备好的项圈或牵引绳给犬套好，用食物逗引走出即可。

2. 犬只运输

从外地购犬、外出旅行、参赛或参展，犬的携带和运输是首先遇到的问题。运输前应做好充分的准备工作，途中同样需要精心的护理，总体原则是采取最有效的运输方式，应尽可能缩短运输时间。犬的运输主要注意以下几方面。

(1)在运输前应对犬只进行一次全面的健康检查。到当地兽医防疫部门进行检疫，确认免疫注射的时效，办理检疫手续和健康证明并随身携带，只有健康的犬只方可通过车、船、飞机等进行运输。

(2)运输前，先让犬小便后适当饮水，途中不可饲喂食物，只需适当添加饮水即可。到达目的地后，不宜马上给犬饮食，可先让犬饮些温水，稍作休息，排出粪便，再给予少量食物。

(3)犬在刚上车、船时，可能十分恐惧，应在其身边轻轻抚摸，并备有犬常见的一些镇静药、晕车药、止吐药、止泻药等。

(4)运输中应注意车船内的温度和湿度，防止犬中暑或着凉。

(5)汽车运输时，应将犬放在车的后部，并用旅行包或航空箱装犬，防止犬乱动引起司机分神，同时应保证车厢内通风良好，最好能做到及时给车厢补充一些新鲜空气(可通过适当开启窗户来完成)。

(6)在炎热的夏季，不能长时间置留犬在密闭的车厢中，以防犬中暑死亡。如不得已，则应选择阴凉的地方停车，并微开窗户。

(五)宠物犬应具备的特点

1. 体型外貌

目前家庭饲养的宠物犬大多不需要很大的活动空间，能长期生活在室内陪伴主人，主人外出时带上也不麻烦，所以多数人要求宠物犬体型宜小(体重小于 10 kg，体高小于 40 cm)，一般为小型犬或超小型犬，此类犬通常有过人的体态容貌、优雅的姿态和华美的被毛，个性活泼且温文尔雅，处处散发着玩赏犬的巨大魅力，给人们的生活和工作增添了无穷的乐趣。但随着人们欣赏水平的不断提高，很多大中型犬也被越来越多的人当作宠物犬饲养。

2. 气质性格

宠物犬一般要求性情温顺、友善、机灵、活泼可爱。幼犬应愿意接近人，喜欢和人在一起玩耍，活泼机灵，反应迅速。如在一窝小犬附近站住或蹲下时，若有一只或几只小犬主动而有信心地走来，其眼睛明亮、目光有神，摇头摆尾，以示友善；当用手将其提起仔细审查时，它并不惊恐挣扎，也不乱吠乱咬，而是依据动作的大小有一定的反应，这类幼犬便是理想的犬。当接近一只犬时，它如惊弓之鸟，畏缩、躲藏、乱咬乱叫，这可能是一只性情孤单的犬。如对一只犬无论怎样轻柔地抚摸，它依旧想逃走或吠叫不止，这可能是一只劣犬。此外，一些外向型、暴力倾向明显、时常乱咬其他幼犬的犬一般也不宜作为宠物犬来饲养。

3. 神经活动类型

根据犬大脑皮层兴奋和抑制过程的强度、均衡性及灵活性等特点，犬的神经活动类型可分为兴奋型、活泼型、安静型和孱弱型 4 类。

(1)兴奋型　兴奋型又称胆汁质型、强而不均衡型。这种犬的特点是兴奋过程比抑制过程强，因而二者不均衡。其行为特征是急躁、暴烈、不易受约束，带有明显的攻击情绪，总是不断地处于活动状态，形成阳性条件反射比较容易，形成阴性条件反射则比较困难。

(2)活泼型　活泼型又称多血质型、强而均衡活泼型。这种犬的兴奋和抑制过程都很强，而且均衡，同时灵活性也很好。这种犬的行为特征是行动很活泼，对一切刺激反应很快，动作迅速敏捷，对周围发生的微小变化能迅速做出反应。在条件反射活动方面，不论是阳性还是阴性条件反射都容易形成。

(3)安静型　安静型又称黏液质型、强而均衡安静型。这种犬的特点是兴奋和抑制过程都很强，而且均衡，具有较强的忍受性，但灵活性不好，兴奋和抑制过程相互转化较困难且缓慢。其行为特征与活泼型完全相反，表现极为安静、细致、温驯、有节制，对周围的变化反应冷淡。在条件反射活动方面，不论是阳性还是阴性条件反射的形成都比较慢，但形成后都很巩固。

(4)孱弱型　孱弱型又称忧郁质型或抑制型。这种犬的特点是兴奋和抑制过程都很弱，因而皮层细胞工作能力的限度很低，易产生超限抑制。其行为特征表现为胆怯而不好动，易疲劳，常畏缩不前和带有防御性。

除上述4种典型神经活动类型外，还有很多混合型神经活动的犬。

不同用途的犬，要求的神经活动类型不尽相同。军用、警用或护卫用犬通常以兴奋型和活泼型为宜；宠物犬一般以活泼型、安静型为好。犬的神经活动类型可以在自然条件下或训练过程中通过观察和研究犬对不同刺激的反应状态来初步判定。

判定犬兴奋过程强弱的方法通常有两种。一种方法是采用较强的声音来刺激，当犬在进食时，突然用急响器(如闹钟、摇铃等)由远而近在食盆旁发声，此时可见有的犬无反应而继续吃食，此类犬的神经类型为安静型；如犬听到声响就停止吃食，但不离开食盆，片刻后继续吃食，此类犬的神经类型为活泼型；有的犬听到声响就离开食盆，并表现出攻击行为，然后又走近食盆照常吃食，此类犬的神经类型为兴奋型；有的犬听到声响就不再吃食，走到远离食盆的地方静卧，此类犬的神经类型为孱弱型。另一种方法是观察犬对威胁口令刺激的反应。兴奋过程强的犬不会被大声所抑制，兴奋过程弱的犬常表现极度抑制，甚至停止活动。

4. 健康状况要求

宠物犬要求健康，这是对宠物犬最起码的要求。犬健康状况的检查应着重注意以下几方面。

(1)精神状态　健康犬活泼好动，反应敏捷，体力充沛，情绪稳定，喜欢亲近人，愿与人玩耍，而且机灵，警觉性高。胆小畏缩而怕人，精神不振，低头呆立，对外界刺激反应迟钝，甚至不予理睬，或对周围事物过于敏感，表现惊恐不安，对人充满敌意，喜欢攻击人，不断狂吠或盲目活动、狂奔乱跑等均属于精神状态不良犬，不可作为训练用犬。

(2)眼睛　从犬的眼睛即可分辨犬的健康状况。健康犬眼睛形状应与该品种标准一致，眼结膜呈粉红色，眼睫毛干净、整洁，眼睛明亮不流泪，无任何分泌物，两眼大小、颜色一致，犬目澄清，黑白分明，无外伤或疤痕。病犬常见眼结膜充血，甚至呈蓝紫色，眼角附有眼屎，眼睫毛凌乱粗糙、不整洁，两眼无光，流泪，患贫血病的犬则可视黏膜苍白。

(3)犬鼻　健康犬鼻端湿润、发凉、富有光泽，无浆液性或脓性分泌物。如犬鼻端干燥，甚至干裂，多皱纹，有浆液性或脓性分泌物，则表明犬可能患有热性传染病。极少数情况下，有些犬将鼻着地休息时鼻端也会干燥，可结合其他方面来判定犬的健康状况。

(4)口腔及牙齿　健康犬口腔清洁湿润，黏膜呈鲜明的桃红色，舌呈鲜红色或具有某些品种的特征性颜色(如沙皮犬、松狮犬、冠毛犬的舌都为蓝色或蓝紫色)，无舌苔，无口臭，无流涎。

(5)耳朵　健康犬的耳温适中，无异味，外耳道清洁无过多的分泌物。病犬的耳温较凉或较热，外耳道污秽不堪，异味较浓，有较多的褐色或黄绿色分泌物，且分泌物较黏稠，病犬常表现为摇头、抖身等多余动作。

(6)皮肤及被毛　健康犬皮肤柔软而有弹性，皮温不凉不热，手感温和，被毛蓬松有光泽。病犬皮肤干燥，弹性差，被毛粗硬杂乱，手感体侧时可触摸到肋骨，如有体表寄生虫病，还可见皮肤上有皮屑、斑秃、结痂和溃烂等，病犬有痒感，常抓搔。此外，还应重点注意犬只前肢近腕关节以上部位的被毛是否明显有别于其他部位，如明显短于其他部位，可能是该犬只患病后治疗时剔毛所致。

(7)四肢　健康犬的肢型与趾型应符合本品种特征要求。除少数犬(如英国斗牛犬、巴吉度犬、京巴犬等)的四肢形状特殊，出现前肢呈内足型、斗牛犬型，后肢呈“X”形、“O”形、狭膝型、外开型，甚至有跛行现象的，大多是因为四肢有疾病的缘故。

(8)肛门及生殖孔　健康犬肛门应紧缩，周围清洁无异物。如肛门松弛，周围污秽不洁，甚至有炎症和溃疡，则表明犬患有下痢等消化道方面的疾病。母犬的生殖孔应外突明显，不内陷，公母犬生殖孔内无脓性分泌物、无异味。

(9)尾巴　犬的尾巴形状因品种的不同而所差异，犬尾除了增加美观外，还可以侧面表现犬的表情、精神状况。健康犬的尾巴除应符合本品种特征要求外，还要经常使劲地摇摆尾巴，有生气与活力；欠健康的犬则经常懒散地下垂或轻轻摆动尾巴，显得有气无力。

(10)体温　成年犬正常体温为37.5～38.5℃，幼犬正常体温为38.5～39℃，通常晚上高，早晨低，直肠温度稍高于股间温度，日差0.2～0.5℃。如犬体温度达38.5～39℃为低热，达39.5～40.5℃为中热，达40.5℃以上为高热。

二、猫的选购

选购猫时，首先应掌握猫的相关资料，掌握所购猫的外形特征，同时了解购猫须知、购猫途径和猫的优劣鉴定方法。

(一)购猫须知

1. 品种选择

选择什么样的品种要根据饲养目的来决定。如果是选种育种，参加猫展或是养猫专业户，要选择纯种猫(特别是流行品种、稀有品种和外貌独特的品种)。如果仅仅是做伴侣，可以选择杂种猫，杂种猫的被毛及外形特征选择的余地大，同时还具有抗病力强、易饲养管理等优点。

长毛猫特别漂亮，看起来像个毛绒绒的玩具，但每天要耗费很多时间来护理长毛；短毛猫精神抖擞，容光焕发，一般一周清理一次被毛即可。

2. 性别选择

公猫好动，活泼可爱，体格健壮，抗病力强，对主人亲热，也比较聪明，接受训练的能力比母猫强，经过训练可以学会很多有趣的动作，饲养要求比母猫低，但有时公猫性情比较暴躁，攻击性强，有可能抓伤人或其他小动物。性成熟后的公猫，到处“撒尿”以划出自己的势力范围。母猫性情温顺，感情丰富，易和主人建立深厚的感情，容易饲养管理。但在繁殖季节，母猫每隔 3～4 周就会发情 1 次，求偶的叫声很难听，而且总想跑出户外，如果任其与公猫交配，则要怀孕和产仔，产仔后需要主人的精心照料，幼猫离窝后要适当处理。母猫的抗病力较公猫差，特别易得产科病。

3. 年龄选择

成年猫的独立生活能力比幼猫强，不需要太多的照顾，每日喂 2 次食物即可。成年猫换到新环境后的头几个月，不能任其跑出户外，以防外出后找不到家或重新回到原来的家；幼猫比较容易适应新主人，一般 1 周后就可以熟悉新的环境，主人需花较多的时间来照料和训练幼猫，比如训练幼猫用便盆等，每天要喂 4～5 次。

(二)购猫途径

1. 流浪猫收容所

养猫可以到流浪猫收容所领养，流浪猫在被领养前必须经过严格评估，确认领养者是否能够胜任领养，评估时会重点考察领养者在经济实力、饲养空间、领养目的及其家人的态度。

2. 宠物市场

宠物商店或宠物市场是选购猫的主要场所，那里出售的猫，价格通常比较便宜，但健康难以保证，因此，在宠物商店或宠物市场买猫务必要对猫做彻底的检查。

3. 猫展

可以到猫展去选择。许多繁殖猫的人和其他猫主人会在猫展上展示自己的猫，在猫展上不仅能够选到所喜欢的品种和花色，同时还能学到不少养猫的知识以及鉴别猫的具体方法。

4. 亲戚朋友家

当邻居、朋友家母猫生了仔猫时，可从中选择。

5. 国外引种

纯种猫价格昂贵，购买前务必请兽医检查猫的身体状况，并索要猫的血统证书。

6. 宠物网

可以利用宠物网或宠物热线进行选择。

(三)猫的优劣鉴定

1. 个体鉴定

选择同一品种猫时，除进行正常的健康状况检查外，结合具体的品种标准进行品种鉴定，了解猫的性格特征。头部和脸部能代表猫的品种特征，重点要注意观察猫的头部；选择脊背平直、四肢直立、爪尖排列紧密、均匀且较圆的个体。当选中了一只幼猫时，试着唤它，看其有无反应，如果幼猫容易受惊或龇牙，就要仔细观察其是否身体不适，是否害怕新主人或不适应新环境等。

2. 品种鉴定

购买纯种猫时特别注意：首先对所购买的猫品种应当清楚，同时注意观察是否符合品种要求；其次在购买幼猫时，应先观察该猫的父母，因为有些外貌特征(如被毛的类型、毛色等)只有到了成年后才能表现出来；再次就是要看所购买猫的血统证书，纯种猫都有血统证书，记载着它的品种来源、性别、体态特征(毛色、眼睛颜色)及祖先,并且看其在世界猫种中所占的位置等。

(四)猫的运输

如果是从外地购猫,在运输前应到当地兽医防疫部门进行检疫,办理检疫手续后才能进行运输。不管是运输猫或带猫旅行,都要将猫放在安全笼具中,以防猫受惊抓狂,运输途中应给猫足够的饮水,但不宜喂的太饱,注意车船内的气温,防止着凉或中暑,如果是长途运输应准备一些晕车药、镇静药、止吐药等。

(五)新购猫的饲养管理

1. 隔离饲养

对新引进的猫,必须将它先放置到一个单独的环境进行隔离饲养,1 个月之后确认无传染病或其他病害才能并群;新购猫不要急着洗澡,不宜过度与其亲密,以防被猫误伤;先给猫起个名,以便呼唤和调教;每天亲切和缓地唤猫的名字,放置食物时,动作轻柔缓慢抚摸猫,都将有助于尽快建立与猫的感情。

2. 熟悉环境

提供安静的环境,使猫尽快适应新环境。猫对于新环境都需要一段时间的适应期,短则三五天,长则月余。适应期内,猫可能会出现夜间叫唤,躲在角落不出来,偶尔随地大小便,甚至绝食等情况,不要打骂斥责,以免猫产生恐惧新主人的心理。在猫的躲藏处摆放好干净的食物和饮用水以及便盆,使猫可以不受打搅的饮食和排泄,将有助于猫更快适应新环境。

任务 5　犬、猫外貌形态与年龄鉴别

一、犬、猫外貌形态

犬、猫的体表大致可以分为:头部、颈部、躯干部、四肢、尾部和被毛。不同品种在外貌上有各自的特征。下面以犬的体表解剖结构为例来说明各部位的名称、生理基础、结构、机能(图 4-53)。

(一)头部

头部以颅骨和颌骨为骨骼基础,颅骨和颌骨的相接部位形成程度不一的梯状结构——额鼻阶。在很多品种中,额鼻阶是很重要的品种特征。头部包含耳、眼、鼻、嘴、齿、舌等重要器官,在一定程度上可以体现出品种的特征。

1. 耳

耳是犬听觉系统的外器官,本身具备一定的转动角度,同时借助头部和颈部的灵活转动,能够很好地收集来自周围的声音。大而薄的耳片还可以起到散热的作用。犬在胆怯时常有抿紧耳朵的表情出现,体现出犬情绪的变化。

犬耳的大小、形状、垂立的程度因品种而异。犬耳朵有长有短,耳根附着有高有低,人们还习惯把某些犬品种的耳修剪成特定形状,如杜宾犬。犬的耳型大致有以下 6 种(图 4-53)。

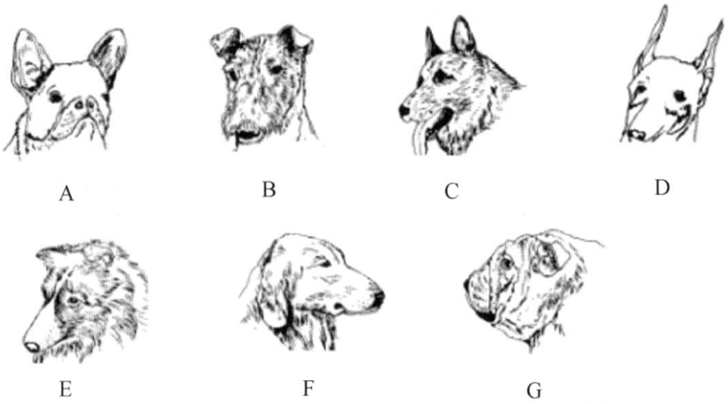

图 4-53　犬的耳形

A. 蝙蝠耳　B. 纽扣耳　C. 直立耳　D. 直立耳(截耳后)　E. 半立耳　F. 垂耳　G. 玫瑰耳

(1)蝙蝠耳　为根部宽、尖端较圆的钝三角形竖耳,似蝙蝠的耳,如法国斗牛犬。

(2)纽扣耳　在耳朵中部向头盖骨方向扭转,形似裤腰上的裤钩,如猎狐㹴、巴哥犬。

(3)直立耳　一种是耳呈尖长三角形,完全挺立于头上,如德国牧羊犬的耳型;另一种是原为垂耳或半垂耳,经人工剪截后呈窄尖的三角形竖立,如大丹犬、拳师犬等。

(4)半直立耳　耳根竖立,耳尖向前方折曲,如苏格兰牧羊犬、喜乐蒂牧羊犬等。

(5)垂耳　整个耳朵在头部侧面下垂,如贵宾犬、波音达犬、藏獒等。

(6)玫瑰耳　耳尖向后翻转,露出耳的内部,似玫瑰花瓣,如灵猩。

2. 眼

眼是犬的视觉器官,犬的视觉能力较差,色盲,夜视能力强于白天。眼本身的视野因品种不同而有差异,大的可达到 270°(如灵猩),小的也可达到 180°。无论是哪一种犬借助头部的灵活转动,视野均可达到 270°以上。眼睛的周围有眼睑,边缘有睫毛,起到保护眼的作用。睫毛根部有小腺体,可分泌使眼睛润滑的液体。眼睛通过泪管和鼻相通,所以当眼睛不适时,鼻和眼睛的反应是统一的。犬眼的颜色可分为黄色、红色、褐色、白色等。眼型是指犬眼睛的形状,依上下眼睑的状态来决定,眼睛的形状可分为圆形眼、杏仁眼、三角眼和椭圆眼等(图 4-54)。

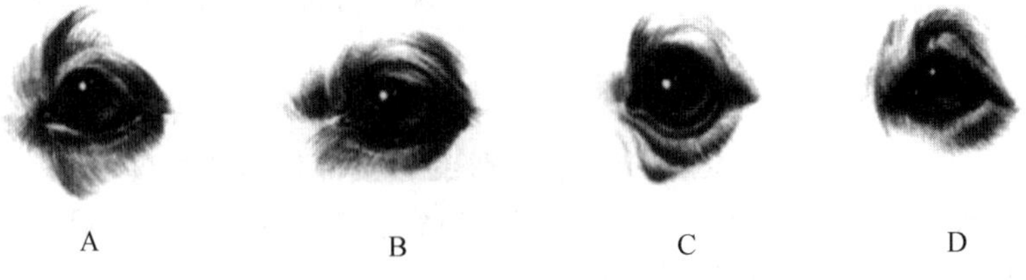

图 4-54　犬的眼形

A. 杏仁眼　B. 椭圆眼　C. 圆形眼　D. 三角眼

3. 鼻

鼻是犬的嗅觉器官,犬的鼻腔中有大量的嗅细胞。在犬认知世界的各种途径中,嗅觉是排在第一位的,所以鼻对犬的重要性是不言而喻的。鼻除具备嗅觉能力外,还具备一定的味觉能力,有辅助进食的作用。在犬的繁殖行为中,公犬的嗅觉也有相当的重要性,可以辨识母犬阴道分泌物的气味。鼻子还有调节吸入空气湿度的作用，以免干燥的空气刺激肺部。鼻的最前缘部分叫鼻镜，正常状态下是湿润而黑亮的，在犬出现某些机能障碍时会表现为干燥，是犬病诊疗的主要观察目标之一。依据鼻及颌骨的长短，犬可分为短吻犬和长吻犬。以额鼻阶为界，鼻长小于头长一半的犬为短吻犬，大于头长一半的犬为长吻犬。

4. 齿

犬每侧牙齿的类型与数目，常以齿式表示，成年犬的牙齿为42枚，其齿式为：

$$2\left(I\ \frac{3}{3}C\ \frac{1}{1}P\ \frac{4}{4}M\ \frac{2}{3}\right)=42$$

式中，括号内为每侧的牙齿类型与数目；I 代表门齿符号；C 代表犬齿符号；P 代表前臼齿符号；M 代表后臼齿符号；数字为每种齿型的牙齿数目。这表示成年犬上颌有6颗门齿，2颗犬齿，8颗前臼齿，4颗后臼齿；下颌有6颗门齿，2颗犬齿，8颗前臼齿，6颗后臼齿。幼犬的乳齿是白色，齿细而尖，全部长齐共28枚。其齿式为：

$$2\left(I\ \frac{3}{3}C\ \frac{1}{1}P\ \frac{3}{3}M\ \frac{0}{0}\right)=28$$

犬的齿式是典型的肉食性动物齿式，门齿不发达，犬齿发达，臼齿的咀嚼面不发达，在采食上表现为撕扯能力强、咀嚼能力差，经常是囫囵吞咽。

犬齿有钳式咬合、剪式咬合、下颌突出式咬合、上颌突出式咬合等4种形式(图4-55)。钳式咬合指上门齿齿尖接触下门齿齿尖；剪式咬合指上门齿与下门齿对齐，下门齿的齿表面微触上门齿的齿背，是绝大多数犬牙齿的咬合方式；下颌突出式咬合指下门齿超出上门齿；上颌突出式咬合指上门齿超出下门齿。牙齿咬合形式不正确是一种先天性缺陷，往往是品种退化的表现，纯种犬的牙齿咬合形式必须符合本品种特征要求，且无缺齿现象(蝴蝶犬、吉娃娃犬等常有缺齿现象除外)。此外，健康犬的牙齿呈乳白或略带黄色，如犬齿黄色明显，表明犬患病或已老年化。

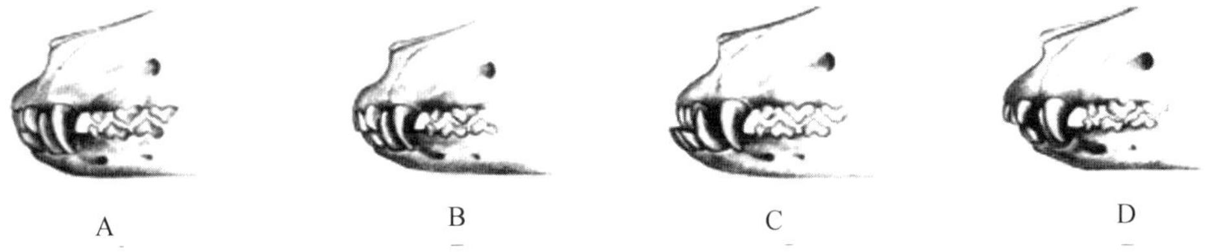

图4-55　犬齿咬合形式

A. 钳式咬合　B. 剪式咬合　C. 下颌突出式咬合　D. 上颌突出式咬合

5. 舌

犬舌灵活而发达，分布有味蕾，是主要的味觉器官。进食时舌有搅拌食物的功能，还可以把水卷进口腔，同时也是躯体排热的重要器官，具有维护自身卫生、护理仔犬和亲昵同伴时表达情感的作用。在母犬发情时，公犬有用舌舔母犬外阴部的习惯，有助于刺激公犬、母犬的性欲。

6. 颅部和面颊部

额部和面颊部的骨骼基础是颅骨。颅顶有圆顶和平顶之分，面颊部肌肉的发达程度决定了犬咬合能力的大小。

(二)颈部

颈部连接着头部和躯干部,其骨骼基础是颈椎。嘴和胃、鼻和肺、脑和脊髓的连接管道都通过颈部,还有连接脑和心脏的重要血管。犬的颈部肌肉发达,转动灵活,被毛浓密,皮肤松弛程度视品种而异。颈部是犬咬斗时的主要攻击部位,上述特点有助于犬咬斗时自我保护。借助颈部的灵活转动,犬的头部转动角度大,便于接受各个方向的信息。

(三)躯干部

犬的躯干部可分为鬐甲部、背部、腰部、荐部、胸部和腹部。

1. 鬐甲部

鬐甲部的骨骼基础是两肩胛骨的上缘和部分胸椎脊突,明显突出于背部水平线,用手抚摸时感觉明显。鬐甲部是前肢很多肌肉和筋腱的附着点,所以要求高耸,是测量犬体高时的起点。

2. 背部

背部的骨骼基础是胸椎,胸椎的主要作用是固定肋骨,同时具有复杂的肌肉结构。对于绝大部分品种而言,都要求背线平直,典型缺陷是凹背和凸背。通常老龄犬有背腰部塌陷的表现,这是肌肉和骨骼机能衰退的表现。

3. 腰部

腰部的骨骼基础是腰椎。腰部是连接前躯和后躯的枢纽。犬快速奔跑中的转弯动作主要靠腰部的力量。绝大部分品种犬对腰部的要求是坚实、宽且肌肉发达,给犬的运动提供力量。

4. 荐部

荐部的骨骼基础是荐椎,是中轴骨的末端。部分品种的犬在荐部有轻微的下斜。

5. 胸部

胸部的骨骼基础是肋,其内部主要包容着心脏、肺等重要器官。一般对胸部的要求是宽而深、容积大,为肺和心脏提供充足的空间。

6. 腹部

腹部的生理基础是腹肌,内部包容着消化系统、生殖系统和泌尿系统。通常公犬腹部应表现为紧凑结实,收缩良好;母犬由于受生殖行为的影响,相对松弛,腹部生有乳腺,属于皮肤的衍生物,是泌乳器官。

(四)四肢

犬是跑走型动物,此行为特点决定了犬的四肢必须是强健而灵活的,包括两前肢和两后肢。前肢由肩胛和臂部与躯干的胸背部相连,自上而下依次可分为肩胛部、臂部、肘部、前臂部、前脚部,前脚部又分为腕部、掌部、指、爪,有五趾。前肢通常与地面垂直,相互平行,两肢间距适中(图 4-56)。

后肢由臀部与荐部相连,可分为大腿部(股部)、膝部、小腿部、后脚部,后脚部包括跗部、跟部、跖部、趾、爪,有四趾。后肢的飞节(跗关节)向下部分(后脚部)通常与地面垂直,两肢间距适中(图 4-57)。

犬趾有猫型和兔型两种,必须符合本品种特征要求。外展脚(叉趾)不美观,趾间易夹带异物,易孳生病菌;平脚(低跖)多是因犬爪尖发育不良所致,难以支撑犬体重量(图 4-58)。

图 4-56　犬的前肢

A. 正常前肢　B. 前肢间距太窄　C. 腕关节内窄　D. 前肢间距太宽
E. 笔直的前肢　F. 趾关节异常　G. 平脚低趾

图 4-57　犬的后肢

A. 正常后肢　B. 牛样趾关节　C. 后肢间距太宽　D. 后肢间距太窄　E. 正常后躯角度　F. 笔直的关节

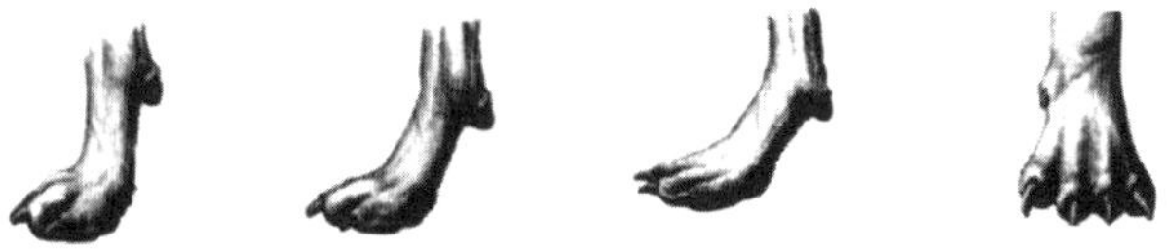

图 4-58　脚趾型

A. 猫型趾(圆形)　B. 兔型趾(椭圆形)　C. 平脚(低跖)　D. 外展脚(叉趾)

(五)尾部

犬尾的主要作用是在快速奔跑中平衡身体,同时还有保护肛门、外阴部和表达情感的作用。部分犬在饲养管理中有断尾的习惯。犬的尾型是犬的主要特征之一,根据犬尾巴粗细长短、尾根附着高低、有无饰毛及尾巴的形状等将犬尾分为卷尾、钩状尾、直立尾、螺旋尾、镰刀尾、剑状尾等(图 4-59)。

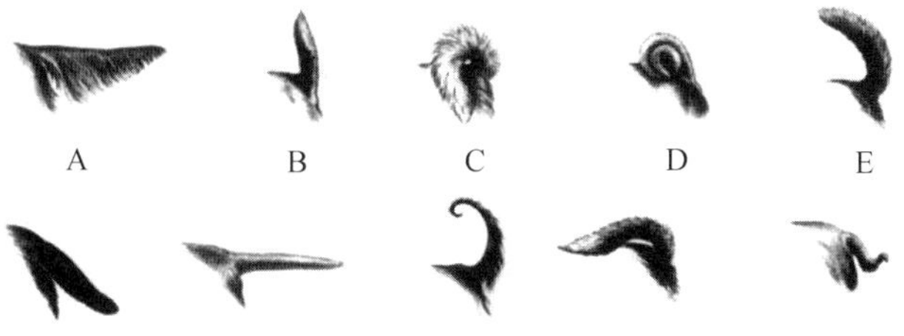

图 4-59　犬的尾形

A. 羽状尾　B. 直立尾　C. 卷尾　D. 双卷尾　E. 镰刀尾　F. 剑状尾
G. 鞭状尾　H. 钩状尾　I. 松鼠尾　J. 螺旋状尾

(六)被毛

犬是耐寒忌热的动物,这和犬全身被毛浓密、缺少汗腺关系密切。犬被毛的毛型和毛色是品种的主要特征之一,品种间差异很大。犬的被毛类型有三种:外毛、底毛和饰毛。外毛的特点是直、硬而粗糙,主要作用是保护身体免受伤害;底毛的特点是软而浓密,主要作用是保持体温;饰毛的特点是修长、华美艳丽,主要生长在四肢部、尾部、腹下部和头颈部,是根据人类的喜好人工选育而成。大部分犬是双层被毛,即只有外毛和底毛,分层明显;部分犬被毛柔软,毛型不明显;也有少部分品种的犬被毛短、粗、硬,无明显的分层;部分品种的犬有发达的饰毛。

二、犬、猫的体尺测量

体尺测量是指把犬、猫的体尺指标量化成数据,使之更为直观。其主要意义是减少肉眼观测带来的误差。另外,体尺数据是育种工作的重要依据。在育种工作中,通常把超出规定体尺数据之外的个体淘汰或不予作种,以控制个体的大小,使品种更加规范。

教学视频——犬的外表结构

1. 常用工具和测量方法

犬、猫常用的体尺测量工具有测杖、软尺、直尺、测角计。

犬、猫的体尺测量需要3人完成。一人保定,使其在正常姿势下保持稳定的站立姿势,供他人量取数据,人要与犬、猫熟悉,不能给犬、猫造成恐慌心理;一人测量,按规定量取各体尺数据,技术要熟练,测量部位要准确,动作要轻柔,避免造成紧张情绪;一人记录,记录所测的数据,要翔实。

2. 测量指标与工具

(1)体高　体高是指犬、猫在水平地面以正常姿势站立,鬐甲(马肩隆)到地面的垂直距离。所考查的内容主要是肩胛骨和前肢骨的状况,用测杖量取(图4-60)。

(2)体长　体长是指犬、猫在水平地面以正常姿势站立,肩胛骨(肩端)前缘到坐骨结节的直线距离。所考查的内容主要是中轴骨的状况,用测杖量取。需要指出的是,在育种学中有体直长和体斜长之分,上面所说的是体直长。体斜长是用软尺测得的肩胛骨前缘到坐骨结节的距离,是整个躯干部的弧度长。

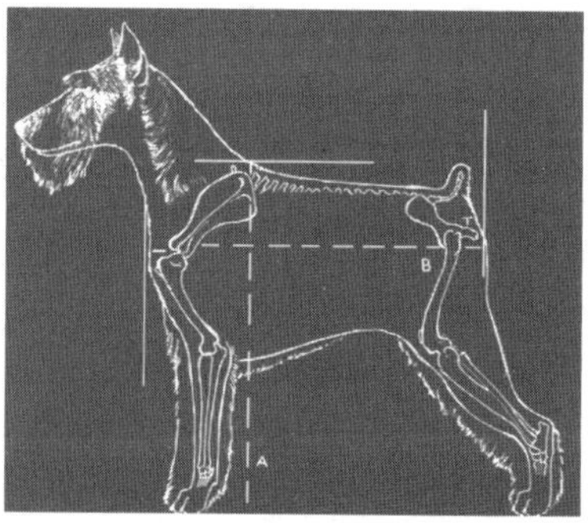

图4-60　犬体尺测量
A. 体高　B. 体长

(3)胸围　胸围是指鬐甲后两指,胸部的周长。所考查的内容是胸部的发育状况。用软尺测量。

(4)胸深　胸深是指鬐甲后两指,背线到胸下部的直线距离。所考查的内容是胸部的发育状况。用测杖测量。

(5)胸宽　胸宽是指肩胛后角左右两垂直切线间的最大距离。所考查的内容是胸部的发育状况。用测杖测量。

(6)荐高　荐高是指犬、猫在水平地面以正常姿势站立,荐部最高点到地面的直线距离。所考查的内容是荐部和后肢部的发育状况。用测杖测量。

(7)管围　管围是指左前肢管部上 1/3 最细处的周长。所考查的内容是管部的发育状况。用软尺测量。

(8)头长　头长是指鼻镜至颅顶的直线距离。所考查的内容为头部的发育状态。用测杖或直尺测量。

3. 测量时的注意事项

犬、猫的体尺测量要求数据相对准确，因此操作的准确性是至关重要的。一般在测量时要注意以下几点。

(1)站立姿势　测量时，一定要以正常的姿势站立在平坦地面上，任何不正确的姿势都会造成测量结果的误差，尤其对体高、体长、荐高的影响最大。要使犬、猫保持正常的站立姿势，保定的人员是特别重要的。要求犬、猫和保定人员一定要互相熟悉，在测量时不能有被动反应，同时保定人员熟悉体尺测量技术，指导犬、猫应该以何种姿势站立。

技能视频——犬的保定方法

(2)测量人员的操作技术　测量人员操作技术的熟练与否对结果的影响是很大的。测量人员要熟悉所有的操作技术，同时了解犬、猫的性情，才能做到测量结果的准确性。要坚持客观的结果，避免主观臆断。

(3)测量工具的精确程度　测量工具的精确程度直接决定着测量结果。测量工具一定要选择准确，以免影响测量结果。另外在测量前要仔细检查好工具，调整好数据。

三、犬的年龄鉴别

目前多数人在购犬时选择幼犬，少数人倾向于成年犬，因此必须对犬的年龄进行准确地判断。犬的年龄主要根据牙齿的更替、生长情况、磨损程度，外形颜色以及体态、皮肤、肌肉松弛度、被毛、颜面和趾甲颜色等进行综合判定。

1. 体态外貌

一般说来，犬出生后 3 个月左右开始换毛，至 6～8 月龄时接近成犬。成犬被毛光滑，富有光泽；6～7 岁时，嘴、唇四周开始出现白发般的老年毛，被毛粗糙；10 岁以上的犬的面部、下颌、背部开始出现白毛，被毛变得暗淡无光泽。

青年犬两眼光亮有神，行动灵活敏捷，充满活力，皮肤紧而有弹性；老龄犬眼睛无光，行动迟缓，灵活性差，听力和视力下降，皮肤变干，口、耳、皮肤常散发难闻的气味。

此外，幼犬的趾甲色浅，没有磨损，有时可见到血管或神经；青年犬趾甲较坚硬，磨损适度；老龄犬的趾甲磨损现象较为严重，有时可从趾甲的磨损面看到空而干瘪的血管。通过体态不能准确地判断犬的年龄，通常只能大致判断出幼年犬、成年犬和老龄犬。

2. 牙齿生长和磨损情况

准确地判断犬的年龄，应根据牙齿生长和磨损情况进行。犬牙齿全部是短齿冠形，上颌的第 1 与第 2 门齿齿冠为三尖峰形(中央齿为大尖峰，两侧齿为小尖峰)，下颌门齿各有大小两个尖峰，犬齿呈尖端锋利且弯曲的圆锥形，前臼齿为三峰形，后臼齿为多峰形。

根据犬的牙齿生长和磨损情况来判断年龄的参数指标如表 4-1 所示。

表 4-1 犬齿与年龄

年龄	犬齿	年龄	犬齿
20 d 左右	开始长牙	3.5 岁	上颌第一切齿尖峰磨灭
4～6 周龄	乳门齿长齐	4.5 岁	上颌第二切齿尖峰磨灭
2 月龄	乳齿全部长齐，呈白色，细而尖	5 岁	上颌第三门齿尖峰稍磨损，下颌第一、二门齿磨损面为矩形
3～4 月龄	更换第一乳门齿	6 岁	下颌第三门齿尖峰磨灭，犬齿钝圆
5～6 月龄	更换第二、三乳门齿及乳犬齿	7 岁	下颌第一切齿磨损至齿根部，磨损面呈椭圆形
8 月龄后	全部乳牙脱落，换恒齿	8 岁	下颌第一切齿磨损面向前方倾斜
1 岁	恒齿长齐，洁白光亮，齿尖突未磨损	10 岁	下颌第二切齿、上颌第一切齿的磨损面呈椭圆形
1.5 岁	下颌第一门齿大尖峰磨损至与小尖峰平齐	16 岁	门齿脱落
2.5 岁	下颌第二门齿尖峰磨灭	20 岁	犬齿脱落

20 d 左右开始长牙；4～6 周龄，乳门齿长齐；2 月龄，乳齿全部长齐，白而细亮；3～4 月龄，更换第一乳门齿；5～6 月龄，更换第二、三乳门齿及乳犬齿；8 月龄后，全部乳牙脱落，换恒齿；1 岁时，恒齿长齐，齿尖突未磨损；1.5 岁时，下颌第一门齿大尖峰磨损至与小尖峰平齐；2.5 岁时，下颌第二门齿尖峰磨灭；3.5 岁时，上颌第一切齿尖峰磨灭；4.5 岁时，上颌第二切齿尖峰磨灭；5 岁时，上颌第三门齿尖峰稍磨损，下颌第一、二门齿磨损面为矩形；6 岁时，下颌第三门齿尖峰磨灭，犬齿钝圆；7 岁时，下颌第一切齿磨损至齿根部，磨损面呈椭圆形；8 岁时，下颌第一切齿磨损面向前方倾斜；10 岁时，下颌第二切齿、上颌第一切齿的磨损面呈椭圆形；16 岁时，门齿脱落；20 岁时，犬齿脱落。

四、猫的年龄鉴别

一般情况下，幼猫 7～10 d 睁眼，3 周耳朵打开完全竖立，第 2～3 周开始长乳牙，2～3 个月乳牙长齐，并开始换牙，至 6 个月时永久门齿全部长齐，1 年后下颌门齿开始磨损，5 年后犬齿开始磨损，7 年后下颌门齿磨成圆形，10 年以上时上颌门牙磨损成圆形。也可根据毛的生长情况和毛的颜色变化情况大致鉴别猫的年龄。猫出生 6 个月后，长出新毛表示成年，6、7 年后进入中年期，此时嘴部长出白须，到老年期则头、背部长出白毛。

【知识拓展】

一、全犬种赛事

目前国内全犬种比赛多是按 AKC 体制进行组织，将所有参赛犬种分为 7 个组别，所设奖项主要有以下几项：

Best in Show（简称 B. I. S） 全场总冠军

Reserve Best in Show(简称 R. B. I. S) 全场后备总冠军、亚军

Best in Group(简称 B. I. G) 犬组冠军

Best of Breed(简称 B. O. B) 本犬种冠军

Best Puppy in Show(简称 B. P. I. S) 全场幼犬冠军、全场太子

Best Junior Puppy in Show(简称 B. J. P. I. S) 全场特幼犬冠军

KING 全场最佳公犬

QUEEN 全场最佳母犬

Best Opposite Sex(简称 B. O. S) 最佳相对性别、本品种与 B. O. B 不同性别的最佳犬只

Winner DOG(简称 W. D) 同品种同年龄段最佳公犬

Winner Bitch(简称 W. B) 同品种同年龄段最佳母犬

Best of Winner(简称 B. O. W) W. D 和 W. B 之中的获胜者

二、中国光彩事业促进会犬业协会

中国光彩事业促进会犬业协会(China Kennel Union,简称 CKU)由第九届、第十届全国政协委员、北京市光彩事业促进会副会长陈金飞倡导,创建于 2005 年,由各地 30 个犬业俱乐部组成。目前接受并使用规则举办培训和活动的合作俱乐部有 98 家。中国光彩事业促进会犬业协会其服务内容主要有:

1. 信息服务

向广大会员及时发布国内犬业的相关新闻和活动信息,统计犬业相关各种资讯,发布犬种繁殖、饲养知识,提供会员交易信息,介绍会员基本情况以及犬舍和饲养犬只的基本情况,发布各项政策及规定,提供专业的犬业论坛,让会员自由的进行业界交流和发布信息。

2. 纯种犬血统服务

为会员提供纯种犬鉴定、纯种犬血统登记以及后代延续血统登记等一系列纯种犬繁殖管理服务,为所有登记的纯种犬只建立单一的繁殖登记册以及纯种犬血统证书,通过髋关节发育异常(HD)以及周关节发育异常(ED)检测犬只的髋关节和肘关节遗传疾病,通过遗传分子学(DNA)样本存档及亲子鉴定对登记的纯种犬进行纯种犬的血系鉴定。

3. 培训服务

为会员提供各种纯种犬相关知识的培训,涉及繁殖知识培训、训练知识培训、比赛知识培训、应用知识培训、美容知识培训、疾病知识培训以及繁殖和考试裁判培训等。

4. 训练以及比赛服务

为会员提供各种纯种犬相关训练以及比赛的服务,涉及防卫犬训练和比赛,敏捷犬训练和比赛,缉毒犬训练、考核和比赛,搜救犬训练、考核和比赛,竞速犬训练和比赛,导盲犬训练和比赛,伴侣犬训练和比赛等。

5. 展示服务

在全国范围内,定期举办"年度 CKU 全犬种冠军展""年度地方全犬种冠军展""年度单犬种全国优胜繁殖展""年度单犬种地方优胜繁殖展"等。

6. 国际交流服务

组织国内犬只爱好者进行国际间交流，访问国外著名犬舍，组织参加国际性犬业比赛，定期邀请国外业内人士到国内进行指导，接待国外犬业组织的来访，促进国内与国际犬业组织的合作与交流。

7. 行业服务

通过各种形式的训练以及展示活动，努力建立国内良好的行业氛围，为中国犬业发展打下良好基础；通过推荐纯种犬繁殖、健康、训练和应用等方面的国内外成功经验技术，帮助会员提高纯种犬的繁殖、训练、应用和综合管理水平，使国内犬业的发展水平与世界接轨；团结所有会员，共同规范国内行业市场，与各种不正当竞争以及不文明行为作斗争；协调内部管理机制，为会员创造良好的发展空间；积极听取会员意见和建议，为中国犬业的健康发展谋求良好的发展环境与空间；组织会员从事对社会公益事业的捐赠或资助活动，提高社会认知度。

8. 政策服务

组织会员学习、贯彻党和国家的方针、政策，引导会员遵守国家法律法规，为会员提供养犬相关的法律、法规、技术、信息、生产、管理等咨询服务，推动我国犬业健康发展。

【考核评价】

1. 简述犬的分类方法。
2. 简述犬的选购注意事项。
3. 简述犬的外貌形态。
4. 简述犬的年龄鉴别方法。

项目五

宠物繁殖规律

学习目标

掌握宠物的选种与选配；了解宠物的一般发情规律；掌握宠物发情鉴定的方法、配种、妊娠、分娩与护理。培养学生积极肯干、不怕脏累、团结协作的职业精神、严谨的职业素养及良好的职业规范。

【学习任务】

任务1 选种与选配

在犬、猫繁育过程中，种犬、种猫选择的准确性是保证种群质量的关键，交配对象的正确性是决定未来种群质量的关键。因此选种与选配工作在犬、猫育种工作中的地位极其关键。准确地选择种犬、种猫，选用科学、正确的选配方法，可保持和提高种群的质量。

选种和选配工作关系密切，互相联系、互为补充、互相促进，通过选种工作可以确保种群的质量，确保种群的各种基因比例，通过选配工作可以有意识地重新组合遗传物质，获得理想的性状表现。选种与选配互为基础，有了优良的品种，才能谈到选配，而通过选配可以创造更优质的品种。种犬、种猫选出后要通过选配工作验证其种用价值，通过选出种犬、种猫的质量优劣可以验证选配工作的成功与否。

一、犬、猫的选种

(一)种犬选择

种犬的选择应根据血统、类型、体型、外貌、后裔品质等，选择公、母犬作为种用。"好种出好苗"是指一定要选择几代无遗传疾病、无退化现象、神经类型稳定、体质健壮、生长发育快、抗病能力强、繁殖能力高的犬作种用。一般可以从以下3个方面来考虑。

1. 看其本身

种公犬应身强力壮，在犬群中处于首领地位，体态匀称，肌肉结实发达、生殖器官发育良好，雄性强(配种时紧迫母犬，频频排尿等，手握睾丸时有明显的弹性)、配种能力强(每个繁殖季节配种10次以上)、后代健康且成活率高。选择母犬则主要看是否发情正常、乳房发育良好(有效乳头4对以上)、产仔多(窝产仔数5只以上)、同窝仔犬发育均匀、泌乳力强、母性强。

2. 看其祖先

可通过系谱记载审查，首选要求其3代之内的祖先发育良好、无遗传性缺陷、无亲缘关系，有条件的可进行育种值的测定。

3. 看其后代

后代的发育和体态状况是检查公犬遗传性状和繁殖能力的最好佐证。种犬的后代要求品种特征明显、健康无疾病、成活率高、同胞仔犬发育均匀等。

(二)种猫的选择

纯种猫交配前种猫的选择很重要。在选择种猫时应尽量注意以下几个方面。

(1)选择品种相同的猫进行交配，并尽量由血统相同的公母猫交配，以免品种退化。

(2)选择体质健康的公母猫进行交配，其中公猫要求体型大，外观各部匀称，腹部紧缩，姿态端正，毛色纯正、密而光亮，反应灵敏，精神饱满，两侧睾丸发育正常，繁殖力强。应避免有相同缺点的公母猫进行交配，否则猫的缺点就会巩固遗传下去。此外，应尽量避免体型大小差异过大的猫进行交配，以免引起猫之间的伤害甚至导致难产。

(3)选择公母猫交配时，年龄上最好是壮龄配壮龄，或壮老结合，不能以老龄配老龄，严禁近亲(三代以内)交配繁殖。

(4)进行系谱记载审查，看其祖先的生长发育、体质外貌情况。如公猫有后代，要看其后代的发育情况和体态状况，这是公猫的遗传性状和繁殖能力的最好佐证。

二、犬、猫的选配

(一)选配的概念

雌雄个体交配时，存在基因互补问题，如果双方的基因不能互补，那么即使很优秀的雌雄个体相交配，其后代也不一定优秀，因此在选择雌雄个体交配时就存在合理配对的问题。实践中，有明确目的地选择基因型互补的雌雄个体交配，有意识地促进优良基因在其后代身上更好地重新组合，巩固和发展种群的优良性状，以达到培育、改良和提高种群质量的目的，这种选择交配对象的行为称为选配。其实质就是对个体的交配进行人为控制，使优秀个体加大交配机会，使有利基因组合概率提高，使优势性状在种群中得到更好表达，提高种群整体质量。

(二)选配的意义

1. 创造必要的变异，使表现型更优秀

遗传和变异是生物种群存在和发展的基础，犬、猫也不例外。变异的实质是通过基因的重新组合创造出新的表型、适应性或其他性能。选择合理的种犬、种猫交配，促进基因的重组，可以创造变异、塑造更理想表现型的个体。这种选配可以包含很多种类型，如不同种、不同属、不同品种、不同品系间的选配。

2. 使种群的遗传更稳定，优良性状得到巩固

雌雄个体的遗传基础越相似，所产生的后代就越接近父母，其基因纯合的概率就会增大，连续几代选择交配后，该基因型就会在种群中得到巩固，遗传会更稳定。新品种或新品系的培育都是这种作用的体现。

3. 把握变异的方向，并加强有利变异

当群体中出现某种有利变异时，通过选择具有该性状变异的雌雄个体交配，强化该变异，这样经过长期选种选配工作，该变异在群体中就会得到加强，逐渐变成遗传稳定的性状存在于种群中。例如，发现嗅觉极其灵敏的个体犬，就要把握这种变异，选择适宜的犬来巩固这种变异，使这种变异表型在群体中扩大和巩固，以提高犬群的质量。

(三)选配的方法

选配通常分为个体选配和群体选配。犬、猫育种实践中以个体选配为主。在这里只介绍个体选配，可以分为以下两种。

1. 品质选配

品质选配是根据雌雄双方的表型特点来确定交配组合的一种交配方式，表型特点是指个体的体形外貌、神经类型、生长发育指标等方面。品质选配又可分为同质选配和异质选配两种。

(1)同质选配　即选择表型性状相同或相似的雌雄个体交配，以期获得相似后代的交配方式。雌雄个体越相似，获得相似后代的概率就越大。同质选配的主要作用是使亲本的优良性状稳定地遗传给后代，并使其得以保持和巩固，在群体中增加这种优良性状的个体，使这种优良性状纯合基因的频率在种群中增大。在杂交育种后期，出现理想性状后，一般都用同质选配加以固定。例如，在京巴犬的育种过程中，为巩固白色被毛的性状，要选择被毛均为白色的个体进行交配，以期获得白色被毛的后代。在白色被毛性状上就是同质选配。

(2)异质选配　是指选择表型特征不同的个体进行交配。异质选配的使用有以下两种情况：一是选择具有不同优良性状的雌雄个体交配，把两个优良性状结合在后代身上，培育更优秀的后代，例如，甲犬(雄性)使用性能优异，乙犬(雌性)繁殖性能优异，甲犬和乙犬交配，充分利用甲犬使用性能优异的性状和乙犬繁殖性能优异的性状，使其后代的使用性状和繁殖性状全部优异，育成使用价值更高的个体。二是选择同一性状，但优劣程度不一的雌雄个体交配，在后代中克服此性状的不良表现，慢慢在群体中消灭此性状的不良表现。例如，甲犬(雄性)的后代中毛色性状非常优异，符合人们的审美需要，乙犬(雌性)的后代中毛色性状不够理想，那么用甲犬和乙犬交配，使其后代的毛色性状优异，改良乙犬毛色性状的弱点，从而达到改良整个犬群毛色性状的目的。

同质选配和异质选配是相对的，在实践中可能同时应用。有些个体可能在某些方面是同质的，而在其他方面是异质的。例如，两只犬体形相似而神经类型差异较大，交配时则体形是同质选配而神经类型是异质选配。同质选配和异质选配是互相补充的。长期的同质选配可以增加群体中遗传稳定的个体，为异质选配提供良好的基础，而异质选配所获得的优异个体应及时应用同质选配，对获得的优良性状加以巩固。

2. 亲缘选配

亲缘选配是指具有共同祖先的雌雄个体相交配。如果亲缘关系较近，就叫近亲交配，简称近交。如果双方亲缘关系较远或交配双方无亲缘关系则称为远亲交配，简称远交。

在犬、猫的育种实践中，一般采用远交而不采用近交，因为近交有害。但当为达到某种育种目的时，如保留特定个体的血统，可以采用近交方式。育种学上的近亲交配是指交配双方到共同祖先的总代数不超过六代(即其所生子女的近交系数大于0.78%)。实践中近交一般是指四代内有公共祖先的雌雄个体间相交配。

近交的用途有以下几点。

(1)固定优良性状　近交的遗传效应是使基因纯合程度加大，可以巩固优良性状的遗传基础，使其在群体中更加稳定，在育种实践中，当出现理想性状时，通常采用同质选配和近交的方法使理想性状的控制基因纯合程度加大，达到巩固理想性状的目的。例如，当群体中出现一个工作性能稳定的家系，为稳定家系的遗传基础，通常在家系内部采用近交的方法，利用近交个体巩固性状的遗传基础。

(2)揭露有害基因　有害基因大多是隐性的，是动物遗传病及遗传缺陷的决定因素。在非近交个体中隐性基因很少表现。通过近交使基因纯合，隐性基因的表现概率增加，可以及早发现带有有害基因的个体，及早淘汰出群，降低群体中有害基因的含量，提高种群的整体质量。但这种方法的作用过于单一，仅有育种意义，没有使用意义，通常在实践中是不使用的。

(3)保持优良个体的血统　当群体中出现特别优良的个体时，要保持这些优秀个体的血统，扩大其在群体中的影响。就要采用近交的方法，使其基因型组合更加稳定，能够在群体中更长久地保持。

(4)提高群体的同质性　一个新品种的育成，需要群体性状的同质性，因为遗传基础的关系，近交可以得到大量的同质个体，是新品种培育的主要手段。

但是近交容易产生近交衰退现象，即近交后代在繁殖性能、生命力、适应性等方面均比祖先弱，因此近交的应用要有限度。

(四)选配原则

犬的选配就是选择适合的公犬和母犬配种，应遵循严格的选配原则。

1. 坚持品质选配

品质选配有同质选配和异质选配两种。同质选配要求公母犬在同一性状或性能上具有相同的优点，使得父母代的优点能集中到后代身上，有相同缺点的公母犬不宜交配，更不能用一方的优点去弥补另一方的缺点。异质选配要求用在同一性状或性能上优劣表现不同的公母犬相配，目的是“以优改劣”，一般需经 2 代以上方可产生良好效果。

2. 坚持年龄选配

实践表明，配种效果最好是壮龄雄配壮龄雌或壮龄雄配稍老雌，尽可能避免老龄雄配老龄雌，超过 5 岁而从未配过种的犬(处女犬)不宜参加配种。

3. 坚持体型选配

要求同一品种的公母犬体型大小尽可能一致，防止体型相差过于悬殊给配种带来不便，或因后代体型与实验要求不一致而不能满足实验需求。

4. 坚持亲缘选配

亲缘关系较近的公母犬配种，易产生体质弱甚至畸形的后代，直接导致种源退化。参加配种的种公、母犬，至少要求 3 代之内无亲缘关系，除特殊需要外，严禁近亲繁殖。

5. 坚持等级选配

犬的个体等级是根据体质性能、体形外貌等综合鉴定评分决定，因公犬对种群影响大，公犬的等级应优于或者等于母犬的等级，尤其应充分使用特级。

(五)选配计划的制订

依据种群特征，根据个体间的类型差异和亲缘关系，根据种群的发展方向，制定种群下一个发情年度的规划，就叫选配计划。选配计划往往决定了下一年度的繁育状况，因此在犬猫育种实践中是非常重要的。

1. 较大群体选配计划的制订

(1)确定群体交配组合　是指一个品种(品系)与另一个品种(品系)间的交配组合。这项工作主要是安排好群体的发展方向。大群体间的交配在宏观上影响着整个群体的走向，在选配计划制订之前要做好认证工作。

(2)各种群进行分类　按照不同的优点或缺点把基础种母犬(猫)群进行分类，再配以优点(缺点)相同或相反的种公犬(猫)。其目的是巩固优良性状，使遗传基础更稳定，扩大其在种群中的影响。同时克服缺点，缩小其在种群中的影响，以提高整个群体的质量。

(3)个体交配组合的确定　主要考虑后裔的质量，还要考虑亲缘关系和公母的具体情况。个体交配组合的确定，在一定程度上决定了下一年度犬(猫)群的质量。在确定交配组合之前，要对个体进行充分认证，就其各种性状的表现、遗传情况、繁殖能力、以往交配情况等进行分析，对其交配后的产仔情况要有预期。

2. 较小群体选配计划的制订

以种公犬(猫)为中心，按照血缘关系、表型特征、后裔质量等因素综合考虑，把种母犬(猫)合理地分配给种公犬(猫)，每只种公犬(猫)的配种负担要平衡。

三、提高犬繁殖力的措施

(一)影响犬繁殖力的因素

1. 遗传因素

犬是多胎动物，遗传因素对犬繁殖力的影响更为明显。公犬精液的质量和受精能力以及母犬的排卵数均与遗传性状有着密切的关系，精液质量、受精能力及排卵数直接影响受精卵数目，而受精卵数目的多少又直接决定着母犬繁殖力的高低。

2. 营养因素

若公犬营养不良，犬机体新陈代谢紊乱，骨骼发育受阻，影响配种的正常进行，严重者可影响其睾丸发育。反之，公犬营养过剩，则体内脂肪沉积较多，不能保证配种的顺利进行，严重者会导致一些常见心血管方面的疾病。

母犬长期营养不足，延缓青年母犬初情期的到来，对于成年母犬则会造成发情抑制、发情无规律、排卵率降低、乳腺发育迟缓等，甚至胚胎早期营养不良概率增加。长期饲喂过量的蛋白质、脂肪性饲料，会导致母犬过肥，卵泡上皮发生脂肪变性，进而造成母犬不发情。

3. 环境因素

虽然犬不是诱导性排卵动物，但母犬的生殖机能与日照、气温、湿度、噪声、饲料成分等环境因素及饲养方式均有密切关系。如果环境突然变化，可使母犬不发情或表现发情而不排卵。公犬在改变管理方法、变更交配环境或交配时受到外界人为因素干扰等情况下，可使性欲发生反射性抑制，影响交配质量，甚至引起配种失败。此外，长期禁闭公犬，会使其性欲降低。

4. 配种时间和配种方法

母犬的发情时间比较长，而排卵时间只有 2～3 d，卵子排出后若不能及时完成受精过程，其受精能力会随着时间延长而逐渐减弱，最终丧失受精能力。正确掌握配种时间，做到适时配种，是提高受胎率的关键。

配种的次数以 2 次为宜，2 次配种相隔时间以 24 h 左右为宜，否则会影响受胎率。有人认为交配次数越多，产仔数越多，这是没有科学根据的，因为每窝产仔数的多少，取决于卵巢的排卵数，而不是配种的次数。

5. 生殖器官发育异常及繁殖障碍性疾病

生殖器官发育异常多为先天性的，直接影响犬的繁殖力，造成先天性不孕不育。如先天性的母犬生殖器官畸形，可能出现母犬阴道闭锁、尿道瓣过度发育、子宫发育不全等，后天性出现子宫囊肿、阴道肿瘤或阴道外突等。

影响犬繁殖力的疾病比较多，如布氏杆菌病、李氏杆菌病、弓形虫、钩端螺旋体病等，这些繁殖障碍性疾病病原大多可直接侵害犬的生殖系统，使犬的生殖系统遭到破坏，生殖功能丧失，从而降低犬的繁殖力。

6. 管理因素

不合理的饲喂、运动和休息无规律、犬舍卫生设施配置不到位以及不严格执行交配制度等一系列管理缺失，均对犬的繁殖力有一定的影响，如饲喂过程中的不定期饲喂、妊娠后期的大量运动、不正确的妊娠检查、犬舍的清洁卫生及通风状况欠佳、配种时采用双重配种等。

(二)提高繁殖力的措施

切实有效的提高犬的繁殖力，必须进行科学的分析总结，通过严格的选种选育、配种技术、饲养管理、疾病防治等多方面措施的综合改进。

1. 认真做好选种工作

种犬的好坏将直接影响其繁殖力，一定要选择品种外型特征明显、神经类型稳定、繁殖力高的犬做种用。

(1)种公犬选择　种公犬主要从以下几方面来选择。首先看公犬祖先，主要通过血统记载审查来评价，要求公犬父母代及祖代无遗传性缺陷、生长发育良好；其次看公犬本身，公犬应精力充沛、性情温顺、身体各部分结构匀称、体躯强健、阴囊弹性强、配种能力强，配种时如出现不排尿、不愿爬跨母犬、交配无力、交配时间短、不锁配等，均不能留作种用；第三作为核心群的种公犬，更要通过后裔选择，要求种公犬的后代体质健壮、生长发育良好、抗病力强，这是检查公犬遗传性状和繁殖能力好坏的最直接标准。

(2)种母犬选择　种母犬宜选择品种特征明显、健康无病、生殖机能健全、产仔多(5～8只)、有 4 对以上发育良好的乳头、泌乳能力强、母性好的母犬。母性好的母犬表现为分娩前会絮窝，产后及时给仔犬哺乳、不踩压仔犬、1 个月后会呕吐食物哺喂仔犬，仔犬爬出窝外后能及时用嘴将其衔回等。

2. 坚持严格选配制度

犬配种应遵循严格的选配制度。在同质性方面要求公母犬要有相同的优点，使得父母代的优点能集中到后代身上，有相同缺点的公母犬不宜交配，更不能用一方的优点去弥补另一方的缺点；年龄方面最好是壮龄公犬配壮龄母犬；体型方面要求同一品种的公母犬体型大小尽可能一致，防止体型过于悬殊，给配种带来不便；亲缘方面要求公母犬至少 3 代之内无亲缘关系，严禁近亲繁殖(特殊情况下可近交)。

3. 认真做好适时配种工作

配种时应确定适宜的配种时间，最佳配种时间应在发情后母犬阴部开始流血后的第 9～11 d。如果未发现阴道排血的开始日期，也可根据阴道分泌物颜色的变化确定最佳配种日期。当阴道分泌物由红色转变为稻草黄色后的第 1～2 天时，母犬在外表上会表现出愿意交配的特征，如阴门充分肿胀外翻，母犬静压反射明显，尾巴抬起偏向一侧，阴门松弛，遇公犬频频排尿，让公犬嗅其阴部，接受公犬的爬跨。配种时采用“重复配种”的方式，可增加母犬卵子的受精机会从而提高受精卵的数量。少数母犬在发情时阴道不排血，可用公犬进行试情来确定，当母犬愿意接受公犬交配后的第 1～3 天为最适配种期。

犬配种时间宜选在早晨喂食前。交配前，将公犬放入母犬舍中，公母犬在室外自由活动一段时间，使其排净粪尿，配种后切不可让其剧烈运动，也不能立即给水，应轻度活动片刻后再给水，然后将母犬放回犬舍，让其安静休息，并做好配种记录。

4. 加强种公犬饲养管理

种公犬一经确定，应按要求进行科学的饲养管理，以保证种公犬具有健壮的体质、充沛的精力和较强的配种能力。在配种期间，选用适口性好、蛋白质含量丰富的全价饲料饲喂种公犬，以保持其旺盛的配种能力，提高其配种率。

适当运动对种公犬是十分重要的。合理的运动不仅可以促进公犬食欲、帮助消化、增强体质，而且可以增强公犬的性反射和提高精液质量，配种后不能立即运动，以免体力消耗过大而影响以后的配种能力。

合理安排配种频率，严格控制交配次数。配种期间，公犬每天最多配种 2 次，分别在早晚进行，次日应休息 1 d，每周配种不宜超过 3 次，同时应做好种公犬生殖器的保健护理。有条件可定期检查精液品质，发现问题及时采取措施。

5. 加强妊娠母犬饲养管理，防止流产、早产和难产

母犬不孕是造成繁殖力降低的最直接因素，而造成母犬不孕的最主要因素是饲料营养不全及孕后的护理不到位。

(1) 加强孕犬的营养　供给妊娠母犬充足全价的饲料，保证母犬健康及产后泌乳，从而提高仔犬成活率。因此，怀孕母犬的饲养应根据胎儿的生长发育规律及其自身的营养需要合理调配，做到定时、定量、定质的“原则”。

营养物质的补充应随妊娠时间的推移而作相应的调整。母犬在妊娠早期(妊娠 35 d 内)时，可按原饲养方式饲养，但一定要保证饲料全价性，不得饲喂发霉、腐败、变质、带有毒性和强烈刺激性的饲料，以免引起流产。妊娠中期(妊娠 35～45 d)时，饲喂量增加 10%～20%，同时应提高饲料蛋白质的含量及维生素，可适当增加肉类、鱼粉、骨粉、蛋和蔬菜等。妊娠后期(妊娠 45～60 d)时，每天饲喂量增加 40%～50%，临产前的饲料体积要小(容重大)，尽量多喂些易消化的动物性饲料和少量的植物性饲料，饮水清洁，应特别注意饲料的多样化，保证营养均衡及钙、磷、铁等元素的补充，以满足胎儿的正常生长发育。抓好妊娠后期的营养是减少弱胎、提高仔犬成活率、保证出生胎儿健康生长和增强抗病力的关键。

(2)保证孕犬休息，做到运动合理　孕犬舍应宽敞明亮、清洁干燥、空气流通、保持安静，减少人为干扰，以保证孕犬能够得到足够的休息。

妊娠母犬应进行适当运动，利于胎儿的发育和降低难产率。妊娠初期，母犬每天运动应不少于 2 次，每次以 30 min 左右为宜，强度不宜过大；妊娠中期，应精心照料，适当进行散放运动，每天 1 次，每次 30 min 左右，应停止各种训练和使用，禁止剧烈运动，不能群放，更不能让犬攀跃障碍等；妊娠后期，应避免陌生人接近和观看，产前 1 周将其送进产房待产，让其充分休息。

6. 做好卫生保健

认真做好种犬房及产房的卫生，必须每天打扫干净，定期对犬房进行消毒，保持犬房清洁、干燥，切实有效地防止犬繁殖障碍性疾病的发生，为提高犬繁殖提供保障。

(1)搞好环境卫生　做好孕犬环境卫生保健，保证妊娠母犬免受病原微生物的侵袭，增强抗病能力。妊娠母犬舍环境要求保持安静、清洁、干燥，垫物经常日晒、消毒并及时更换。犬舍内外环境应每周进行 1～2 次消毒，各种用具在每餐后应进行洗涮，每周还应进行 2 次消毒(先用消毒液浸泡，然后洗净，最后用清水冲洗)。

(2)搞好犬体卫生　需要经常对妊娠期母犬的被毛进行梳刷或刷拭，一般每天 1～2 次。母犬在怀孕后的前 30 d，可根据情况进行适当的洗浴，但洗浴后要尽快将其被毛擦干及吹干，防止孕犬受凉感冒；30 d 后则改为用毛巾擦洗。在分娩前 15 d，可每隔 2 d 用温水和肥

皂擦洗母犬乳房1次，临产前应用温湿毛巾对母犬臀部、阴部和乳房周围进行擦拭，再用0.1%高锰酸钾溶液清洗会阴部和乳房。长毛犬乳头周围的被毛，在临产前10 d应适当拔去，以促进乳汁的分泌。

母犬分娩后，必须搞好犬体卫生，保持犬体干净无污物，特别是当母犬外阴、臀部及乳房等部位被羊水和分泌物污染时，应及时用热水洗净并擦干，防止仔犬吮乳时导致消化道疾病。

(3)进行日光浴　适度的日光照射对妊娠母犬很有必要。在紫外线的作用下，可合成维生素，促进钙质吸收，防止母犬因缺钙而引起骨质疏松症和仔犬佝偻病的发生，杀死体表被毛上的致病菌，防止某些传染病和霉菌病的发生，加快体表血液循环，促进机体的新陈代谢，提高机体抵抗力。

7. 认真护理仔犬，提高仔犬成活率

保证仔犬的成活率，是提高犬繁殖力的重要环节。提高仔犬成活率，必须做好仔犬的护理工作，谨防出现"丰产不丰收"的局面。由于仔犬活动能力弱，可能被母犬压死、踩死、咬死或叼出窝外，导致夜间被冻死或饿死，因此必须适时看护，留心观察；保证每只仔犬都能及时吃上初乳，并认真观察和掌握仔犬的发育情况，及时补乳和饲喂，过好仔犬的开食关(一般在20日龄后可适当补饲)；出生后第5～6周，母乳分泌逐渐减少，此时应过好仔犬的断奶关。

任务2　发情规律及发情鉴定

一、犬、猫的性成熟与初配

(一)犬的性成熟与初配

犬的性成熟是指公母犬生长发育到一定时期，生殖器官发育基本成熟，能分别产生具有正常受精能力的精子和卵子，开始表现性行为，具有第二性征。犬的性成熟受品种、环境、地区、气候、营养状况及管理水平的影响，即使是同一品种，甚至同胎次的犬，性成熟期也存在个体差异。一般而言，小型犬、饲养环境好、气候适宜地区、营养状况好、管理水平高的犬性成熟较早，大型犬、饲养环境差、寒冷地区、营养状况差、管理水平低的犬性成熟较晚；公犬的性成熟稍晚于母犬。小型犬出生后8～12月龄、大型犬12～18月龄达到性成熟。

犬性成熟后，虽然已经具备了配种繁殖的生理机能，但不适合立即配种繁殖。因为配种过早，容易导致初产母犬产仔数量少、仔犬体形小、仔犬体质弱、死胎增多等，同时可能引起母犬难产，进而影响到母犬的机体恢复。因此，犬的第一次配种应在达到机体成熟后进行，此时犬的年龄称为初配年龄。一般而言，公犬的初配年龄为15～24月龄，母犬的初配年龄为12～24月龄(第2次发情时)。

(二)猫的性成熟与初配

猫一般在7月龄后进入生殖发育高峰，平均9月龄达到性成熟，繁殖寿命可达14年，但实践中作为种用一般4～6年后淘汰。母猫的性成熟因品种不同而异，一般来说，短毛猫及混血猫种在6月龄时就有性成熟表现，而长毛猫种性成熟较晚，多在10月龄时才会出现。

母猫发情时，性行为表现强烈，有时会发出粗大的“嗷嗷”叫声，借以招引公猫，见到公猫表现出特殊的亲昵感。

二、犬、猫的发情规律

(一)犬的发情规律

犬是季节性发情的动物，通常母犬每年发情 2 次，分别在春季的 3～5 月和秋季的 9～11 月(藏獒每年只发情 1 次，一般为每年的 11 月底到次年的 2 月初)，每次发情大约持续 6 个月左右。群养犬受季节的影响不太明显，经常出现众多犬几个月不发情，当有一条犬发情后，随之出现大量的犬相继发情。根据母犬的不同生理变化，通常把一个完整的发情周期分为发情前期、发情中期、发情后期和休情期四个阶段。

1. 发情前期

发情前期为发情的准备阶段，指母犬出现发情表现到愿意接受公犬爬跨之前这段时间，一般为 7～10 d。在此期间，卵巢中卵子已接近成熟，生殖道上皮开始增生，腺体活动逐步加强，分泌物增多，外阴肿胀、潮红，阴道充血，从阴门排出血样分泌物并持续 2～4 d。母犬不爱吃食物，饮水量增大，举动不安，遇见公犬时嗅闻公犬生殖器，频频排尿吸引公犬，但不接受公犬爬跨。

2. 发情中期

发情中期又称发情期、发情盛期，是母犬接受公犬爬跨交配的时期，持续 6～14 d。在此期间，母犬表现兴奋、敏感、易激动，外阴继续肿胀至最高程度后变软，阴门开张，流出的黏液由红色逐渐变淡直至稻草黄色(淡黄褐色)。此时母犬主动接近公犬，并且站立不动，把尾巴侧向一边接受公犬爬跨。研究表明母犬在进入发情期后 2～3 d 开始排卵，此时母犬将臀部对向公犬，将尾偏向一侧，为交配的最佳时期。

3. 发情后期

发情后期指母犬的发情表现逐渐消退的过程，一般持续 2 个月左右。此阶段母犬外部表现为外阴的肿胀消退，性情变得安静，不允许公犬接近，食欲也趋于正常。如母犬配种后已怀孕，则直接进入妊娠期。

4. 休情期

休情期指母犬生殖器官处于不活跃状态(休滞状态)到下次发情之前这段时间，又称为乏情期，一般为 3 个月左右。在此阶段，母犬性活动完全停止，其外部表现为阴户干瘪，无带血黏液分泌，不愿接近公犬，不允许公犬爬跨，对公犬尿液和身体气味不感兴趣。如母犬经过妊娠、分娩、仔犬的哺乳时，母犬机体需做适当的恢复，为下次发情做充足的准备。

(二)猫的发情规律

猫是常年发情，每隔 2～3 周发情一次，持续时间因季节而异，最适交配时间是 2～3 d。

1. 发情前期

发情前期是指出现发情表现到性欲明显、开始接受交配的一段时间，一般为 1～3 d。此期间母猫的卵巢上有 3～7 个卵泡开始发育，子宫和阴道上皮增生，腺体弯曲度增加，分泌物开始增多，阴毛刚刚分开，外阴略肿胀，阴唇稍稍裂开。母猫开始变得焦躁不安，眼睛明亮，粗声鸣叫，喜欢主人抚摸，食欲减退，排尿频繁，活动增加，喜欢外出游荡，在夜间这些表现更为明显。与犬不同的是，在此期间，母猫外阴部没有明显的带血黏液流出，阴门水肿也不明显，偶尔有少量清亮的浆液性阴道分泌液流出。

2. 发情中期（发情盛期）

持续的时间因季节或交配与否而有所差异。春季持续时间长，一般 5～14 d，其他季节持续时间较短，一般 1～6 d。此期间卵巢上的卵泡迅速发育成熟，最大直径可达 2～3 mm。在发情中期，母猫生殖道充血、肿胀较发情前期更为明显，腺体增生，分泌旺盛。阴毛完全分开，外阴肿胀明显，阴唇呈明显的两瓣，有少量黏液流出。此期间母猫性情变得温顺，喜欢在主人两腿之间磨蹭，如果用手抚摸和压低猫背部，发情母猫会静止不动，趴在地上后足交互踏步，腰部下凹，有时高举尾巴或者歪向一侧，呈现接受交配的姿势，发出“咪咪”的叫声。如果轻敲骨盆区，这种表现更为明显。有时发出粗大的叫声，招引公猫，见到公猫后表现得异常兴奋，主动靠近公猫，发出“嗷嗷”的叫声，身体下蹲，踏足举尾，允许公猫爬跨。如果发情母猫被关在室内，它会四处乱闯，很不安静，如有公猫在笼子旁走动或听到公猫的叫声，它会狂暴地抓挠门窗，急着出去。

3. 发情后期

发情后期是指从交配、排卵到发情症状消失、生殖器官恢复的一段时间。母猫为诱发性排卵动物，排卵必须经过交配刺激，引起神经内分泌反射而产生促黄体素释放高峰，卵泡才能达到成熟并排卵。猫的排卵发生在交配后 24～30 h。如果母猫发情后未交配，则卵巢上不形成功能性黄体，发情后期持续 14～28 d，平均 21 d。如果母猫发情后交配并诱发了排卵，但未受精，则发生假妊娠，发情后期可持续 30～73 d，平均 35 d。排卵后母猫的生殖道变化和犬相似，子宫内膜增厚，腺体增生，分泌活动减弱，子宫颈关闭，外阴部肿胀消退，萎缩发干，阴毛闭合，逐渐恢复为毛笔状。此期间，母猫的性欲消失，精神状态逐渐恢复正常。

4. 休情期

母猫的休情期比犬的时间短，难于界定，通常将其与发情后期看作一个生理阶段。在休情期内，母猫卵巢体积缩小，但其上仍有一些卵泡发育，多在发育早期即发生闭锁，有的可达到 0.5 mm。生殖道收缩，腺体变小，分泌功能停止。母猫在整个休情期内，精神状态正常，无发情表现。

三、犬、猫发情鉴定

（一）犬的发情鉴定

母犬属于季节性发情动物，即每年在春、秋两季各发情 1 次。若母犬在发情时未交配或经交配后未能受孕，只能在下一次发情时才可配种。因此，只有正确地掌握母犬的发情周期变化和排卵期，才能做到适时配种，提高受孕率和繁殖力。

1. 外部观察法

母犬发情后阴户有明显变化。先是阴唇横径逐渐增大，并且逐渐变得柔软，在排卵前阴唇横径急剧缩小，接着再度增大又再度缩小，阴唇横径每两次缩小的时段即为排卵时间。在开始排卵后的 48 h 内，可排出 80%的卵子。研究表明，母犬在排卵前 41～54 h 交配，卵子受孕率为 79%；在排卵后的 120 h 之内交配，卵子受孕率为 83%。因此，阴唇横径每二次缩小后 1～3 d，即母犬愿意接受公犬爬跨后 24～72 h 是最好的配种时间。

多数母犬可以阴道第1次流血(俗称“见红”)之日定为发情初始期。初产犬一般在“见红”后第11～13天配种,而经产犬一般在“见红”后第9～11天首次交配,极少数老龄经产母犬甚至能在“见红”后第6～7 d受孕。此时触摸母犬尾根部时,尾巴翘起,偏于一侧,站立不动,接受交配。通常以“见红”后第12天为基本参照数,母犬年龄每增加1岁或胎次增加2窝,其配种时间提前1 d。

在母犬发情期间如没能掌握母犬阴户滴血的确切日期,可根据母犬阴道分泌物的颜色变化和外阴肿胀程度来确定其最佳配种时机。发情时,母犬阴道分泌物的最初颜色为红色,当其颜色由红色转为稻草黄色后2～3 d配种效果最佳。也可当发情母犬的阴户水肿明显减轻并开始变软时或用手打开母犬的阴户观察,当阴道内黏膜由深红色变成浅红色(或桃红色)时配种较为合适。

2. 生殖激素测定法

生殖激素测定法是通过测定血液中的孕激素含量来判断雌性动物发情的方法,是确定母犬、母猫排卵时间最可靠的方法之一。

在犬的发情鉴定中通常可以这样处理:母犬开始进入发情前期时,每隔2～3 d进行一次阴道黏液涂片检查,当阴道细胞角质化达到50%左右时,即可采血进行孕激素含量的测定(表5-1),当孕激素含量达到3.8～5.1 ng/mL时,即可对雌犬配种。但此方法的缺点是操作烦琐,费用较高。

表5-1　母犬发情周期中血液中孕激素的变化

阶段	孕酮含量
间情期后期(进入发情前期的前30 d)	0.2～0.5 ng/mL
发情前期	0.6～1.0 ng/mL
排卵期	3.0～80 ng/mL
排卵后的发情期及发情后的早期,以及排卵后的15～30 d,排卵日视为0 d	15～80 ng/mL
未孕雌犬在发情后期60～100 d孕激素下降	<1.0 ng/mL
发情后期的100～160 d	<0.5 ng/mL

3. 试情法

对少数母犬在发情时不出现阴户滴血现象或老龄母犬发情时阴户肿胀不明显、阴户分泌物少等情况,可采用试情法来确定其最佳配种时机,即用公犬诱导母犬以检测母犬是否愿意接受公犬爬跨来鉴定发情阶段(需将待鉴定母犬的外阴部遮住)。一般情况下,处于发情期的母犬,见到公犬后会轻佻,频频排尿,尾偏向一侧,故意暴露外阴,并出现有节律的收缩,呆立不动,表现出愿意接受爬跨的行为等。也可用手按压母犬腰荐部或臀部,如母犬就势将其尾根抬起偏向一侧,并露出阴唇,呈呆立不动(静立反射)时,可视为母犬愿意接受公犬爬跨。一般母犬在愿意接受公犬爬跨后的1～3 d为最佳配种期。

4. 阴道细胞学检查法

阴道细胞学检查法指通过阴道黏膜组织细胞的涂片检查,准确确定母犬发情阶段的方法。取阴道黏液涂片,置于显微镜下观察。发情前期,视野中含有较多有核上皮细胞、很多红细胞、少量嗜中性粒细胞和大量的上皮碎屑;发情期间,视野中含有大量角质化的无核上皮细胞和很多红细胞(末期减少),而无嗜中性粒细胞;发情后期,视野中含有很多有核上皮细胞和嗜中性粒细胞，无红细胞和角质化细胞；休情期间，视野中含有较多有核上皮细胞和少量嗜中性粒细胞，无红细胞(图 5-1)。

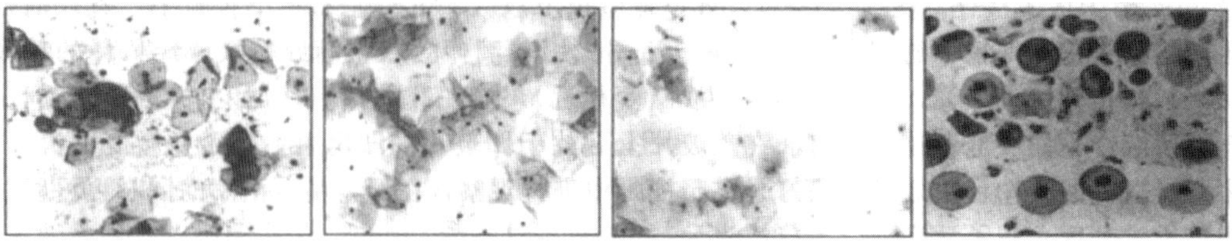

图 5-1 犬发情周期阴道黏膜组织细胞的变化

(二)猫的发情鉴定方法

母猫发情时外部表现比较明显且有规律性，发情持续期较长，常用的发情鉴定方法有外部观察法、试情法和阴道细胞学检查法。

1. 外部观察法

外部观察法是对母猫发情鉴定最常用的一种方法，主要是根据母猫的外部特征和精神状态来判断其是否发情。

青年母猫初次发情时表现不明显，仅出现外阴部稍有红肿、排尿次数增多、尾根常翘起等现象，不易被人们所注意。

成年母猫发情时表现较明显，每次发情持续时间为 4～10 d。在发情期间，母猫愿意与主人接近，喜欢在主人面前走来走去，在主人两腿之间摩擦，并发出“喵、喵”的叫声，性情变得温顺，常依偎在主人身边，并出现弓背、举尾现象，或将腹部紧靠在地上摩擦或滚动，排尿次数增多，活动性增加，喜欢外出游荡，尤其在夜间更是卧立不安，食欲不良，频频发出与平时不同的叫声，声音粗大，甚至是嚎叫，俗称“叫春”，以此吸引公猫的注意。母猫发情时，如主人用手抚摸、按压母猫的颈背部，则表现静止不动，后躯上提，尾部高举摆动，后肢不停的踏步，呈现出接受交配的姿势。发情期间，母猫外阴部的阴毛明显分开、倒向两侧，阴唇红肿、湿润，有时外翻，有黏液流出，有时可见到会阴部的收缩活动。发情母猫肛门附近的一对肛门腺分泌物具有很强的气味，有招引公猫的作用。见到公猫后，母猫表现兴奋，常与公猫对峙，相互逗引，可持续很长时间。当发情母猫受公猫挑逗或爬跨时，身体常蹲伏下来，踏足举尾，尾根偏向一侧，接受公猫爬跨。公猫和发情母猫双方认可时才会进行交配，交配前公猫紧跟着母猫，在适当的时机，公猫咬住母猫颈部，爬跨在母猫背部，此时母猫伏在地面上，臀部向上耸起，公猫即与之交配，约半分钟时间，母猫发出一种特殊的尖叫声，说明交配已完成。公猫离开后，母猫背部朝地左右滚动。发情母猫如被关在笼子内，表现很不安静，当听到公猫叫声或在笼子附近的走动声，就会狂暴地抓挠笼子。

2. 试情法

试情法是利用体质健壮、有交配经验、性欲旺盛、无恶癖的公猫对母猫进行试情，根据母猫对公猫的反应来判断母猫是否发情的方法。

非发情的母猫，不愿接近公猫，也不接受公猫的爬跨和交配。当母猫发情时，见到公猫后，表现兴奋，常与公猫对峙，相互逗引，如受公猫挑逗或爬跨时，身体常蹲伏下来，踏足、举尾，尾根偏向一侧接受公猫爬跨和交配。

3. 阴道细胞学检查法

由于猫是诱发性排卵动物，所以猫的阴道细胞学检查对确定最适交配时间的意义不大。不论向母猫阴道伸入何种采样用具，都有可能诱发排卵，因此，采样时要格外小心。采样时，可用浸有生理盐水的棉签或吸有生理盐水的吸管，一人用手抓住猫的颈背部和尾巴将其固定住，另一人清洗母猫阴门及其周围，将采样用具伸入阴道内约 1.5 cm 深处取样。为了避免受尿生殖前庭的污染，采样用具应从阴门背侧伸入阴道内。

采样后，将样品涂在载玻片上，经自然干燥后，用 95%酒精固定，再用吉姆萨染色液染色后用显微镜检查。

与犬阴道细胞变化相类似，猫发情期阴道黏液中可发现有多量的角质化细胞和白细胞。猫阴道上皮细胞的变化不能很准确地反映发情的开始时间，有大约 1/3 的猫在阴道上皮细胞角化前就开始发情。在发情期和发情后期，看不到基细胞，而间情期基细胞最多。

在发情期，中间型细胞减少，进入发情后期时又开始增多。无核表皮细胞在发情周期各阶段都有，但发情时数目最多，而细胞核固缩的细胞从发情前期到发情后期逐渐减少。在排卵后 3 d 内，通过阴道细胞学检查可以确定是否排卵，但不能确定是妊娠还是假妊娠。猫发情期阴道样品中无细胞碎片，因而涂片较清晰（图 5-2）。

根据上述细胞学检查计数，可以计算出表皮细胞指数（SCI，即表皮细胞总数占表皮下细胞总数的百分率）和核退化指数（NDI，即表皮细胞总数占中间型细胞总数的百分率），用于推断猫处于发情周期的哪一阶段。在发情期，SCI 可达 70%以上，在约半个月时间后降低。NDI 变化规律与 SCI 相似。

表皮细胞包括有核表皮细胞、无核表皮细胞和大中型细胞。表皮下细胞包括小中型细胞和基细胞。

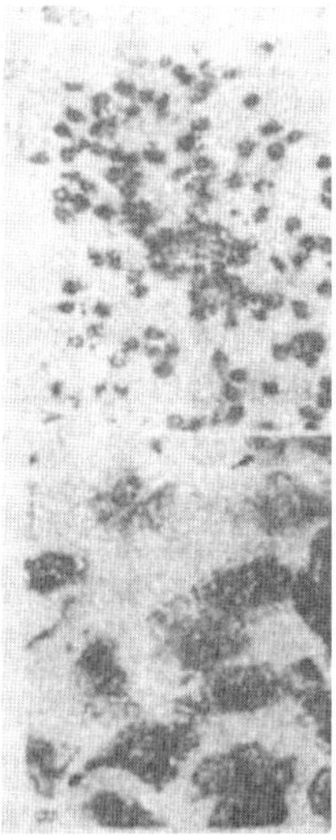

图 5-2　猫发情周期阴道上皮细胞的变化

上半部为间情期阴道上皮的基细胞及白细胞

下半部为发情期阴道上皮的大型角化细胞

任务 3　配种方法

一、犬的配种方法

犬的配种包括自然交配和人工授精两种方法。自然交配是一种较为原始的繁殖方法，被广泛地使用；人工授精是一种较先进的繁殖技术，但目前使用还不普及。

(一)自然交配

自然交配是指直接将公犬和母犬牵到交配场地让其自由交配，又称为本交。犬的自然交配方式主要有圈栏交配和人工辅助交配两种。

1. 圈栏交配

圈栏交配是指在分别单独饲养公、母犬的情况下，当母犬发情时，将其放入特定的公犬圈(栏)中与公犬交配。这种配种方式可人为地设计配种组合，控制与母犬的交配次数，提高公犬的利用率。公犬交配过程可分为勃起、插入、射精、锁配、交配结束等过程。

(1)勃起　公犬经发情母犬的异性刺激(主要指发情母犬的气味、唾液、叫声等)以后，阴茎呈不完全勃起状态，靠阴茎骨的支持能使阴茎在半举起状态下插入阴道。在插入阴道前，海绵体呈充血状态，阴茎静脉尚未闭锁，阴茎动脉血液流入量多于阴茎静脉血液流出量。

(2)插入　公犬爬跨到母犬背上，用两前肢抱住母犬，母犬脊柱下凹，会阴部抬高，公犬的腹部肌肉特别是腹直肌突然收缩，后躯来回推动，而将阴茎插入母犬的阴道内。阴茎插入阴道后，母犬阴唇肌肉的收缩使阴茎静脉闭锁，阴茎动脉血液继续流入，使阴茎龟头体变粗，龟头球膨胀，阴茎完全勃起。

(3)射精　犬的射精过程为可分为 3 个阶段。第一阶段是当犬阴茎刚插入阴道时的射精，这时射出的精液呈清水样，不含精子；第二阶段是阴茎在阴道中经过数次抽动摩擦后，阴道节律性收缩，使阴茎充分勃起，射出含大量精子的乳白色精液；第三阶段是在锁结时的射精，射出物为不含精子的前列腺分泌物。

(4)锁配　犬完成第二阶段射精以后，阴茎尚处于完全勃起状态，阴道括约肌仍在收缩，此时阴茎头在阴道中形成“栓”，当公犬从母犬背上滑落时，呈现臀部对臀部的姿势，称为锁配(或锁结)。锁配时间通常可持续 10～30 min，是公犬最主要的射精阶段。

(5)交配结束　第三阶段射精完毕后，公犬性欲降低，母犬阴道的节律性收缩也减弱，阴茎逐渐变软，由阴道中滑出。公、母犬分开后，各自在一边舔自己的外生殖器，公犬不再对母犬表现出兴趣。

2. 人工辅助交配

由于某些公犬缺乏交配经验，公、母犬体型过于悬殊，公、母犬交配时的择偶性强或因母犬外阴部被毛较长而不能使阴茎顺利插入阴道等原因而不能完成交配时，通常需进行人工辅助交配。

对缺乏交配经验的初配公犬，可令其观摩其他公犬交配，或用有交配经验的经产母犬与之交配，以激发公犬正常的性行为，从而顺利地完成交配；公母犬体型过于悬殊时，可用适宜高度的木板将一方垫高，以利于交配；如母犬交配时的择偶性强，可更换公犬或让公、母犬同居培养感情，直至能顺利完成交配；如母犬外阴部被毛较长而不能使阴茎顺利插入阴道时，可将母犬尾毛与臀部被毛扎起，露出外阴部，同时协助公犬正确将阴茎导入阴道，完成交配。对于个别极不配合甚至撕咬公犬的母犬，应用口套套好母犬，同时抓紧母犬脖圈以固定、托住腹部，使其保持站立姿势，辅助公犬将阴茎插入母犬阴道，从而完成交配。

(二)人工授精

1780 年，意大利生物学家斯巴拉扎尼(Abbe Spallanzani)用 19 g 精液给母犬输精，经过 62 d 产出 3 只仔犬，这是犬人工授精的开端，同时也正是由于这一成功的实验揭开了动物人工授精的序幕。

1782 年，罗西(Rossi)重复这种实验也得到 4 只仔犬。但是在以后的近 200 年间，虽然其他家畜的人工授精技术得到迅速的发展，而犬的人工授精却少有人问津，究其原因，其一是犬每次射精量较少，每次精液最多只能配 2～3 头母犬，其二是各犬品种协会对人工繁殖的犬血统不予承认。直到20世纪后期，随着实验用比格犬大规模繁殖的需要，才使犬的人工授精技术得到了实际的应用。

犬人工授精技术主要步骤如下：

1. 采精前准备

公犬采精架一般宽65 cm，长145 cm，高120 cm，架内固定铁管长80 cm。前端上方固定横板，分为左右两扇，右侧扇固定，左侧扇可张开又可闭合，中间有12～18 cm的圆孔，用来卡住犬的颈部。保定者先将犬脖子套住，放在保定架上，犬颈部可用活页板孔卡住。犬精液的收集采用玻璃或塑料集精杯，长15 cm，上直径5 cm，下直径0.5 cm。采精前认真清洗集精杯，消毒15～20 min，放在装有40℃温水的保温杯中备用。

2. 公犬采精

公犬的采精一般采用手握按摩采精法。用母犬或母犬阴道分泌物诱导成功后，采精员左手握住公犬后躯尾部，右手(戴胶皮手套)握住公犬阴茎，将阴茎拉向侧面同时给阴茎球体做前后按摩，当阴茎充分勃起后经30 s左右即开始射精，射精过程持续3～5 s。采精时注意不得使公犬的阴茎接触器械，否则会抑制射精。

收集时，集精杯上覆盖2～3层灭菌纱布进行过滤。采到的精液应马上镜检，随后再根据鲜精的活力和密度决定稀释倍数。公犬一般每周采精不超过2次，连续采精会使精子数减少和活力降低。

3. 精液品质检查

(1)感观检查

①射精量。大型犬1次射精量(射精的第二部分)1.5～2 mL，小型犬1次射精量不足1 mL。②颜色、气味。正常犬新鲜精液的颜色为乳白色，略带腥味，静置一会儿后，腥味将消散。

(2)精子活率检查　在37℃左右，置于显微镜下放大400倍左右目测视野中，直线前行运动的精子占全部精子的百分率即为精子活率，又称精子活力。用玻璃棒蘸取1滴原精液或经稀释的精液(0.9%氯化钠溶液稀释，其温度须与精液温度相近)，滴在载玻片上，加上盖玻片，其间应充满精液，无气泡存在，也可滴在盖玻片上翻放于凹玻片的凹窝上，置于显微镜下检查。注意显微镜的载物台须放平，最好是在暗视野中进行观察，在评定精子活率的同时也可以估测精子的密度。精子活率用以下公式表示。

$$\text{精子活率}=\frac{\text{呈直线前进运动精子数}}{\text{总精子数}}\times 100\%$$

目前评价精子活率大多采用十级评分，犬新鲜精液活率应不低于0.7，否则不宜作输精用。在评定精子活力时，应多观察几个视野进行综合评定。

(3)精子密度　估测取1小滴精液滴在清洁的载玻片上，加上盖玻片，使精液分散成均匀一薄层，不得存留气泡，也不能使精液外流或溢于盖玻片上，置于显微镜下放大400～600倍观察，按下列等级评定其密度(图5-3)。

密：精子彼此之间的空隙小于一个精子的长度，整个视野内存满精子，几乎看不到空隙，很难看清楚单个精子的活动情况。这种精液精子密度约为每毫升10亿个以上。

中：可以看到精子分散在整个视野中，彼此间的空隙大约为一个精子的长度，能看到单

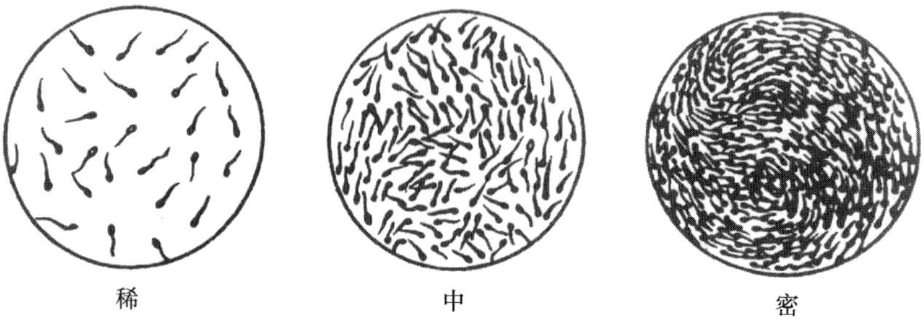

图 5-3 精液密度分布

个精子的活动情况。这种精液的精子密度约为每毫升 2 亿～8 亿个。

稀：精子在视野中彼此的距离大于 2 个以上精子的长度。视野内精子分布很分散，精子之间空隙很大，超过一个精子的长度，这种精液的精子密度约为每毫升 2 亿个以上。

这种方法不能准确地测出每毫升精液中的精子数，但方便易行，是生产中最常用的测定方法。通常犬每毫升精液中精子数为 1.25(0.4～5.4)亿个。

(4)精子畸形率测定 形态和结构不正常的精子称为畸形精子。精子的畸形率是指精液中畸形精子数占精子总数的百分率。正常精液中不可能没有畸形精子，适量的畸形精子对受精能力影响不大。犬的畸形精子一般不会超过 20%。若超过 20%，则会影响受精能力，表示精液品质不良，不宜用作输精。一般情况下，犬精子的畸形率为 17.2%左右。

用滴管吸取一小滴精液，平滴在载玻片的右端，以另一边缘光滑平直的载玻片的顶端呈 35°角，抵于精液滴上，精液呈条状分布在两个载玻片接触边缘之间，自右向左移动，将精液均匀涂抹于载玻片上，在空气中自然干燥；置于无水酒精固定液中固定 5～6 min，取出用水轻微冲洗后，阴干或烘干，用蓝墨水染色 3～5 min，再用水冲洗，使之干燥后于显微镜下检查；查测不同视野中的约 500 个精子，计算出其中所含的畸形精子数，用以下公式求出精子畸形率。

$$精子畸形率=\frac{畸形精子数}{查测精子数}\times 100\%$$

4. 精液稀释

犬精液采出后若不立即输精，必须进行稀释。精液稀释可增加精液量，为精液提供营养物质，使精子在体外能存活更长的时间。犬精液稀释有卵黄-Tris 稀释液：Tris(三羟甲基氨基甲烷)2.422 g、果糖 1.0 g、柠檬酸 1.36 g，蒸馏水加至 80 mL，高压灭菌后降至 40℃以下加入新鲜蛋黄(将新鲜鸡蛋蛋壳洗净，用 75%酒精棉球擦拭消毒后，将蛋清去掉，用注射器刺破卵黄膜，吸取卵黄)20 mL 和青霉素钾盐 10 万 IU，搅拌均匀。将精液稀释液装入烧杯中，置于 30℃水浴锅中。稀释精液时，用玻璃棒引流，把稀释液沿着器壁缓慢加入精液中，边加入边搅拌，稀释结束后，镜检精子活力。

5. 母犬的输精

母犬输精采用的是注射式输精器，长度约 26 cm，直径 0.2 cm，扩阴管长度为 16 cm，直径 0.8 cm，在确定母犬发情后，选择适宜时间输精。

将母犬放在适当高度的台上站立保定或做后肢举起保定，输精人员将输精枪与母犬背腰水平线45°向上插入5 cm左右，随后以平行的方向向前插入；输精枪到达子宫颈口时，输精人员会感到明显的阻力，此时可将输精枪适当退后再行插入，输精枪通过子宫颈口后，输精人员会有明显的感觉，这时可将输精枪尽量向子宫内缓慢推送，有的甚至可达子宫角。当输精枪不能再深入时，输精人员将输精枪向后退少许，即可缓慢注入精液。输精后抬高母犬的后躯3～5 min，防止精液倒流。为保证受胎率和产仔数，应隔日再进行第二次输精。母犬每次输精量为1 mL，内含有效精子数不少于1亿个（图5-4）。

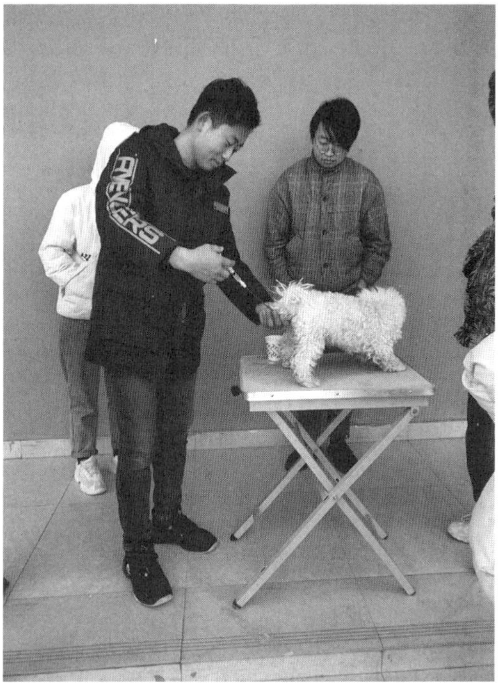

图5-4　母犬输精

二、猫的人工授精

1. 公猫的人工采精

公猫的采精通常采用假阴道法采精和直肠电刺激法采精。假阴道采精法首先是准备猫用假阴道，目前市场上没有专用假阴道，可自行制作。取1个巴斯德吸管的橡皮球，将封闭端剪掉0.5 cm，然后将其套在一个剪掉帽的1.5 mL的离心管上，在假阴道橡皮球部分内侧涂抹上凡士林即可。采精前用0.1%的高锰酸钾溶液擦拭公猫下腹及包皮，利用发情母猫诱导公猫爬上母猫背部，待公猫作出一系列的腰荐部前后挺伸动作后，迅速将勃起的阴茎导入假阴道，继续抽动按摩阴茎1～4 min，就可使公猫射精。公猫精液量极少，一般不超过0.2 mL，射精后公猫会发出响亮的尖叫声，阴茎会缩小、自然脱出假阴道，然后悄然离去。直肠电刺激法采精此处不详述。

2. 猫的精液处理

猫的鲜精采集后，可用5%的葡萄糖水稀释至1 mL左右备用，也可以冷藏备用。

3. 母猫的人工输精

选择达到发情盛期的母猫作输精对象，事先要由相关人员协助将母猫妥善保定，以保证不会损伤母猫又能将精液全量输入阴道内，用消毒好的输精管吸取0.2 mL稀释过的精液，小心谨慎地插入阴道内注入。由于母猫属于刺激性排卵，交配24 h后才排卵，所以为保证获得较高的受胎率，可先用结扎过输精管的公猫来进行交配后，再进行输精。

三、犬的配种注意事项

(1)准确做好发情鉴定　采取多种方法综合评定母犬的发情，以便适时输精。

(2)交配场所应相对固定　交配场所应选择公、母犬都较为熟悉的地方，且不能围观，以免环境应激过大，从而影响到交配的顺利进行。

(3)把握好配种时间　母犬的交配宜选在喂料前后3～4 h，交配前，公、母犬应充分地在室外运动一段时间，使其排净尿液、粪便，否则公犬在交配时的部分尿液可能会污染精液，或母犬在接受交配后排泄粪尿会流出部分精液。

(4)控制交配次数　母犬一次发情中，配种2次为宜，两次间隔24～48 h，可提高受胎率和产仔数；公犬在一个配种季节配种不宜超过15次，每周不超过3次为佳，以保证公犬旺盛的体力。

(5)正确处理锁配　锁配持续时间较长，不能强行拆开，应等交配完毕自行解脱。

(6)合理给水给料　交配完毕，不可立即给水给料，应在稍微休息或活动片刻后再进行饲喂。

(7)判断交配是否成功　可通过母犬配后阴户外翻程度来定，若阴户外翻明显，表明交配成功；若阴户自然闭合，则视为失败。

(8)做好配种记录　配种结束后，应及时记录，以便做好预产前的准备工作。

任务4　妊娠诊断

一、犬的妊娠诊断方法

妊娠诊断的目的是确定母犬是否已经妊娠，以便按妊娠母犬对待，加强饲养管理，维持健康，保证胎儿正常发育，以防止胚胎早期死亡或流产以及预测分娩日期，做好产仔准备。对于没有妊娠的母犬，则应密切注意其下次发情时间，做好补配工作，并及时找出其未孕的原因，采取相应措施，提高繁殖效率。

犬的妊娠期一般58～67 d，平均63 d，犬的妊娠诊断主要有以下几种方法。

(一)外部检查法

1. 行为的变化

犬的妊娠反应一般出现在交配后的15～20 d，此时母犬主要表现为食欲减退、不安，并有的发生呕吐。交配后30 d左右可见母犬近胸的腹部逐渐增大，食欲增加，体重逐渐增加，有的发生偏食；母犬性情温顺、动作安稳、对人友善；喜欢温暖场所，愿意与人在一起。此时，母犬的胎儿数量较少时，腹部则无明显变化；若胎儿数量较多时，则可发现母犬腹部膨大，腹围增加。交配后40 d，母犬腹部明显增大，有的被毛开始脱落，变得稀疏；母犬容易疲劳，频繁排尿。临近分娩时，可见母犬排尿时伴有白色的黏液分泌物，有的还有做窝行为。

2. 体重的变化

妊娠母犬体重的增加与食欲的变化相一致，从排卵后到第30天时的体重与排卵时体重略有增加，但幅度不大；妊娠30 d以后，母犬体重迅速增加而且妊娠胎儿数越多，体重增加越快(这与胎儿、胎盘、胎水等重量增加有关)；妊娠第55天到分娩，母犬体重的增加和腹围的增大不明显。在整个妊娠期，母犬体重增加20%～55%，平均为36%。

3. 乳腺的变化

妊娠初期乳腺的外部变化不明显，21 d后，母犬乳腺开始发育，乳腺紧张、触之发硬，乳头逐渐增大。交配后40 d，乳房肿大为发情期的数倍，有的乳头还能挤出乳汁。初产母犬，乳房变化明显，在分娩前 24 h 即可泌乳；经产母犬，多数只有到妊娠最后的 3～4 d，乳房增大才明显，在分娩前数日就可开始泌乳。

4. 外生殖器的变化

母犬发情结束后，其外阴部仍然肿胀，而非妊娠犬经过 3 周左右逐渐消退。妊娠犬在整个妊娠期其外阴部持续肿胀，多呈粉红色的湿润状态。母犬分娩前 2～3 d，外阴部肿胀尤为明显，变得松弛而柔软，水肿样，分娩后水肿缩小。应注意的是母犬发情结束后，不论妊娠与否，阴道内都有分泌物呈间歇性流出，但妊娠犬分泌的黏液为白色黏稠而且不透明。

(二)腹部触诊法

腹部触诊法是指隔着母犬腹壁触诊胎儿及胎动的方法，是比较经济和容易操作的方法。此法可用于妊娠前期，且其准确性比母犬妊娠中期和末期都高。妊娠后期，触诊可感觉到胎儿头部、臀部和胎动。触诊时，最好让雌犬站立，应尽可能避免保定；除非母犬拒绝触诊腹部，对可能咬人或无法保定的母犬可静脉内注射小剂量的安定，这对胎儿的发育无影响。

检查时，一手固定犬的头部或胸部，另一手呈倒“八”字形，由前向后逐步检查。犬妊娠第 16～17 天胚胎附植，但在配种的几天内就可触诊到坚实、等距的膨胀胎囊；在妊娠第 18～21 天时，胚胎绒毛膜囊呈半圆形的膨胀囊，位于子宫角内，各胎囊间分隔明显，形成所谓的子宫鼓起，最大直径可达 1～1.5 cm，经腹壁很难摸到，并且所有品种的犬此时胎囊的大小都相对较恒定；妊娠第 28 天是触诊的最适时间，此时胚胎呈球形，长度达到 2.5 mm，一个一个的子宫鼓起非常明显，这时触诊为妊娠的准确率为 87%，触诊为非妊娠的准确率为 73%；妊娠第 32～35 d，母犬体型的大小开始影响胎囊的大小，小型犬胎囊直径达 3～3.5 cm，中型犬 4 cm，大型犬可达 6～7 cm，经腹壁也可触及；妊娠第 35 天后，胎囊体积增大、拉长、失去紧张度，胎儿位于腹腔底壁，各胚胎之间的界限“消失”，尽管这时子宫体积已经扩大，但子宫是“连通的”，摸不到一个一个的子宫鼓起，因此难以判断一个扩大的子宫是妊娠现象还是病理变化，如子宫积脓；妊娠第 45～55 天，子宫膨大部进一步增大，而且迅速增长、拉长，接近肝部，子宫角尖端可达肝脏后部，胎儿位于子宫角和子宫颈的侧面及背面，体瘦皮薄的犬可摸到胎儿；妊娠第 56 天，常可触摸到胎儿的头部和臀部，如果把孕犬前腿抬高，可触诊到胎儿在腹腔呈垂直方向。

腹部触诊法主要需注意以下几方面：

(1)检查时间不宜过早　检查时间应在配种后 25～28 d，此时的胚胎约有麻雀蛋大小，过早不宜检查到胚胎，稍晚则可通过外观直接判断母犬妊娠与否。

(2)触诊部位要准确　触诊部位是子宫角，应在倒数第二对乳房外侧一指左右，如遇到母犬腹壁紧张、肥胖、体型过大等情形，较难做出准确判断。

(3)宜在早晨空腹时进行　如遇到母犬胃肠道过于充盈、膀胱积尿或直肠内有宿粪等情形，可能会降低判断的准确性。因此最好在母犬早晨喂食之前、排净宿粪之后检查。

(4)注意力度适中　触诊时要尽可能温和、安静，以便母犬处于放松状态。因为此时的胚胎还较弱小，如检查力度较大，可能会伤及胚胎；力度过小，可能不易感觉。

(5)与粪便相区别　正常的胚胎在子宫角内似葡萄状，表面较光滑、有弹性，且位置不固定，可滑动；粪便在肠道内呈条形，表面粗糙、无弹性，且位置相对固定，不易滑动。

(三)尿液检查法

此方法可用于母犬的早期妊娠检查，但结果不是很准确，可作为结合其他检查方法的一种辅助方法。犬在妊娠后 5～7 d,尿液中会出现一种与人绒毛膜促性腺激素(HCG)结构相似的激素,所以可采用人用的"速效检孕纸"测试犬尿液中是否含有类似人绒毛膜促性腺激素的物质。如检查呈阳性者即为怀孕,阴性者为未怀孕。

(四)超声波诊断法

超声波诊断法是指通过多普勒仪、A 型超声仪或 B 型超声仪装置探测犬子宫内是否有胚泡或胚胎存在来诊断妊娠的方法。超声波诊断技术在兽医领域的应用始于 20 世纪 60 年代中期,目前广泛应用的是 B 型,对熟练者而言准确率可达 100%。无论哪种类型,都可使超声仪发出高频的超声波,同时吸收回声。由于机体组织密度不同,回声量也不同,所显示的回声波或光亮度也不同。应用时,将被测母犬仰卧、侧卧或站立保定后,仪器探头应置于犬毛较少或剪过毛的区域,在探头和皮肤之间应涂以鳌合剂,使探头与皮肤紧密接触,以消除探头和皮肤之间的空气。一般情况下,需要专用鳌合剂,但是某些油类也可用。检查时将探头置于腹壁上,缓慢移动探头,以获取需要的声音或图像,如果在腹壁腹股沟区域未探测到胎儿,还应该探测腹壁的其他区域。

1. 多普勒法

多普勒法测定是根据母犬子宫动脉、脐动脉或胎儿动脉的血流以及胎儿心跳的搏动反射出超声信号,将其转变成声音信号,从而判断母犬是否妊娠。因此,当物体向着探头运动时接收的音调就会增加,当物体远离探头运动时音调就会降低。

子宫动脉音在未妊娠时为单一的搏动音,妊娠时为连续性的搏动音;由于胎儿心率一般是母犬心率的 2～3 倍,所以胎儿心音比母犬心音快得多,类似蒸汽机的声音,因此很容易区分胎儿心跳和母体心跳;此外胎盘的回音类似于微风吹过树枝的声音,而且胎儿心音和胎盘血流音只有妊娠时才能听到。

多普勒法可在配种后的第 29～35 天探测胎儿的心跳情况。这种方法的诊断准确率随妊娠的进程而提高,在妊娠的 36～42 d 为 85%,从第 43 天至临产前可达 100%。

2. A 型超声波法

A 型超声波法又称 A 型扫描(示波)法或 A 超,A 型超声波法探测的基础是胎儿周围的胎水,胎水能够反射超声波,反射回的声波信号在荧光屏上显示,来反映反射的深度,所以,此法可在配种后的第 18～20 天进行母犬妊娠的早期诊断,因为即使在妊娠早期,胚胎尚未附植于子宫壁上,但此时子宫中已出现了足够的液体。

此法在配种后第 32～60 天诊断的准确率可达 90%。但在应用此法时注意,探头不可太朝后,以免膀胱中尿液被误认为是胎儿反射出的信号而发生误诊。

3. B 型超声波法

B 型超声波法可通过调节深度在荧光屏上反映子宫不同深度的断面图,可以判断胎儿的存活或死亡。在配种后的第 18～19 天就可诊断出来,在第 28～35 d 是最适检查期,在第 40 天以后,可清楚地观察到胎儿的身体情况,甚至鉴别胎儿的性别。

(五)X 线检查法

在怀孕 30～35 d 时,可见子宫的外形;40 d 时,胎犬的椎骨和肋骨明显可见;49 d 时,胎犬骨骼变化能充分显示出反差。可用 X 射线透视法进行妊娠诊断,并对胎儿的发育情况进行分析。X 线诊断法主要用于妊娠后期确定胎儿数或比较胎儿头骨与母体骨盆口的大小,以预测难产的可能性,尽量避免反复使用。

二、猫的妊娠诊断方法

（一）外部观察法

妊娠初期，母猫不再发情，乳头的颜色逐渐变成粉红色，乳房增大，食量逐渐增加，活动量减少，行动小心谨慎，睡觉时间长，喜欢伸直身子躺着睡。外阴部肥大，颜色变红，排尿频繁；妊娠1个月后，腹部明显增大，轻压其后腹部即能触摸到胎儿的活动。乳房明显膨胀，食欲旺盛，体重继续增加。因为体内激素分泌增多，毛色变得光亮；妊娠最后2～3周，从腹壁上可观察到胎儿活动。

（二）腹壁触诊法

将母猫保定后，在乳房上方最后两排乳头平行位置两侧细心触摸即可探测到胎儿的存在位置。由于猫腹壁通常比较松弛，因而容易触诊。最适触诊时间为妊娠后第20～30天，这是因为这一阶段各胎儿之间分隔最明显。此外，在妊娠后期也可以通过腹壁触诊探及胎儿。

（三）超声波诊断法

超声波诊断法是通过线型或扇型超声波装置探测胚泡或胚胎的存在来诊断妊娠的方法。猫最早可在第19天后就开始应用。

任务5　分娩与助产

分娩是母体怀孕期满，胎儿发育成熟，母体将胎儿及其附属物从子宫排出体外的过程，其发生是受机械性扩张、激素、神经等多种因素相互作用而引起的。

一、犬的分娩与助产

（一）产前准备

1. 产房准备

产前7～10 d准备好产房。产房经彻底清扫消毒，要求安静、宽敞明亮、清洁干净、通风良好、光线稍暗，并铺垫少量清洁柔软的干草。母犬在临产前5～7 d进入产房，以熟悉环境。

2. 母体清洁准备

母犬进入产房后，应每天对其乳房进行清洁、按摩，临产前1 d，对其外阴部、肛门、尾部及后躯用温水擦洗干净并消毒。对于长毛犬，可将其外阴部被毛剪短，或用纱布将其尾巴悬于身体的一侧，以利于分娩。

3. 用品和药品准备

母犬产前需准备必要的用品和药品。常见的用品主要有肥皂、毛巾、绷带、注射器、棉线、剪刀、脸盆等，药品有消毒液（0.1%新洁尔灭、75%酒精、5%碘酒等）、抗菌药、催产素等。

有条件的为了防止难产发生，可准备诊疗器械、手术助产器械等。

4. 人员准备

助产人员首先必须学习相应的助产知识，以便做到处事不惊。因犬夜间分娩较多见，故要加强夜间值班。

(二)分娩预兆

分娩前，母犬在生理、行为和体温等方面的变化有明显的分娩预兆。

1. 生理变化

分娩前，乳房迅速膨大，乳腺充实，有些母犬在分娩前 1～2 d 可挤出乳汁；子宫颈在分娩前 1～2 d 开始肿大、松弛；阴道壁松软，阴道黏膜潮红，阴道内黏液变稀薄、润滑；外阴部和阴唇肿胀明显，呈松弛状态；临近分娩时，母犬的骨盆韧带开始变得松弛，臀部坐骨结节处下陷，后躯柔软，臀部明显塌陷。

2. 行为变化

临产前，母犬表现精神抑郁，徘徊不安，呼吸加快，越临近分娩时不安情绪越明显，并伴随扒垫草、撕咬物品，发出低沉的呻吟或尖叫，初产母犬表现尤其明显；多数母犬在分娩前 24 h 内表现为明显的食欲下降，只吃少量爱吃的食物，甚至拒食；分娩前粪便变稀，排尿次数增加，但排泄量减少。

3. 体温变化

母犬分娩前明显的体温变化，是预测分娩的重要指标之一。在妊娠后期，母犬的体温比正常体温略低些；体温变化最明显的是在临产前 24 h，体温下降到 36.5～37.2℃，多数母犬在分娩前 9 h 体温会降到最低，比正常体温低 1℃ 左右；当体温开始回升时，就预示即将分娩。

(三)分娩过程

分娩时母犬常取侧卧姿势，回头顾腹，伴随阵缩和努责(子宫肌肉层的收缩称为阵缩，腹肌和膈肌的收缩称为努责)，将胎儿及其附属膜(胎衣)排出体外。分娩过程分为开口期、胎儿产出期和胎衣排出期 3 个阶段。

1. 开口期

开口期也称第 1 产程，从子宫出现阵缩开始，至子宫颈充分开张到与阴道无明显界限为止。此阶段的特点是：母犬只有阵缩而不出现努责。初产母犬表现轻微不安，烦躁，时起时卧，来回走动，频频举尾，常做排尿动作，食欲减退；经产母犬相对比较安静。

2. 胎儿产出期

胎儿产出期也称第 2 产程，从子宫颈完全开张到全部胎儿产出为止。这一阶段，母犬的阵缩与努责共同作用，但努责是产出胎儿的主要动力，它比阵缩出现晚，停止早。此期母犬极度不安，痛苦难忍，初期常起卧，回顾腹部，唉叹，弓背努责，呼吸和脉搏加快；后期侧卧，四肢伸直，强烈努责，将胎儿排出。胎儿与胎膜一道产出后，母犬会咬破胎膜，衔出胎儿，吃掉胎膜和胎盘，咬断脐带，舔净仔犬身上(特别是仔犬口鼻处)的黏液，确保仔犬呼吸畅通，同时清洁自己的阴门。通常母犬每胎产仔 4～6 只，产仔间隔 0.5～1 h，如产仔间隔超过 2 h，可能预示难产。

3. 胎衣排出期

胎衣排出期也称第 3 产程，从胎儿产出后到胎衣完全排出为止。胎儿产出后，母犬逐渐安静下来，在子宫继续阵缩及腹肌轻微的努责下，胎衣排出体外。胎衣一般在仔犬娩出后 15 min 内排出，少数可能与下一头仔犬分娩时一起排出。胎衣排出后，母犬通常会吃掉胎衣（一般可人为控制让母犬吃 1～2 个胎衣，不可采食过多），同时舔舐阴部流出的黏液，清洁阴门。

（四）助产

母犬正常分娩时，一般不需人为的干预，助产人员的主要任务是监护分娩状况和护理仔犬。异常分娩时，需实施助产。

1. 正常分娩

母犬产出胎儿和胎膜后，如母犬不能自行咬破胎膜，应人为撕破胎膜，离脐根 2 cm 处剪断脐带，断端用碘酒涂擦消毒；也可以直接用手指拧断，不需要结扎止血，脐带断口会自然止血。抠去仔犬口腔和鼻腔中的黏液，以保证仔犬的呼吸畅通；对于较深处的黏液，可将仔犬后肢提起倒出口腔和鼻腔深处的黏液，或握住仔犬的头颈部，轻轻下甩（操作时，用两手的拇指和食指分别固定仔犬头的两侧，手掌固定仔犬的颈部，保证头、颈、背在同一直线上）。及时擦去仔犬身上的黏液，以防仔犬感冒。对于“假死”仔犬，在及时清理口腔和鼻腔中的黏液后，立即进行人工呼吸，轻压其胸部和躯体，抖动其全身，直到仔犬发出叫声并开始呼吸为止。

2. 异常分娩

异常分娩多是由于产力不足、胎儿较大、产道狭窄或胎位不正所引起，在助产时应分别对待。

（1）母犬产力不足　少数初产母犬和年老母犬由于生理原因出现阵缩、努责微弱，无力产出胎儿的现象，此时应使用催产素，同时用手指压迫阴道刺激母犬增强努责。使用催产素时，应注意小剂量分段使用，大剂量使用时，可能导致母犬子宫强直性收缩，从而致使子宫破裂；也可能导致母犬子宫收缩过度，阴道平滑肌收缩，从而延长分娩时间。

（2）胎儿较大或产道狭窄　采取牵引术进行助产。消毒母犬外阴部，向产道注入适量的润滑剂，先用手指触及胎儿掌握胎儿的情况，再用两手指夹住胎儿，随着母犬的努责慢慢拉出，同时从外部压迫产道帮助挤出胎儿。

（3）胎位不正　犬正常的胎位是前肢微蜷，将头夹在前肢间，朝外伏卧，正常产出顺序是前肢、头、胸腹和后躯。当胎位不正引起胎儿产出困难时，将手指伸进产道，调整胎位；如手指触及不到时，可使用分娩钳。

（4）犬的剖腹产　正常助产如果没有效果，则可能发生难产。为保证母仔平安，临床上应进行剖腹产。

二、猫的分娩与助产

（一）猫的分娩征兆

猫在分娩前乳房、外阴以及行为上都会发生很大的变化。妊娠第 6～7 周时，腹部开始膨大，随着妊娠日龄的增长，腹部增大的部位向后腹部方向移动；妊娠第 6 周时，乳腺开始发育，乳房体积增长，乳头坚挺；到产前 72 h，乳房体积明显增大，乳头呈深粉红色并突起；到产前 24 h，可从乳头挤出乳汁；临产前 3 d 左右，母猫的阴唇肿胀，呈微红色；产前 2～3 d，母猫的阴门中有透明的黏液流出，当猫出现寻找住处，说明其将要在 24 h 左右分娩。临产前停食，表现为烦躁不安，频频排尿，时起时卧，若发现阴门有黏液流出说明马上就要临产。

(二)猫的助产技术

正常情况下母猫能顺利地分娩出胎儿，不需要人工助产。相反，不适当的干扰反而影响母猫分娩，给母猫助产应先对母猫的分娩过程进行仔细的观察，发现分娩出现障碍时，应给予必要的帮助。如发现羊膜未破裂，羊水尚未流失，表明分娩刚开始，不要急于帮助，应继续观察；如羊膜破裂，羊水已流出半个小时左右还未见胎儿产出，或母猫已阵缩、努责无力，或母猫阵缩虽有力，但胎儿夹在产道产不出来，说明发生了难产，此时应立即采取必要的措施，将胎儿从母猫产道慢慢拉出。

1. 产力不足

因母猫身体虚弱，产力不足而引发的难产，可用牵拉的办法助产，一个人按住母猫的肩部，另一个人用纱布垫住露出的胎儿部分，送回盆腔约 1cm，再轻轻转动母猫的身体，趁母猫用力努责时向外小心牵拉，动作要轻稳，一般情况下，胎儿能顺利产出。

2. 胎位不正

一人按住母猫的头部，另一人左手轻轻按压母猫的腰腹部，右手拇指与无名指从羊膜上轻轻压住胎儿后腿，然后用食指与中指贴在小猫的背上，将胎儿的体躯向腹部弯曲成虾状，就能顺利产出。不能用力拉，以免造成拉伤。助产过程一定要轻稳，耐心细致，以防止造成母猫阴道、阴门及骨盆损伤。回送胎儿一定要在母猫停止努责时进行。向外拉胎儿，一定要随着母猫的努责慢慢牵拉。通常情况下，仔猫产出后，母猫会用牙齿撕破羊膜、咬断脐带，用舌舔净仔猫体表的黏液，并给仔猫哺乳。但有少数母性不强或没有分娩经验的母猫，则不去护理仔猫，此时主人应帮助剪断脐带，擦干仔猫口腔、鼻孔中的黏液，以利仔猫的呼吸，同时还应擦净体表黏液，防止仔猫受寒，并将仔猫放在干燥、温暖的猫窝中。

三、母犬、猫的产后护理

(一)产后母犬、猫的生理特点

产后母犬、猫生理上会发生一些变化，特别是生殖器官的变化较大，产后这些器官有一个恢复原状的过程，要加强护理，避免损伤。

1. 子宫内膜的再生

分娩后子宫黏膜表层发生变性、脱落，由新生的黏膜代替曾经作为母体胎盘的黏膜。在再生过程中，变性的母体胎盘和残留在子宫内的血液、胎水以及子宫腺的分泌物被排出来，这些排出来的混合液体就叫恶露。恶露开始量多，因含血液呈红褐色，以后随着血液减少颜色也逐渐变淡，直至停止排出。正常恶露有血腥味，但无臭味，排出时间大约一周。如果恶露有腐臭味，或排出时间延长没有停止迹象，表明母犬、猫出现异常，应及时处理。分娩后，卵巢内就有卵泡开始发育，但要到临近发情才发育成熟及排卵。分娩后 45 d 阴道、前庭和阴门会恢复，但不能恢复到未产前的状态。分娩后 45 d 骨盆及韧带恢复原状。

2. 子宫复原

母犬、猫产后子宫的变化较大，随着胎儿和胎衣的排出子宫会迅速缩小，这种收缩使怀孕期间伸长的子宫肌细胞缩短，子宫壁也随之变厚，随着时间推移，子宫壁中增生的血管变性，一部分被吸收，另一部分的肌纤维会变细，子宫壁变薄恢复原状。但子宫的大小和形状不能完全恢复原状，比未产母犬、猫的大且松弛、下垂。

（二）产后母犬、母猫的护理

1. 加强营养供给

分娩期间母犬、猫体能消耗很大，加上需要哺乳，因此应给产后母犬、猫提供质量好、易消化的饲料，特别是高品质的蛋白质需要量也要增加。同时要补充维生素和矿物质，必要时还要补充钙。分娩过程中母犬、猫会失去很多水分，产后要提供足够的温水，同时应供给利于产乳的食物。

2. 加强卫生管理

产后母犬、猫由于整个机体，特别是生殖器官发生了较大变化，抗病能力明显降低，而且身体虚弱，很容易受到微生物的侵袭，因此要特别注意产后母犬、猫外阴部和乳房的清洁卫生。要经常用消毒液清洗母犬、猫的外阴部、尾巴和后躯，即先用消毒液浸泡过的温毛巾擦拭乳房，再用清水清洗干净，防止仔犬吸入消毒药水。同时要保持产房的清洁卫生，特别是母犬、猫躺卧的产床，应经常用消毒的毛巾擦拭，防止母犬、猫外阴和乳房接触而感染。

3. 注意适当运动

在气候适宜季节遇天气好时，要让母犬、猫到室外散步运动两次，每次 0.5 h 左右，但要避免剧烈运动。

4. 保持环境安静

注意保持产房及周围环境的安静，避免噪音、强光等刺激。尽量减少进出产房次数，以免影响母犬、猫的哺乳及休息。

5. 加强疾病预防

产后母犬、猫抗病能力差，容易引起产后感染，因此产后要经常对母犬、猫进行检查，检查主要注意恶露的排出量、颜色和排出时间的长短，生殖器官有无肿胀，乳房胀满程度、有无炎症、乳量多少等。每天测量体温 1～2 次，时刻注意体温变化，如果体温升高，要及时查明原因并处理。同时注意防止贼风侵袭引起感冒。在给哺乳期的母犬、猫用药时，应充分考虑药物的副作用，禁止使用影响乳汁分泌及仔犬、猫生长发育的药物。

【知识拓展】

鸟的生活习性

鸟类在适应季节环境变化过程中，形成了一套特有的生活规律，主要是繁殖、换羽和迁徙，每年周而复始，固定不变，并能遗传给下一代。

一、食性

多数观赏鸟为杂食性，但以动物性和植物性为主，如文鸟科和雀科则是以植物种子、叶和芽等为主食，少数观赏鸟近于专食。由于食性不同，鸟嘴的形状和取食方式发展为特异性适应：在树干及枝叶间寻捕昆虫者，嘴多纤细而尖；在空中飞捕昆虫者，嘴形宽阔，喙着生有发达的嘴须；猛食性观赏鸟的嘴粗壮并具有利钩；食种子的观赏鸟具有粗壮有力的圆锥状嘴；以花蜜为食的观赏鸟嘴细长而下弯；少数观赏鸟还有贮藏食物的习性。由于食性和取食方式的差异，致使不同类群各有其特异性的分布及取食地域。

二、繁殖习性

观赏鸟一般在春季繁殖，在繁殖期绝大多数是一雌一雄配对营巢，每对鸟占有一块地盘，作为活动和取食的范围并在其中筑巢。观赏鸟繁殖过程可分为求偶配对、营巢产蛋、孵化和育雏等阶段。

1. 求偶配对

求偶是发情的表现，求偶的行为大多数发自雄鸟。求偶形式也多种多样，求偶时，多数雄鸟声音有所变化，或高吭豪放，或婉转清扬；有些雄鸟则以羽色取悦对方；有些雄鸟则表现出飞鸣、伸颈、突胸等特殊动作，有时还会发生争斗。

在雄鸟的追求下，雌鸟动情中意后，两鸟或同鸣共舞，或交喙相吻，或互为对方梳理羽毛，几次反复后，两鸟即行交配。对大多数观赏鸟来讲，没有固定的终身配偶。

2. 营巢产蛋

鸟巢是鸟产蛋、孵化、育雏的场所，绝大多数鸟都会营巢。不同种类鸟的巢形、大小、结构、建巢材料及安置处所有所不同。常见的鸟巢有：筑于地面或草丛中的地面巢；浮于水面、用水草制成的水面浮巢；以树枝、草茎、羽毛等编织而成的编织巢，编织巢又包括环状巢、台巢和吊巢等。饲养观赏鸟时，人工鸟巢建造适宜可刺激鸟的发情和产蛋。

雌鸟在鸟巢筑好之后数天开始产蛋，观赏鸟的产蛋数差异很大，通常每窝 4～8 枚，最少的每窝 1 枚，多者每窝达 26 枚。产蛋间隔时间也不相同，每种鸟的产蛋数与食物、气候条件有关。人工饲养时，可以采用供给充分营养、创造适宜环境的办法，使能够人工孵化、育雏的鸟多产蛋。

3. 孵化

鸟卵的孵化大多数由雌鸟承担，也有雌雄共同承担的情况(如啄木鸟、鸽子等)，只有少数观赏鸟由雄鸟承担。极个别由其他鸟承担，如杜鹃自己不会筑巢、孵蛋，只有将蛋产在其他鸟的巢中。

观赏鸟的孵化期长短不一，一般小型鸟 13～15 d，中型鸟 21～28 d，大型鸟更长些(如雀鹰 31 d，鸵鸟 42 d)。同一种鸟因气候环境条件的差异，孵化期也略有不同。

4. 育雏

鸟按其发育类型可分为早成鸟和晚成鸟。早成鸟一出壳就能随亲鸟觅食，又称离巢鸟，多生活在地面或水面。晚成鸟出壳时，全身几乎没有羽毛，不能行走，必须留在巢内由亲鸟哺喂，故又称留巢鸟。留巢鸟留巢时间与孵化期相同或略长，笼养时留巢时间比野生时长。

早成鸟的抚育由孵蛋的亲鸟承担，晚成鸟则不同，一般是雌鸟孵蛋的雄鸟育雏，双亲孵蛋的共同育雏。晚成鸟哺喂雏鸟的食物有三类：嗉囊分泌的乳糜和经乳糜软化的食物，鹦鹉、鸽子属此类；腺胃内的食物，金丝雀属此类；小昆虫及幼虫，百灵、云雀属此类。

三、换羽

观赏鸟经过紧张的繁殖阶段，羽毛逐渐用旧、磨损或折断，因此大多数观赏鸟在幼鸟离巢以后便开始换羽。观赏鸟换羽与其繁殖的季节性有一定的关系，通常是“七零八落九换齐”，但由于鸟的品种、生活习性、春秋孵出时间、个体内分泌和营养情况的不同，换羽的时间会有早有迟，换羽的过程也有长有短。

大多数观赏鸟每年在繁殖后仅秋季换羽一次。但有些种类一年换两次，一次在春季，一次在秋季。有的鸟（如雷鸟），雌鸟一年换三次，雄鸟一年换四次。秋季换羽一般是全部更换，其余各次一般都是换部分羽毛。

换羽过程有一定的顺序，通常是先从尾羽和飞羽开始，然后更换体羽、头羽。体羽常由前向后，由后背向腹部进行更换。换羽时左右翅在同一时间内对称的落几根羽毛，以维持平衡不致丧失飞翔能力，但此期多应隐蔽生活，停止鸣唱。

换羽的过程因生活方式不同也有差别。大型善飞的观赏鸟（如雕）需要经常飞行，故羽毛是逐渐更换的；许多游禽（如雁、鸭等）和涉禽（如鹤、秧鸡等）换羽非常快，飞羽几乎同时脱落，脱羽期约 2 个月，暂时失去飞翔能力，多集成大群藏匿在沼泽中度过这一困难时期，常用迅速的游泳、潜水和躲避的方法来逃避天敌。另外一些鸟类如鸥等，一次只脱掉 1～2 枚飞羽及 1～2 枚尾羽，从而保持飞行能力，但不能像平时那样自如飞翔。靠飞行捕食的观赏鸟如鹰等，一次只由每个翅膀上脱掉 1 枚飞羽，以保持其良好的飞行能力。有些鸟类还进行第二次换羽，多在繁殖季节前进行。

换羽的机制与内分泌作用有关，特别是甲状腺分泌的甲状腺素，是羽毛生长不可缺少的物质。另外，新羽毛的生长还需要消耗大量能量，营养缺乏会破坏换羽的进程和羽毛结构的正常性。

四、迁徙

观赏鸟除少数终年留居以外，大都具有迁徙习性。鸟类的迁徙是指观赏鸟在某个季节，在相距很远的地区之间的集群性移动。鸟类的这种由于季节变化而在繁殖区和越冬区之间进行的有规律的一年两次的周期性移居现象称为迁徙。

由于鸟类在漫长的进化过程中，对特定的气候条件、食物以及栖息环境的适应性，故大多数鸟每年都要在繁殖地和越冬地之间往返移居，这是对改变着的环境条件的一种积极的适应本能，这种迁飞的特点是定期、定向且多集成大群。鸟类的迁徙大多发生在南北半球之间，少数在东西方向之间。鸟类的迁徙路程很长，但飞行路线固定不变，也不迷失方向。

【考核评价】

1. 简述犬、猫的选种与选配。
2. 简述犬、猫的发情鉴定方法。
3. 简述犬、猫的配种方法。
4. 简述犬、猫的妊娠诊断方法。
5. 简述犬、猫的临产前征兆。
6. 简述犬、猫产仔与护理。

项目六

宠物营养与饲料

学习目标

了解宠物犬、猫的消化特点及营养需要、常见饲料、饲料调制，掌握商品犬粮的种类、选购方法。培养学生严把质量关，生产合格高质量产品的行业意识，不造假。

【学习任务】

任务 1　消化特点及营养需要

一、犬、猫的消化特点

(一)犬的消化特点

1. 牙齿锋利，唾液腺发达

犬的祖先以进食幼小动物为主，世代相传，形成了肉食特性，但经过人类的长期饲养，现已经形成以杂食或素食为生，经历了肉食→杂食→素食的过程，但仍保持食肉特点。与其他家畜相比，犬有着特别发达的犬齿，善于撕咬猎物和啃骨头。臼齿比较尖锐、强健，能切断食物，啃咬骨头时，上下齿之间的压力可达 165 kg，但不善于咀嚼，所以犬在吃东西时，均表现为“狼吞虎咽”状。

犬的唾液腺特别发达，能分泌大量的唾液湿润口腔中的食物，唾液中含有许多溶菌酶，具有杀菌作用。犬靠口腔散热，在炎热的季节，依靠唾液中水分的蒸发散热，调节体温。因此在夏天常可以看到犬张开嘴巴，伸出长长的舌头，就是为了散热。

2. 呕吐中枢发达

犬的食管壁上横纹肌丰富，呕吐中枢发达，当吃进毒物后能引起强烈的呕吐反射，把吞入胃内的毒物排出，这是一种比较独特的防御本领。

3. 胃酸含量高

犬胃呈不规则的梨形，胃液中盐酸的含量为 0.4％～0.6％，在家畜中居首位。盐酸可以激活胃蛋白酶原，并提供胃蛋白酶所需的酸性环境，利于蛋白质的分解，盐酸也能使蛋白质膨胀变性，便于分解消化。因此犬对蛋白质的消化能力很强，这是其食肉习性的基础。犬在进食后 5～7 h 就可将胃中的食物全部排空，要比其他草食或杂食动物快许多。

4. 肠管短、宽、厚

犬的肠管较短(为体长的 3～4 倍)，不具有发酵能力，故对粗纤维的消化能力差。而同样是单胃的马和兔的肠管为体长的 12 倍。犬的肠壁宽、厚，吸收能力强，这些都是典型的食肉特征。

5. 肝脏大

犬的肝脏比较大，相当于体重的 3％左右，分泌的胆汁有利于脂肪的吸收。

6. 排粪中枢不发达

犬的排便中枢不发达，不能像其他家畜那样在行进状态下排便。

(二)猫的消化特点

猫野生时期以食肉为主，家养驯化以后逐渐变为以肉食为主的杂食性。猫的牙齿没有磨碎功能，对付骨类食物困难较大，总是借助头的摇摆来撕咬食物，并且总是弓着身子坐在食物前吃食，而不是像犬那样用前肢抱住食物，借助强壮的颈部肌肉和门齿将肉和骨拉出。这也与猫的牙齿有关，因为猫不像犬那样嚼碎食物，而是把食物切割成小碎块。猫舌表面有许多方向朝向口腔底部的乳头，非常坚固、粗糙，似锉刀样，可舔食附着在骨上的肌肉，也可以梳理被毛及清除身上的污垢。

猫的口腔腺特别发达，进食时分泌大量稀薄的唾液，不但能湿润食物，利于吞咽和消化，而且唾液里的溶菌酶还能杀菌、消毒、除臭，保持口腔的清洁和卫生，猫的味蕾不仅分布于舌上，而且还分布于软腭和口腔壁，使猫能够选择适合自己口味的食物，能辨别咸、甜、苦及水的味道，但不能感觉甜味。猫食管可做反向蠕动，能将囫囵吞下的大块骨头或有害物质呕吐出来。

猫胃是单胃，呈梨形囊状。猫的胃腺很发达，整个胃壁上都有胃腺分布。小肠盘曲于腹腔中，其长度约为猫身长的3倍，比草食动物短得多，仅为相似体重兔的1/2，盲肠不发达，只有兔的1/20。但其肠壁短、宽、厚的特点，具有明显的肉食动物特征，说明猫虽然经过较长时期的家养驯化，但其解剖生理构造仍保持着肉食动物的特性。

二、犬的营养需要

犬的食物中需要含有足够的水分、蛋白质、脂肪、碳水化合物、维生素和矿物质6大营养要素。

(一)水分

水是犬体内最重要的组成部分，占成年犬体重的60%～70%，占幼犬体重的80%左右。水在犬体内起到极其复杂的生理、生化和物理机械作用。犬体内的水主要分布在组织间和血浆中，起着润滑、运送物质、排泄废物、散热等重要作用。血液中含水量最多，达80%以上，肌肉中为72%～78%，骨骼中为45%，随着年龄的增长而逐渐减少。机体的各种生物化学反应、机能的调节以及整个代谢过程都需要水的参与才能正常进行。如犬体内营养成分的消化和吸收、营养的运输和代谢产物的排出、体温的调节及母犬的泌乳等，都需要有足量的水分参与。犬的水分消耗主要是粪便和尿液排泄，同时也通过肺、口腔等散发。犬的体温调节也靠水来进行，因此，在炎热的夏天常见犬张开口喘气，并非是犬发生了呼吸困难，而是通过急促的呼吸来增加散热。

犬无良好的贮水能力，因此缺水的危害性比其他家畜严重。如果犬饮水不足，就会影响其体内的代谢过程，进而影响其生长发育，犬可以两天不进食，但不能一天不喝水。犬缺水8%时就会出现高度渴感，产生病理反应，如减食，废食，消化停滞，黏膜干燥，抗病力下降，血液黏稠，循环、呼吸障碍等。当犬体内缺水10%时，就会导致严重呕吐或腹泻等。缺水20%就会死亡。所以每天一定要保证有清洁卫生的水供犬饮用。在正常情况下，成年犬每天每千克体重约需要100 mL水。幼犬每天每千克体重约需要150 mL水。饮水量因犬的品种、个体、运动量、食物种类、天气而定，高温季节，运动后或饲喂较干的食物时，应适当增加饮水量，实际饲养中，可全天供应饮水，让其自由饮用，满足犬对水的需求。

(二)蛋白质

蛋白质是犬生命活动的基础，是构成犬身体的主要成分，犬体内的各种组织，参与物质代谢的各种酶类，调节生理功能的各种激素，机体所产生的各种抗体等，都由蛋白质组成。

蛋白质是犬维持健康、确保生长发育、维持繁衍和抵抗疾病不可缺少的营养物质。

一般情况下，成年犬每天每千克体重需要 4.8 g 左右的蛋白质；生长期的犬每千克体重需 9.6 g 左右的蛋白质；哺乳期母犬及疾病恢复期犬的日粮中均需含较多蛋白质。如蛋白质或某些必需氨基酸不足时，会使犬体内蛋白质代谢变为负平衡，引发一系列身体问题。幼犬的食物中蛋白质含量不足，幼犬就会生长缓慢，发育不良，性成熟晚，而且易患病；怀孕母犬如食入的蛋白质含量不足，就会影响胎儿的发育，从而发生死胎或畸形胎，产后还会泌乳不足；公犬如食入蛋白质不足则会性欲降低，精液质量差。但过量地饲喂蛋白质不但造成浪费，也会引起体内的代谢紊乱，使心脏、肝脏、消化道、中枢神经系统失调，性机能下降，严重时还会发生酸中毒。

(三)脂肪

脂肪是犬机体所需能量的重要来源之一。脂肪是食物中能量集中的源泉，可以增加食物的适口性，还可帮助脂溶性维生素的吸收。每克脂肪充分氧化后，可产生 39.3 kJ 热量，比碳水化合物和蛋白质高 2.25 倍。犬体内脂肪的含量为其体重的 10%～20%。脂肪也是构成细胞、组织的主要成分，磷脂质、糖脂质是神经组织和细胞膜的构成成分，脂蛋白参与其他脂肪的血浆运输中。

脂肪进入犬体内逐渐降解为脂肪酸后被机体吸收。大部分的脂肪酸在体内可以合成，但有一部分脂肪酸却不能在机体内合成或合成量不足，必须从食物中获得补充，这就称为必需脂肪酸，如亚油酸、花生四烯酸和亚麻酸。这三种必需脂肪酸也可以相互转化，因此三种脂肪酸中只要有一种数量充足，必需脂肪酸就会得到满足。必需脂肪酸对犬的皮肤、肾脏及生殖功能非常重要，猪油和鸡内脏脂肪中就富含这三种脂肪酸。食物中脂肪缺乏时，可出现消化障碍和中枢神经系统的机能障碍，毛发干燥无光泽，腹侧脱屑，缺乏性欲，睾丸发育不良或母犬发情异常等现象，但脂肪贮存过多，会引起发胖，同样也会影响犬的正常生理机能，尤其对生殖活动的影响最大。

犬对脂肪有很大的忍受能力，因为脂肪可口而且能量高，可减少食物的总摄入量，但容易造成营养平衡失调和营养缺乏症，因此幼犬或青年犬在喂给高脂肪食物时应调节蛋白质、矿物质和维生素的含量，以保持适当的营养平衡，确保基本营养的合理摄入。正常状态下成年犬每日需脂肪量为每千克体重 1.1 g，处在生长发育时期的幼犬每需脂肪量为每千克体重 2.2 g。食物中脂肪不足时，则易使其他营养物质缺乏；脂肪过量时，也会影响犬的食欲，导致摄取蛋白质等营养物质的减少。

(四)碳水化合物

碳水化合物主要用来供给热量，维持体温，也是各器官活动和进行运动的能量来源。碳水化合物在犬的日粮中占比例最大，食物中的碳水化合物主要包括糖、淀粉、纤维素，存在于谷物、薯和蔬菜中。如犬食入碳水化合物过多，多余的碳水化合物在体内就会转变成脂肪贮存起来，使犬发胖，影响其体形和运动。当食物中碳水化合物不足时，就要动用机体内的脂肪或蛋白质来供应热能，此时犬就会消瘦，不能正常生长繁殖。成年犬每日需要的碳水化合物可占饲料的 75%，幼犬每日需要的碳水化合物每千克体重约 17.6 g。

淀粉是一种多糖，在消化道中分解为葡萄糖而被吸收。碳水化合物中的糖和淀粉易于消化吸收，在胃肠道酶的作用下，糖和淀粉转化成葡萄糖，形成 ATP。犬的消化道缺乏分解纤维素的菌及酶类，故纤维素在胃肠中不易被消化吸收，不能作为能源和可转化物，但它在胃肠中能促进肠蠕动，具有清理肠胃、排除废物的重要作用，若缺少纤维素可导致胃肠的运动障碍。犬的饲养标准中允许使用一些利用率很高的糖，但许多犬不能合成足量的乳糖消化酶且不能充分利用乳中的乳糖，特别是成年犬不能消化乳糖，摄食过多乳糖在消化道中积累发酵会引起腹泻。犬没有最小的日粮糖需要量，只要供给足够的脂肪或蛋白质就足以保证机体从中得到葡萄糖的代谢需要，在没有糖的情况下也可以维持生命。

(五)维生素

维生素既不是能量的来源，也不是构成机体组织的主要物质，但有些维生素是酶的组成部分，与其他物质一起构成辅酶，共同参与犬体各个代谢过程。犬体至少需要13种维生素。犬体内只能合成小部分的维生素，大部分维生素需从饲料中获得，因为除维生素C和维生素K外，犬不能在体内合成其他的维生素。在一般饲料中，最易缺乏的是维生素A、维生素D、维生素B_2、维生素B_{12}、维生素E和维生素K。维生素的种类很多，按其溶解性可分为两大类，能溶于脂肪的维生素称为脂溶性维生素，能溶于水的维生素称为水溶性维生素。

1. 脂溶性维生素

(1)维生素A　维生素A对维持犬正常的视觉有重要的作用，它是构成视觉细胞内感光物质的成分。当宠物犬缺乏维生素A时，犬就会患夜盲症和引起干眼症。

(2)维生素D　维生素D是骨正常钙化所必需的。其基本的功能是促进肠道对钙、磷的吸收，提高血液中的钙、磷水平，促进骨骼的钙化。维生素D缺乏时，会出现佝偻病和骨软症，牙齿的生长也受到影响。

(3)维生素E　维生素E主要生理功能：一是维持犬的正常生殖能力。公犬缺乏维生素E时，睾丸发育不全，精子活力降低，继而睾丸上皮萎缩，完全失去生成精子的能力；母犬缺乏维生素E时，胚胎发育受到障碍，胎儿死亡并被吸收，有时发生流产。二是维持肌肉的正常发育和生理功能。缺乏维生素E往往引起犬的肌肉衰弱，四肢瘫痪。

(4)维生素K　维生素K又称抗出血维生素，主要作用是催化促进肝脏合成凝血酶原，参与凝血。维生素K不足时，造成皮下和肌肉出血。

2. 水溶性维生素

(1)维生素B_1(硫胺素)　维生素B_1能够促进碳水化合物的代谢，因此食物中含碳水化合物多，维生素B_1需要量就大；脂肪高碳水化合物少，维生素B_1需要量就小。动物体内如缺少维生素B_1则会影响丙酮酸氧化分解，导致丙酮酸在组织中蓄积，引起中枢神经系统和肌肉活动失调。

(2)维生素B_2(核黄素)　维生素B_2参与氧化还原酶系统的活动及代谢。维生素B_2缺乏时，引起皮炎、掉毛、下痢、痉挛等症状。

(3)维生素B_6(吡哆素)　维生素B_6主要参与氮及氨基酸的代谢，与氨基酸的厌氧分解有关，含有高蛋白质的食物对维生素B_6的需要量大。维生素B_6缺乏时表现厌食、生长缓慢、体重下降、小红细胞低色素性贫血、皮肤发炎和脱毛。

(4)维生素PP(烟酸)　参与组成氧化还原酶，与糖、脂肪、蛋白质的代谢有关，不足时犬易患糙皮病。鱼粉、动物肝、肾中含量高。

(5)维生素B_{11}(叶酸)　维生素B_{11}是抗贫血因子，犬对维生素B_{11}的需要靠饲料和肠道微生物的合成来提供。如长期饲喂治疗剂量抗生素和磺胺类药物以及长期的肠道疾病后，有可能出现叶酸缺乏，时常发生亚急性贫血。

(6)维生素 B_{12}(钴胺素)　维生素 B_{12} 是唯一含微量元素的维生素。维生素 B_{12} 的功能与维生素 B_{11} 关系密切,参与体内脂肪和碳水化合物的代谢及髓磷脂的合成,也是神经组织的成分。不足时出现巨红细胞性贫血和神经系统病变。

(7)维生素 C　维生素 C 参与体内一系列代谢过程,具有抗氧化作用,在体内的生理作用十分广泛。重度不足时,血管通透性增加,导致皮肤、黏膜等内部器官出血。

犬对维生素的需要量见表 6-1。

表 6-1　犬对维生素的需要量(按每天每千克体重计算)

维生素	维持需要期	生长发育期
维生素 A/IU	110	220
维生素 D/IU	11	22
维生素 E/IU	1.1	2.2
维生素 B_1/μg	22	44
维生素 B_2/μg	48	96
维生素 B_5/μg	220	440
维生素 PP/μg	250	500
维生素 B_6/μg	22	44
维生素 B_{11}/μg	4	8
生物素/μg	2.2	4.4
维生素 B_{12}/μg	0.5	1.0
胆碱/mg	26	52

(六)矿物质

矿物质又称为无机盐,是机体组织细胞特别是骨骼的主要成分,是维持机体酸碱平衡和渗透压的基础物质,还是酶、激素和维生素的主要成分,在促进新陈代谢、血液凝固、神经调节和维持心脏正常活动中,都具有重要作用。

矿物质成分包括常量元素和微量元素两大类。

1. 常量元素

常量元素是指在体内的含量超过 0.01%的矿物质。常量矿物质元素主要有钠、氯、钙、磷、镁、钾、硫等。

(1)钠　钠增强肌肉的兴奋性,调节心脏活动。犬缺钠则生长迟缓,对能量和蛋白质的利用率降低,但过量则引起中毒,常以食盐为钠的补充物。

(2)钙　犬缺钙时,幼犬表现为佝偻病,骨端因骨化不全而变粗,脊柱和胸骨弯曲变形,成年犬则发生软骨症,骨质疏松,骨壁变薄而易发生骨折,常以石粉、骨粉、贝壳粉、鱼粉等作为钙的补充物。

(3)磷　磷主要以磷酸根的形式参与机体的许多代谢过程。犬缺磷时,食欲不振、废食、异食;母犬发情异常、屡配不孕;幼犬缺磷可引起佝偻病;成年犬患软骨症。

(4)镁　镁在犬体内约 70%贮存于骨骼中,为骨骼正常发育所必需,同时在糖、蛋白质代谢中起重要作用。镁缺乏时,易致犬神经过敏、震颤、面部肌肉痉挛、步态蹒跚。镁食用过多,则食欲降低并引起腹泻。

(5)钾　钾主要存在于细胞中，维持细胞内渗透压及体内酸碱平衡，影响神经、肌肉的兴奋性。钾缺乏时，犬表现生长停滞、全身无力、异食等。

(6)硫　硫是胱氨酸、蛋氨酸、生物素及硫胺素的组成部分，参与机体许多重要代谢过程，一般饲养管理条件下，犬的硫缺乏症十分罕见。

2. 微量元素

微量元素是指机体内含量不足 0.01%的矿物质元素，如铁、铜、钴、碘、锰、锌、硒、钼、氟等。

(1)铁　犬体内 90%以上的铁与蛋白质结合，形成红细胞。铁也是细胞色素酶类和多种氧化酶的成分，与细胞内生物氧化过程有着密切关系。铁缺乏，幼犬易发生缺铁性贫血，严重时影响幼犬生长，甚至导致死亡。

(2)钴　钴是维生素 B_{12} 的组成成分，参与造血过程，钴能活化磷酸酶、精氨酸酶和许多激素。钴缺乏可发生贫血、体重下降、发情障碍、不孕、流产及泌乳量下降等病理变化。

(3)碘　碘参与形成甲状腺素，与犬的基础代谢率密切相关，参与调节中枢神经系统的机能状态，影响心血管系统和肾的活动。碘缺乏，甲状腺肿大，幼犬生长迟缓，成年犬缺碘发生黏液性水肿，病犬皮肤、被毛及性腺发育不良。高碘日粮对犬的健康也不利。

(4)锰　锰是许多酶的激活剂，锰缺乏时，酶的活性降低，影响犬生长和繁殖。

(5)锌　锌分布于所有组织中，在肝脏、肌肉、骨骼、皮肤、毛和血液中浓度较高。锌是体内许多蛋白质和碳水化合物代谢过程中酶的成分。犬缺锌，因食欲降低而生长受阻，皮肤角化不全，皱缩粗糙。严重影响犬的正常繁殖，如睾丸发育不良，精子生长障碍。

(6)硒　硒是谷胱甘肽过氧化酶的基本组成成分，在细胞膜里有抗氧化作用。肝、肾、肌肉中含硒较多，硒影响肠道内脂类及维生素 E 的吸收。硒缺乏，犬表现营养性肝坏死、白肌病、生长停滞、繁殖机能紊乱；硒过量则引起中毒。

(7)氟　氟是形成坚硬骨骼和预防龋齿所必需的元素，饮水中氟含量应为 1～2 mg/kg。犬对矿物质元素的需要量见表 6-2。

表 6-2　犬对矿物质元素的需要量(按每天每千克体重计算)

矿物质	维持需要期	生长发育期
钙(Ca)/mg	240	480
磷(P)/mg	200	400
钾(K)/mg	130	260
铁(Fe)/mg	1.32	2.64
铜(Cu)/mg	0.16	0.32
锰(Mn)/mg	0.11	0.22
锌(Zn)/mg	1.1	2.2
氯化钠(NaCl)/mg	240	480
镁(Mg)/mg	9	18
碘(I)/mg	0.034	0.068
硒(Se)/μg	2.42	4.84

三、猫的营养需要

1. 蛋白质

蛋白质是生命的基础，是维持动物健康成长和肌肉活动的必需物质，故需要全面而均衡的蛋白质。猫需要高蛋白成分的饲料，但猫对植物性蛋白质的消化吸收、利用能力都较差，因此动物性饲料更适合猫的需要。在成年猫的干饲料中，蛋白质的含量应不低于21%，正常成年猫每天蛋白质需要量为每千克体重3 g。生长发育期的幼猫，干饲料中蛋白质含量则不应低于33%，幼猫每天蛋白质需要量最少为每千克体重6 g。为保证猫的敏锐视力，在猫的饲料中还应含有足够的牛磺酸，以确保其视网膜的正常生长。牛磺酸仅存在于动物性食物中（牛肉、牛肾、羊肉、羊肾、瘦猪肉、鸡肉和贝壳类），在植物性食物中基本没有。因此在饲喂猫时，饲料中至少要保证含有0.1%的牛磺酸，以防止猫的视网膜病。

2. 脂肪

脂肪不仅是猫体储存和供给能量的重要物质，也参与细胞膜和神经纤维的构成，还可以增加食物的适口性，并帮助脂溶性维生素的吸收。

猫特别喜食脂肪，并且对脂肪有很强的消化能力，即使饲料中的脂肪含量高达60%以上也不会引起猫的任何不良反应。当然，如果脂肪的含量过高，会引起猫的肥胖，同时由于脂肪在胃里停留的时间较长，容易使猫产生厌食而导致营养不良，造成营养代谢的紊乱，甚至有可能导致猫的不育；而食物中长期缺乏脂肪，就会影响食欲，表现喜卧、皮屑增多，公猫睾丸发育不良，母猫发情不正常等。一般认为，猫饲料干物质中脂肪含量以15%～25%为宜。

3. 碳水化合物

碳水化合物属能量饲料，是猫体所需要能量的主要来源，主要包括淀粉和纤维素。淀粉是最主要的构成部分，可被分解为葡萄糖吸收利用；纤维素不易被消化，但使猫有饱腹感，防止猫暴食，并能促进肠道蠕动，对维持机体正常消化活动具有重要意义。在喂含碳水化合物丰富的食物（如米饭、馒头等）时，最好配些鱼、猪肝、鸡汤等。用牛奶喂猫，由于猫对蔗糖、乳糖不能充分消化，因此猫喝了牛奶后往往会肚子发胀或引起腹泻，此时应立即停止。即使有些猫无不良反应，喂过牛奶后也应立即给清水让其自饮。

4. 维生素

维生素是猫体内必须的营养成分，在体内所占比例非常小，需要量也不大，但对调控机体新陈代谢具有重要意义。有些维生素在猫体内可以合成，如维生素K、维生素D、维生素L、B族维生素等，还有部分维生素在猫体内不能合成或合成不足，则需饲料供给。动物性饲料中含有丰富的维生素，所以只要给猫提供充足的动物性饲料，一般不会出现维生素缺乏症。但在猫生病或生活中的某些阶段，机体对维生素的需求量增加或合成能力下降时，为保证机体对维生素的正常需求，就要在饲喂时调整维生素的种类和含量。缺乏维生素应及时补充，否则会诱发维生素缺乏症，使机体免疫力下降，病菌侵入机体而患病，严重时会导致死亡。

猫对各维生素的需求量及缺乏症状如表6-3所示。

表 6-3 猫对各种维生素的需求量及缺乏症状

名称	日需量	主要生理功能	主要来源	缺乏症临床表现	说明
维生素 A	1 500～2 100 IU	维持上皮组织的健全和完整，维持正常视觉，促进生长和发育	动物肝脏、蛋黄等	厌食，消瘦，结膜炎，角膜炎，夜盲症，生殖力下降，上皮角质化	β-胡萝卜素不能在体内转化
维生素 D	100 IU	促进钙磷的吸收与骨骼的钙化	可在体内生成鱼肝油	易患佝偻病、骨质疏松症	能在皮肤内合成
维生素 K	很少	促进肝脏合成凝血酶原等	肠内合成，绿色植物	凝血时间延长	肠道内可以合成
维生素 E	0.4～4.0 mg	维持正常生殖机能，防止肌肉萎缩等	动植物组织中，蚕蛹等	厌食，不爱活动，长蹲坐，生殖机能紊乱等	—
维生素 B_1	0.2～1.0 mg	促进食欲，促进生长	谷物外皮、青绿饲料、酵母	食欲不振，呕吐，体重减轻，脱水，代谢障碍	泌乳、高热时需求增加
维生素 B_2	0.2 mg	促进生长	瘦肉、奶类	白内障，脱毛，消瘦，缺氧，脂肪肝	泌乳、高热时加量
维生素 B_6	0. 2 mg	参与红细胞的形成，在内分泌系统中起作用	酵母、肉、豆类	食欲下降，生长缓慢，惊厥，肾脏疾患，排尿困难	泌乳、高热时加量
维生素 B_{12}	0.003 mg	参与核酸与蛋白质合成及其他中间代谢	鱼粉、肉粉、肝、发酵制品	细胞性贫血，生长缓慢，神经系统受损	在钴不缺乏时，肠道可以合成
烟酸	2.6～4 mg	起传递氧的作用	生肉、生肝脏等	腹泻，消瘦，糙皮病，口腔溃疡等	泌乳、高热时需加量
泛酸	0.25～1 mg	为中间代谢的必要因子	奶粉、发酵制品	消瘦，肝脏有脂肪变性	—
叶酸	0.1 mg	与红细胞、白细胞成熟有关	肝脏、绿色植物	巨幼红细胞性贫血，白细胞减少	必须在食物中
生物素	0.1mg	促进不饱和脂肪酸的合成	谷物、干酵母、奶制品	脱毛症，唾液分泌增多，血痢等	可通过肠道合成
胆碱	100mg	有防治脂肪肝的作用	天然饲料脂肪中均有	生长缓慢，脂肪肝	—
维生素 C	少量	参与代谢，促进伤口愈合，增加抵抗力	自行合成	一般不会引起缺乏	能在代谢中合成

5. *矿物质*

猫所需要的矿物质主要是钠、氯、钙、钾、镁、磷、铁、锰、铜、碘、锌、钴等。它们在动物机体内不产生能量，但它们是动物机体组织细胞，特别是形成骨骼的主要成分，是维持酸碱平衡和渗透压的基础物质，并且还是许多酶、激素和维生素的主要成分。矿物质在猫的营养成分中占的比例很小，并且相互不能代替和转让。

①常量元素　钙、磷两种元素占猫体内矿物质总量的70%，是形成骨骼的主要元素。大约有99%的钙和80%的磷构成骨骼和牙齿，还有约1%的钙存在于血液和软组织中，20%左右的磷多以核蛋白的形式存在于细胞核中，也有微量的存在于血液中。猫每100毫升血液中含钙为9.5 mg左右，含无机磷5～7 mg。

幼猫的生长发育、成年猫机体和生命的维持都需要矿物质。猫一般不发生缺磷现象，但容易缺钙，猫缺钙常见的原因是常用剔除骨头的鱼和肉喂猫造成的，主要表现为不爱动、懒散、喜躺卧，随后出现四肢跛行，严重时后肢瘫痪。

钠、钾是猫机体主要的阳离子，另外还有钙离子和镁离子。钠、钾、氯三种元素主要分布在体液和软组织中，其作用是维持渗透压、酸碱平衡等。健康猫饲喂日常食物，电解质不会缺乏，只要在猫生病发生呕吐、腹泻和肠道阻塞时，电解质的平衡才会被破坏。

②微量元素　微量元素虽然含量很少，但生理功能却很大。

铁、铜、钴与造血有密切关系。铁是合成血红蛋白的重要原料，缺铁易使猫贫血。铜虽不是血红素成分，但却是铁正常代谢所必需的，对血红素和红细胞形成催化作用，因此缺铜也会发生贫血。钴是蛋白质代谢中起重要作用的维生素B_{12}的重要成分，猫可以吸收利用肉中的铁、铜和钴，一般不会缺乏。但由于牛奶中这种元素含量很低，因此以牛奶为食物的猫需要另外补充铁和铜元素，否则容易贫血。

碘是组成甲状腺素的必需成分。猫缺碘30周后甲状腺功能降低、甲状腺体萎缩。表现为生长缓慢、被毛稀疏、头部水肿、表情呆板、不易怀孕，有的难产，胎儿有腭裂等。如果幼猫食物含碘量波动较大，如含碘低的肉类改喂含碘丰富的鱼类，时间长了，会引起甲状腺功能亢进，患猫好动又宜疲劳。

6. 水

水有助于猫体内营养物质的运输、消化、吸收、溶解和排出某些经过代谢后产生的废物，还可以减少关节摩擦。猫通过饮水和排出水分，可以调节体温。猫是一种比较耐渴的动物，几天甚至几周不饮水也能活下去，但若失水占体重的10%会引起严重的机能障碍，失水20%可导致死亡。因此在饲喂充足食物的同时，必须提供足够的饮水。成年猫体内含有近60%的水分，幼猫的比例还要高。

一般情况下，成年猫每天需供给每千克体重40～60 mL的水，幼猫每天需供给每千克体重60～80 mL的水。

任务2　宠物常见饲料

一、犬的饲料类别

犬饲料是犬生命活动和繁衍后代的物质基础。按其来源和特点，可分为动物性饲料、植物性饲料和饲料添加剂三大类。

1. 动物性饲料

动物性饲料是指来源于动物机体的一类饲料，主要包括鱼粉、血粉、骨粉及畜禽的肉、内脏、乳汁等。这类饲料中蛋白质和矿物质含量丰富，钙、磷比例适宜，营养全面，易消化吸收，是犬最优良的蛋白质和钙、磷补充饲料。动物性饲料与植物性饲料配合使用时，能改善植物性饲料中蛋白质的品质，弥补某些氨基酸的不足，从而提高其营养价值。

犬的饲料中必须要有一定数量的动物性饲料，才能满足犬对蛋白质的需要。一般而言犬较喜爱马肉、牛肉、鸡肉，大多数犬的商品粮都做成这些肉类的味道。用肉类喂犬成本较高，为了降低饲养成本，可利用动物的内脏或屠宰场的下脚料，如肝、肺、脾、碎肉、鸡架、兔头等副产品。鱼几乎能全部被饲料利用，也是比较理想的动物性饲料，但鱼肉容易变质，有些鱼（如鲤科鱼）内含有影响 B 族维生素吸收的酶。因此鱼肉一定要新鲜，并且应煮熟以破坏该酶的活性。蛋、乳类饲料的消化吸收较全面，一般需熟制。

2. 植物性饲料

植物性饲料是饲料中种类最多的一类，主要包括农作物籽实、农作物加工后的副产品、蔬菜等，种类繁多，来源方便，价格低廉，含有丰富的淀粉、糖类和纤维素，是犬的主要饲料。纤维素虽不影响消化，营养价值不大，但可刺激肠壁，有助于肠管的蠕动，对粪便的形成有良好的作用，可减少腹泻和便秘的发生。

小麦、大米、玉米和高粱等谷物中含有大量的碳水化合物满足能量供给，是主要的基础饲料，缺点是蛋白质含量低，氨基酸的种类少，矿物质和维生素的含量不高。

大豆、豆饼、花生饼、芝麻饼、葵花饼等含有较高的蛋白质，氨基酸组成比较全面，可弥补谷物饲料中蛋白质不足的缺点，但氨基酸含量低，若与谷物配合使用，可相互补充。

青菜瓜果根茎类饲料中，富含多种维生素，水含量高，干物质营养价值高，但饲喂时不可生喂，也不可以煮的太久，防止维生素被破坏。

3. 饲料添加剂

饲料添加剂是指为了改善或保证饲料质量，加入对犬具有一定功能的某些微量成分，可分为矿物质添加剂、维生素氨基酸添加剂、抗生素、驱虫保健剂等。一般而言，饲料添加剂主要用于促进生长发育，完善日粮的全价性，提高饲料转化率，防治疾病等。因此，应根据不同的目的添加不同的添加剂。

自制的食物中添加一些添加剂类的饲料，可保证饲料营养的全面性。在使用时，应根据日粮的组成、环境、饲料卫生、犬的健康水平等，选择适当的添加剂种类和使用剂量。如饲料中的无机盐和维生素不能满足犬的需要时，应在犬的日粮中补充适量的骨粉、贝壳粉、食盐和铁盐等。

添加剂在使用时必须目的明确，应本着“缺什么补什么”的原则，选择相应的添加剂，同时要注意掌握剂量和使用时间，添加时应搅拌均匀，以保证使用效果。长期使用同一种抗生素添加剂，一方面容易破坏犬体内（特别是肠道内）的正常菌群分布，另一方面容易引起抗药性。

二、猫的饲料种类

(一)动物性饲料

动物性饲料是猫机体蛋白质的主要来源,也是脂肪的主要来源。因为猫是食肉动物,所以动物性饲料是猫的主要食物,占猫日粮80%~85%。动物性饲料来源十分广泛,几乎所有畜禽的肉、心脏以及鱼粉、骨粉等均可作为猫的饲料。鱼类、鸡蛋、动物脂肪等是非常可口的佳肴,鸡、鼠、蛇、蚕蛹和昆虫等动物也是高蛋白饲料。

(二)植物性饲料

植物性饲料通常指农作物和农副产品饲料,主要包括大米、大豆、玉米、大麦、小麦、土豆等含淀粉较多的谷物以及含蛋白质较多的饼粕类饲料,如豆饼、花生饼、芝麻饼等,人们所吃的米饭、面包、饼干等猫更爱吃。但植物性蛋白比动物性蛋白的利用率要低很多。

(三)矿物质饲料

矿物质饲料主要指骨粉、石粉、碳酸钙、磷酸氢钙、蛎粉和食盐。食盐主要供给氯和钠的需要,骨粉和磷酸氢钙既补充磷又补充钙,而且钙磷比例恰当。

(四)商品性饲料

随着养猫业的发展,猫的食品加工业也开始兴盛起来,经过科学配方生产出的猫食品品种繁多,而且营养价值全面,适合猫在不同年龄、不同生理状态下所需要的营养。常见的宠物猫用食品有罐装食品、干燥食品和半湿食品。

1. 罐装食品

罐装食品包含肉类、鱼、维生素、色素、水和谷物,多数罐装食品用鱼肉、鸡肉、牛肉、兔肉或是动物内脏制成。其中含有72%~78%的水分,25%~30%的蛋白质,适口性好,可以作为猫的主要日粮,能使猫的牙齿和牙龈得到充分的锻炼,但罐装食品打开后不立即吃完会很容易变质。

2. 干燥食品

包含谷类、鱼、肉、酵母片、维生素、脂肪和色素,通常制成各种形状的薄饼或颗粒状,含水量低,一般为7%~12%,含蛋白质占干物质的32%~36%,含脂肪8%~12%。可将其放在猫食盆里让猫自由采食,比较容易储存和携带,喂干猫粮时同时应提供新鲜的饮水。

3. 半湿食品

其成分与干燥食品接近,通常制成饼状、颗粒状或条状,但必须加入防腐剂和抗氧化剂。通常含水分30%~50%,含蛋白质占干物质的30%~40%,粗脂肪占10%~15%。半湿食品集适口性和营养价值于一身,使用起来非常方便,但一旦打开包装,必须尽快吃完,不能放置太久。

因为猫是肉食者,主要能量及营养来源于动物性蛋白质及动物性脂肪,而不是碳水化合物。严格来说,若猫日常饮食中有足够的动物性蛋白质及脂肪,它们根本不需要碳水化合物也可健康的生存,但市面上一般给猫食用的食品往往含有大量谷物,碳水化合物含量高达35%~40%。猫的身体结构并不善于处理大量碳水化合物,如果猫日复一日地吃着含过多碳水化合物的干燥食品,患糖尿病及肥胖症的机会会大大提高。以干燥型食品作主食的猫虽然比吃湿粮的猫多喝水,但相比之下,它们真正吸取到的水分仍比吃湿粮的猫少一半,这使得长期只吃干猫粮的猫陷入慢性缺水的状态，排尿量减少，尿液过度浓缩，以致日后容易出现泌尿系统的疾病。并且由于猫科动物源自水源缺乏的沙漠地带，它们的身体构造是从食物中吸取大部分所需的水分，它们所捕获的小动物（如老鼠、小鸟等）含水量通常也不少于60%。另外，也因为源自沙漠地区，它们的口渴机能也不如狗及人类等敏感，这就解释了为何大部分猫都不怎么喜欢喝水。饲喂时不能以干粮作为它们唯一的主食，优质的湿粮（自制或罐头湿粮）才是最接近猫理想饮食的主要食粮。

任务3　宠物饲料调制

一、犬的饲料调制

饲料调制的目的是改善饲料的适口性，保存或提高其营养价值。饲料调制的总体要求是讲究卫生、保证营养、便于消化、降低成本。

（一）调制原则

1. 保证营养全面

犬饲料调制时，根据各种饲料的营养成分及犬的营养需要，合理搭配。首先要满足蛋白质、脂肪和碳水化合物的需要，然后再适当补充维生素和矿物质；满足数量的同时注重质量。调制时，应在注意其营养价值和满足犬机体需要的基础上，充分利用现有的饲料种类特点，加以合理调配。

饲料配比应根据犬不同生长发育阶段进行合理搭配，并根据饲料来源、饲喂效果等情况适当的调整。下面列举几种常见的日粮参考配方：

（1）幼犬　玉米粉、碎米、小麦粉共40%、豆饼15%、麸皮5%、薯类14%、蔬菜5%、鱼粉、鱼杂、动物内脏共20%、微量元素、维生素各0.5%。

（2）青年犬　麦粉、玉米粉共50%、麸皮15%、米糠5%、豆饼15%、鱼粉及动物下脚料8%、骨粉3%、食盐、生长素各0.5%、叶菜类3%。

（3）育肥犬　玉米粉、碎米、小麦粉共50%、麸皮20%、米糠10%、豆饼10%、动物油脂及血粉1%、鱼粉4%、骨粉2%、食盐、生长素各0.5%，青饲料2%。

2. 提高饲料消化率

植物性饲料在喂前须进行熟化处理，增加饲料的适口性，刺激犬的食欲，提高饲料的消化率，防止有害物质对犬造成伤害。

不仅植物性饲料中的营养不能全部被犬消化、吸收与利用，动物性饲料中的营养也不能全部被犬利用。因此，调制饲料时，饲料配方中各种营养物质的含量应稍高于犬的营养需要。

3. 注意营养互补性

长期饲喂单一的饲料，会引起厌食，应适当地调整日粮配方。在动物性饲料的选择上，宜多选择鸡肉、牛肉、鱼类、蛋类和乳类饲料，但鸡骨头易损坏犬的口腔和胃。选择植物性饲料时，应注意大葱、洋葱等葱类饲料不宜喂饲，因为这类饲料会影响犬血液的血红蛋白含量，长期饲喂对犬有一定的危险。

在保证犬饲料多样化、满足犬营养需要的同时，应尽可能降低饲料成本，可利用动物的内脏或屠宰场的下脚料如肝、肺、脾、碎肉、鸡架(粉碎)、兔头等来代替部分动物性饲料。

4. 讲究清洁卫生

在饲料调制过程中，要注意卫生，保持饲料新鲜、清洁，要防止苍蝇、蚊虫等污染饲料，变质的饲料不宜喂犬，以免引发传染病或食物中毒。除商品型犬粮外，犬粮以现配现用为宜。煮熟的饭菜在饲喂前应以布或窗纱遮盖，以防尘土和苍蝇污染，同时还要做好防鼠工作。

(二)调制方法

不同饲料因调制方法不当，可能会导致其中的某些营养损失。调制饲料的总体要求洗涤以洗净为宜，烧煮以烧熟为度，搅拌均匀，现配现用。

生肉首先要用凉水洗净，浸泡片刻，以防蛋白损耗，切成小块，加温水煮沸 5～10 min 即可；蒸煮时以达到杀菌、肉熟的程度即可，不宜焖烂。少数动物内脏如心、肾等不必经过煮熟，可直接生喂。淡水鱼(特别是鲤科鱼类)体内含有硫胺素酶，可利用水浸烫或煮沸法来破坏硫胺素酶，以防影响犬对 B 族维生素的消化吸收。

粮食只需用清水将沙土淘洗干净，淘洗次数不可过多，以减少营养成分的损耗。如果需要浸泡膨胀，则在浸泡后，将浸泡水和粮食一起倒入锅内煮熟。

蔬菜应该先洗净后切碎(长度通常不超过 2 cm)，然后放入肉汤中煮熟，不可过烂，防止蔬菜中的维生素损失；也可单煮，然后与肉、鱼粉、骨粉、食盐等一起拌入饲料内。块根类植物(如胡萝卜、甘薯等)可不去皮，洗净后再切成块，单独或与肉汤一起煮至不烂程度。

植物性饲料制成窝头，可有效防止犬只吃肉不吃蔬菜的挑食现象。在给犬饲喂残羹剩饭(俗称泔水型饲料，主要从城市饭馆、餐厅取得)时，应注意适当处理，可剔除其中的小碎骨，再加水煮熟以降低其食盐浓度，防止食盐中毒；夏季饲喂时，还应注意此类饲料不能过夜，以防腐败变质而导致肉毒梭菌中毒。

二、猫的饲料加工

养猫用的饲料种类繁多，主要分为动物性饲料、植物性饲料和矿物质饲料三类。在饲喂之前，一定要对猫饲料进行细致的加工处理，其目的是迎合猫的口味，增加饲料的适口性，使其愿意采食；提高饲料的消化率；防止有害物质对猫的伤害。

1. 保持饲料清洁卫生

猫对饲料很挑剔，混有泥沙或污秽不洁的食物，甚至它自己吃剩的食物，它宁可饿着也不吃。因此，处理饲料时必须洗净，除去血污、泥沙等，而且坚持少量多餐的饲喂原则。

2. 各种肉类要煮熟后使用

生肉里可能有寄生虫或病菌，猫吃后引起疾病，而且有的生肉里面还可能含有有害物质(比如生鱼里有一种酶，可分解破坏维生素 B_1)，因此为了猫的健康，生肉必须先煮熟，再切成小块或剁成肉末，与其他饲料拌喂。为了防止破坏蛋白质的结构和损失大量的维生素，肉不能煮的时间太长，一般煮到半熟杀死病菌就可以了。也可用肉粉代替肉类，经过加工的肉粉不会有寄生虫或病菌，而且肉粉里蛋白质含量要比鲜肉高得多(约占 55%)。但肉粉里维生素和矿物质含量较少，必须另加补充。

3. 注意补充烟酸

烟酸是一种猫自身不能合成的维生素，其在维持皮肤和消化器官正常功能中起着重要的作用。因此，猫体内的烟酸只有从动物的肉中获得，而且烟酸遇热很快就会分解破坏，所以要补充烟酸就必须喂新鲜的生肉。

4. 注意补充骨粉

商店有骨粉成品出售，可以去购买。如果对骨粉质量不放心，也可自己制备。方法是将骨头上的肉剃净，然后把骨头砸碎，上火烘烤，最后研成粉末，拌在饲料中一起饲喂。

5. 科学添加鱼类

猫爱吃鱼，但饲料中鱼过多就会破坏猫体内的维生素 B_1，因此，在喂鱼时，要考虑补充维生素 B_1。而且生的鱼头或鱼内脏易引起猫腹泻，还可能感染寄生虫病和传染病。

6. 植物饲料要煮熟使用

猫喜吃干食，不愿吃液态或糊状饲料，因此可用米饭、馒头、玉米饼或窝窝头作为猫的食物，而且各种谷物和麦麸、米糠类生食会造成猫吃食后消化不良。

7. 谨慎使用豆类和饼类饲料

豆科植物和饼类饲料含有大量蛋白质，煮熟或在榨油制成豆饼或豆粕后，也是很好的猫饲料，但使用时必须谨慎。首先禁用发霉饲料，如饲料发霉则会产生黄曲霉毒素，可引起猫中毒死亡；其次禁用生黄豆或生豆粉喂猫。因其除含有膜蛋白酶抑制素，能抑制膜蛋白酶的分泌，影响对蛋白质的消化吸收外，还含有红细胞凝集素和皂角素，都是有毒物质。

8. 防止乱食中毒

有些食物是猫不能食用的：一是葱类食物，特别是洋葱，会破坏猫红细胞，引起贫血，甚至死亡。二是乌贼、章鱼，容易造成消化不良，胃部扩展。三是芥末、辣椒，会使猫味觉麻痹，也会对胃肠造成刺激。四是鲍鱼、蝾螺，会引起猫皮肤发炎。五是甜食，会引起猫心脏病和牙斑，巧克力还会使猫中毒死亡。六是高盐分食物，会伤害猫胃黏膜，对心脏和肾脏造成负担。七是鲜牛奶，会引起腹泻。八是生蛋清，猫可以吃生蛋黄，但不能吃生蛋清。生蛋清会抑制生物素，妨碍猫的成长和毛发的光泽。

在配制日粮时应注意 4 个原则：饲料的营养要全面，先满足猫所需要的蛋白质、脂肪和碳水化合物，再考虑添加维生素和矿物质，其次是先考虑质量，最后考虑数量；饲料宜多变，因长期饲喂单一的饲料会使猫厌食，进而出现营养缺乏，所以应经常地调剂或改善伙食；区别对待，根据猫的不同品种、不同年龄、不同阶段的食性特点，进行不同配制，如国内的品种猫可以谷物类饲料为主，鱼、肉为辅，进口猫因适应能力差，其饲料配置则正好相反；发育期、妊娠期或哺乳期的猫应在饲料中增加蛋白质、维生素、矿物质等；讲究卫生，应选用新鲜、清洁、无霉变、无污染或适口性好的饲料，严禁用发霉变质的饲料来配制日粮。

国内外猫常见饲料配方见表 6-4，表 6-5。

表 6-4 国内猫饲料配方 %

饲料成分	大米	玉米面	肉类	鲜鱼	食盐
配方 1	30	30	39		1
配方 2	29	40		30	1

表 6-5　国外猫饲料配方　%

原料	酶蛋白	奶粉	牛肝	牛肉	沙丁鱼	燕麦	马铃薯	食用油	鱼肝油	骨粉
配方 1	10	20	35			30		5		
配方 2	10			20	20	20	15	10	3	2

任务 4　商品犬粮选购

一、商品犬粮的类型

犬的商品型饲料，又称犬粮，是根据犬营养需要，经科学配比、工业合成的全价平衡食品，能够满足不同生长发育阶段犬对各种营养物质的需要。此类饲料的主要特点是适口性好，营养全面，容易被消化吸收，饲喂方便，一般分为干燥型食品、半湿型食品、罐装食品和处方食品 4 种类型。

1. 干燥型食品

干燥型食品多指膨化颗粒饲料或块状饲料，含水量 10%～15%，每千克饲料含热能 3 000 cal 以上。此类食品可作为犬的主食，能满足不同体重、不同生长阶段及不同年龄犬的需要。干燥型食品一般都经过防腐处理，不需要冷藏，可较长时间保存，而且营养全价，干净卫生，使用方便。

2. 半湿型食品

半湿型食品一般做成饼状、汉堡状等，外观似肉。此类食品营养均衡，能量较低，含水量 25%左右，在室温下即可保存。一般情况下，由于半湿型食品的气味比罐装食品小，独立包装也更加方便，价格介于干燥型食品和罐装食品之间。

3. 罐装食品

罐装食品的主要原料是动物性产品、水产品、谷类或其副产品、豆制品、脂肪或油类、矿物质及维生素等，有完全饲料型和纯肉型两种。此类食品的含水量为 75%～80%，粗蛋白质含量为 35%～40%，粗脂肪含量为 9%～18%。罐装食品通常用作辅食，需要在冷藏条件下保存，保持其新鲜，防止变质。

4. 处方食品

处方食品也称特殊配方食品，也称处方粮、“专业处方”产品或保健食品。这类食品是针对不同疾病的犬、不同年龄犬的生理需要和不同病因等情况配制而成的，多以小型包装常见。食用这类食品时，应在兽医师的指导下应用。

二、犬粮选择方法

市面上多见的是干燥型犬粮。干燥型犬粮的种类较多，价格相差也较大，在选择时应主要对犬粮的营养、颗粒大小、硬度、口味、包装等方面权衡考虑。相比较而言，国外品牌的犬粮在营养配比、生产工艺等方面均较为成熟，而且国外部分宠物食品生产商已设计出单犬种的专用犬粮。因此，在条件许可时，多数人首选国外品牌的犬粮。

1. 看营养成分

目前犬粮多为鸡肉口味，所用原料是鸡肉、鸡肉粉或鸡内脏粉，因此选购犬粮时应注意犬粮包装的具体说明。抓一小把散装犬粮，感受其重量，重量的轻重往往是因为制造工艺的不同而有所差异；如手上残留颜料，表明该犬粮在制作过程中增加了色素。优质犬粮应在手上留有一定的油脂和少许小的残渣，闻起来隐约有肉和谷物的味道，腥味不宜过浓。

2. 看颗粒大小

犬粮颗粒大于中指指甲的犬粮不适合吻部较短的犬种，颗粒小于小拇指指甲的犬粮不能满足大型犬的品味需要，因此在选择犬粮时候应遵循犬只的个体需要，小型犬或幼年犬宜选择小颗粒犬粮，大型犬宜选择大颗粒犬粮。

3. 看硬度

先用手指捏压犬粮，感觉犬粮反馈给手指的力度，通常犬粮轻捏的硬度与未沾过水的肥皂相似，更用力捏时比肥皂的硬度稍硬。抓一小把犬粮后再放下，看手上残渣，如果残渣较多，表明犬粮较脆，膨化程度高，密度低；如果手感较黏，可能犬粮的用料上有问题。通常小型犬或幼年犬宜选择硬度较小的犬粮，大型犬宜选择硬度稍大的犬粮。

4. 闻口味

犬粮的口味有鸡肉、牛肉等口味，而且多为清淡型，不同类型的犬只对犬粮口味的要求也不尽相同。对于皮肤敏感度差、消化功能不强的幼犬以及肠胃功能不佳的老年犬，宜选择清淡鸡肉口味的犬粮；对于运动量大、体型大的犬，宜选择牛肉口味的犬粮，有助于补充能量、强健肌肉；对于较挑剔的犬，则可选择口感上较浓厚的动物内脏类(猪肉)口味的犬粮，且应该与其他口味的犬粮搭配使用，以防犬只挑食。

5. 看包装

目前市场上犬粮包装规格较多，多是商家为消费者提供方便而设计，包装上通常有品牌、规格、主要原料比例、厂商等内容，选购犬粮时应仔细考察。饲养大型犬，宜选择 3 kg 或 5 kg 的中型包装犬粮，实惠又方便，且易于保存；饲养小型犬或幼年犬，宜选择 1 kg 的小型包装犬粮，随吃随买，不至于浪费。

无论选择何种类型饲料，其好坏与否必须通过实践来验证，可通过饲喂后犬体重变化、健壮程度、食欲及成活率等方面来验证。一般而言，犬最佳饲粮标准为：粗蛋白含量为 20%～25%，脂肪含量为 5%～8%，糖类含量为 60%～70%。总体来说，饲喂最适合的犬粮后，犬有“食欲旺盛，生长发育好，健康活泼，被毛有光泽，体格健壮，成活率高”等表现。

三、选择犬粮优劣的常见误区

1. 颜色好看的就是优质犬粮

犬粮颜色能够一定程度反映出犬粮的原料组成种类与结构，通常优质犬粮能够体现出肉的颜色。肉类在经过高温膨化后，常呈现棕色或深褐色，因此含肉类成分较多的犬粮比含量少的颜色偏深一些。但由纯鸡肉制成的犬粮则表现出另外一种情况，好的鸡肉颜色反而较浅，因为所用的原料是纯粹的鸡胸肉，不含鸡骨头、鸡内脏等副产品。此外，目前犬粮的生产技术较为先进，添加一些色素即能模仿“肉”的颜色，因此仅凭犬粮的颜色是很难判断犬粮质量的优劣。况且犬色盲，犬粮颜色是否鲜艳、好看，对犬的意义不大，人类主观地将审美观强加于宠物犬，这是对犬粮的一种误导。

当然，选购犬粮时，判断其外部颜色也很有必要，应尽量仔细地从外表检查犬粮是否有霉变、变质现象。

2. 形状不统一的是劣质犬粮

很多宠物爱好者在选择犬粮时，更侧重于检查膨化犬粮颗粒的形状、大小和规整度，并完全以此来判断犬粮的优劣，这也是不正确的。犬粮是多种原料经过一系列的深加工程序制造而成，属于工业化批量生产，其重要环节是膨化，而膨化就是水分瞬间冲出颗粒造成的变异，相对较随机，而且如果真肉成分较多的情况下经过高温，即便是相同品质的肉质也可能因萎缩的程度不同，而很难保证犬粮的每一个颗粒大小都完全一致。况且，玉米、淀粉、大豆、面粉等植物类的形状控制能力远远大于肉类，以此来判断，反而是淀粉越多的犬粮形状越容易一致，越容易统一颗粒规格。

犬粮颗粒的形状和大小、规格的统一性，能一定程度上反映生产厂家对宠物食品制粒工艺的掌控能力，侧面反映出企业的规模，但不可以此来判断犬粮质量的优劣。但如果是犬粮的颗粒直径、长度相差甚远，则可能是犬粮在生产过程中缺少基础的质量控制与管理造成的。

3. 表面光滑的是优质犬粮

犬粮是以动物性肉类为主，辅以其他多种植物性饲料原料组合而成，含有较多肉类组织纤维，经过必要的粉碎是为了生产制造方便的需要。但宠物爱好者以犬粮颗粒表面的细腻程度来判断犬粮质量的优劣也是不科学的。因为犬不喜欢吃过于细腻的食物，而且很多时候宠物爱好者喜欢把犬粮泡在水里再给宠物犬食用，过于细腻的犬粮在淀粉化的作用下，会变得黏牙，不利于犬牙的生长发育，同时也容易产生更多的牙垢，导致口臭。

事实上，犬粮中如含有大量的植物淀粉填充物，再加上特殊的食品添加剂，会导致犬粮颗粒表面很光滑。犬粮颗粒表面粗糙，多是肉类的纤维物质留下的痕迹，因此，犬粮颗粒表面粗糙感越强，其中动物性肉类物质含量则越多。

4. 味道不香的是劣质犬粮

多数宠物爱好者在选择犬粮时，通常是先嗅犬粮的气味，这种方法很正常也很必要，但不应以犬粮气味的好坏来判断其质量的优劣。人类比较喜欢香味或奶味，而犬喜欢肉味和腥味，甚至是氨基酸变质腐败气味，对酸性气味尤为敏感，况且不同犬只对犬粮气味的喜好也不尽相同。目前有些犬粮制造企业投人类所好，把犬粮的味道通过各种合成香精调配成奶香味，其实这对犬的诱惑力并不是最佳，反而可能会影响犬粮的适口性，同时长期饲喂这种犬粮也会降低犬嗅觉的灵敏度。

在选择犬粮时，从犬粮的气味中可判断犬粮的新鲜程度，如果有脂肪氧化酸败的味道(即通常所谓的油哈味)，表明该犬粮已不新鲜，不适宜选择食用。质量较好犬粮的味道应是正常的淡淡肉香味或者是鱼腥味，香味很自然，而不是浓烈的香味。

【知识拓展】

犬粮、猫粮品牌

1. 冠能

创立于1986年，是雀巢普瑞纳旗下超高端宠物食品品牌，产品以犬干粮和猫干粮为主，其科学的营养配比受到了全球广大繁育者及养宠人士的喜爱与信赖。

冠能的科学营养也被众多兽医专家所追捧，产品各成分含量均超过美国饲料管制协会(AAFCO)的要求，为犬类提供完整均衡的营养。

冠能产品是由宠物研究护理中心之一普瑞纳宠物护理研究中心研制。该中心的兽医专家、动物营养学家长期致力于宠物食品的研究和开发工作，累积了宝贵经验。

2. 皇家

1967年创立于法国，隶属于全球知名食品生产商玛氏公司旗下，专为居家小型犬定制的精准营养方案，是全球宠物食品行业的知名企业。

50多年来，皇家宠物食品秉承营养让宠物乐享健康品质生活的理念，匠心为宠物猫量身定制专业配方，不断带来健康营养的宠物食品。皇家宠物食品始终坚持以犬、猫为中心，通过科学研究及观察，不断创新，追求更高品质。皇家宠物食品与一支由营养师、繁育场主和兽医组成的专家队伍通力合作，根据宠物的品种、年龄、生活方式以及病症(从微恙到重病)，精心定制了200多种营养配方，满足宠物各种要求。

皇家宠物食品的所有原材料都通过严格检查，只有100%合格且可回溯的产品才会被采用。皇家宠物食品在全球十三个生产基地全部强制推行质量和食品安全标准。

3. 康多乐

创立于1926年，是全球较大的宠物食品制造商、宠物护理公司，康多乐是美国雀巢普瑞纳旗下的犬粮品牌之一，也是普瑞纳旗下历史悠久的犬粮品牌，康多乐誓以均衡的营养和良好的口感，带给狗狗多样的美味快乐。

4. 宝路

创始于1911年，知名宠物食品品牌，全球狗粮及护理用品领导品牌，专业从事生产销售宠物食品及宠物护理产品的企业玛氏公司从1935年开始生产宠物食品，是全球较早生产专业宠物食品的企业，拥有众多国际宠物食品品牌，包括宝路犬粮、伟嘉猫粮等。玛氏食品(中国)有限公司是玛氏公司在中国的独资企业，1993年进入中国，是较早早进入中国市场的宠物食品生产商，玛氏中国于1995年，在北京怀柔区投资建立了国内宠物食品工厂，生产宝路犬粮和伟嘉猫粮。如今，玛氏公司在国内市场销售的宠物护理产品品牌包括宝路犬粮、伟嘉猫粮、西莎犬粮、佳贝TM犬粮、喵趣TM猫粮、怡威TM犬粮和洁珊猫沙，产品类别包括干粮，湿粮(妙鲜包和罐头)，零食和护理产品，拥有目前国内类别和品种丰富的宠物护理产品。这些品牌自从进入中国市场以来，一直深受广大消费者的信赖和喜爱，得到广泛赞誉。

玛氏公司在宠物护理产品领域取得的成功，关键在于了解动物的营养需求。这种了解是全世界玛氏宠物护理专业技能与经验的结合，与威豪(WALTHAM)——全球宠物护理与营养机构的研究成果相一致。在产品开发和市场策略方面，玛氏公司在中国建立了研究和信息系统，以更好地关注消费者的需求。作为国际和国内宠物食品领导企业，在宠物食品的原材料选择、生产工艺和质量监控上一直本着高度严谨的态度，并采用全球统一的严格的质量安全体系。为消费者生产高质量的产品。

除生产高质量的产品外，玛氏公司多年来坚持不懈地倡导“做负责任的宠物主人”的理念，让国内更多的宠物主人了解和树立科学饲喂宠物的知识和理念，帮助越来越多的宠物主人更好地享受与宠物相伴的乐趣。玛氏公司自进入中国市场以来，一直积极支持和参与宠物相关行业的发展，为推动市场发展，提高行业水平做出了贡献。

5. 优卡

始于 1946 年美国，爱慕思公司旗下狗粮品牌，1999 年加入宝洁公司全球健康事业群，2014 年玛氏食品收购爱慕思。

在 19 世纪的 40 年代，伴随着爵士乐的演变，出现了独特的爵士乐语言。优卡这个词就源于爵士乐文化。1969 年，优卡的创始人开始为其新的犬粮配方寻找一个具有纪念意义的名称。在质量上，优卡所生产的犬粮是同行业者难以望其项背的。现在所缺的就是一个独特的名称而已。他将产品命名为“优卡”。那一刻起，优卡开始了新的历程。时至今日，优卡依然领导了整个行业。产品采用高质量的原料制作，可满足不同犬种的营养需要。每一包犬粮，都凝聚了优卡人的独到用心。

爱慕思公司是由动物营养专家保罗·爱慕思(Paul Iams)于 1946 年在美国东岸的俄亥俄州一个名为德顿市创立的。1970 年克雷·马歇尔(Clay Mathile)加入爱慕思公司，并在 1982 年买下公司。

6. 比瑞吉

上海比瑞吉宠物用品股份有限公司创立于 2002 年 3 月，中外合资企业，现有 600 多名员工。从事全系列猫狗粮研发、生产、销售，在国内具有一定市场占有率，目标是成为世界天然宠物食品品牌。

目前拥有比瑞吉、开饭乐、诺瑞三大主品牌，并成功总代理德国品牌灵萃。目前，比瑞吉与开饭乐产品，已远销海外并获得当地消费者的认可和喜爱。

集团总部位于上海虹桥开发区，生产基地位于上海金山工业园区，占地 5 万多平方米。山东开饭乐生产基地，占地 7 万多平方米，积极开拓国内商超和繁殖渠道。

7. 好主人

始于 2000 年，知名宠物食品品牌，隶属于通威集团旗下，专业从事猫粮狗粮研发、生产和销售的企业。

成都好主人宠物食品有限公司是全球知名的水产饲料集团、国内知名大型企业通威集团旗下企业，公司成立于 2000 年，是国内较早的宠物食品企业之一，拥有目前全亚洲规模较大、设备精湛的专业宠物食品生产线。公司拥有猫粮、犬粮两个系列产品，通过 ISO9001 国际质量管理体系认证和 HACCP 国际食品安全管理体系认证，并成为国内较早通过美国食品和药品管理局(FDA)注册的宠物食品企业。

公司依托通威集团强大的科技力量与国内高校、国外行业专家合作，深入开展宠物营养研究，并组建了由数十名宠物营养专家、宠物行为学家团队组成的好主人宠物研究所。公司投入巨资引进荷兰格林烘干机、意大利真空喷涂机、双螺杆膨化机、超微粉碎机等全球宠物食品生产设备，使好主人公司在硬件、工艺、技术上先于同行。

公司在营销模式上锐意创新，在天猫、京东、亚马逊、一号店等知名电商平台均开辟了网络旗舰店，电商服务团队坚持 7×24 小时不间断为客户答疑解难，获得了顾客的大力支持和五星好评，好主人电商取得了迅猛发展，业绩排行业前列。同时，公司拥有遍布全国的营销服务团队，帮助经销商做好线下顾客的服务工作，良好的顾客体验，带动了无数好主人基层店铺的迅速崛起，实现了线上线下联动发展格局。

8. 路斯

山东路斯宠物食品股份有限公司，是集生产、加工、销售为一体的宠物食品专业公司，目前，拥有 2 个现代化工厂，下设 7 个 GMP 标准加工车间，年生产力 30 000 余 t，固定资产 5 000 万元，工厂面积 25 万 m^2。

2014 年出口额达到 4.5 亿元人民币，国内销售额达到 4 500 万元；为了更好地顺应现代市场需求，山东路斯宠物食品股份有限公司与美国宠物食品研发公司 ZeigierBros.，lnc，联合研发宠物保健类产品，实现产业一体化发展。产品主要出口日本、欧盟、美国、加拿大、东南亚、中国香港等国家和地区。

公司旗下路斯 LUSCIOUS 系列宠物零食在北京、上海、深圳、成都等国内城市已占有主导地位，并在沃尔玛、家乐福、百佳、万佳、吉之岛、易初莲花、大润发等大型连锁超市销售。

9. 麦富迪

乖宝集团旗下知名宠物食品品牌，专业生产犬用、猫用干粮、烘干类和冻干类零食、湿粮罐头、咬胶类、洁齿骨和各种创新产品的大型宠物食品集团。

乖宝宠物食品集团坐落于出口宠物质量安全示范区——聊城经济技术开发区。成立于 2006 年 10 月，以“全球视野，持续创新”的发展理念，在山东聊城等地建起国际标准的宠物食品研发、生产基地，并逐步发展成为中国较大的宠物食品出口企业。在美国、日本、荷兰、泰国和中国北京成立多个子公司，产品销往欧美等十几个国家和地区，年销售额超过 10 亿元人民币。2015 年乖宝泰国研发和生产基地的建立，2017 年乖宝美国研发中心的成立，标志着集团在全球化战略中稳步前行。

在与世界出色的宠物食品公司合作过程中，乖宝集团积累了国际宠物食品加工技术，并拥有国际水平的独立研发平台。生产的产品类别包括：以烘干鸡肉、鸭肉、猪肉、羊肉、鱼肉等为主的宠物零食系列，以肉和果蔬搭配为主的宠物湿粮系列，以营养配方、天然食材为主的宠物主粮系列。共计三大品类 1 300 多个品种。

“Myfoodie 麦富迪”是乖宝集团旗下自有品牌，承载了所有乖宝人的信念和愿景。麦富迪始终坚持天然、高品质的世界宠物美食高标准，倡导人与宠物相爱、相伴的倾世宠物情缘文化。麦富迪凭借独具其魅力的品牌形象和国际标准的产品品质而畅销全国。

10. 雷米高

拥有宠物医院、宠物美容学校、宠物纯种繁殖场等上下游产业链平台，集宠物食品、药品、用品生产研发及销售于一体的综合型企业

佛山市雷米高动物营养保健科技有限公司 2006 年以宠物事业部的形式在东方澳龙制药公司运作，2008 年以独立的法人单位正式成立，现坐落于广东省佛山市三水区大塘工业园内。公司以犬、猫粮生产为主线，同时拥有宠物医院、宠物美容学校、宠物纯种繁殖场等上下游产业链平台，是集宠物食品、药品、用品生产研发及销售于一体的综合型企业。

雷米高秉承“让每一个宠物都享有尊荣关爱”的愿景，专注于研发呵护宠物健康的优质产品。雷米高公司现有 12 名专业的犬猫粮研究人员，其中研发工程师 7 名均为硕士研究生学历，拥有 1 000 只以上犬猫的宠物试验基地，与华中农业大学、华南农业大学开展密切的

项目合作。每批粮食、药品在上市前均通过了严格的实验室检验及活体动物安全性评估，使每一批产品的出厂安全，为爱宠提供更健康的产品与更优质的服务！公司旗下目前拥有“活力泰”“R-king”“赛极号”“澳宝”“澳丽得”等多个国内犬、猫粮品牌，每一款粮食均为爱宠量身定制，每一粒粮食都饱含雷米高待宠如亲之心。依托于母公司东方澳龙集团强大的研发实力及严格的GMP生产线，雷米高宠物药品以稳定、安全著称，上市以来一直深受消费者信赖与喜爱。

雷米高不仅仅是宠物食品、用品、药品的提供者，更是为宠物提供多方位服务的供应商。2012年初雷米高同年联合广州市技师学院以校企合作的形式成立了宠物美容学校，学校以“提升职业技能、创业实现梦想”为基本理念，成立至今已开办培训班逾百期，累计培养C级美容师超2 000人，B级及A级美容师超200人。雷米高将通过资源整合为宠物行业培养更多的美容人才，更好地为爱宠服务。

【考核评价】

1. 犬的营养需要及其饲养标准。
2. 犬、猫的消化特点。
3. 常见宠物饲料种类。
4. 商品粮的分类。
5. 犬粮的选购方法。
6. 犬粮的选购误区。

项目七

宠物饲养管理

学习目标

了解犬常规饲养管理，掌握种犬、种猫、仔犬、仔猫、幼犬、幼猫、成年犬、成年猫、老龄犬及老龄猫的饲养管理。培养学生的劳动意识，尊重别人的劳动成果；培养学生热爱宠物、关爱宠物的情感。

【学习任务】

任务1　犬的常规饲养管理

合理的饲养和科学的管理是为了使犬保持良好的体魄，从而保证各项工作顺利的开展。犬的常规饲养管理主要包括常规饲喂和常规管理两方面。

一、常规饲喂原则

(一)营养全价

根据犬的生理阶段、体况和具体表现，按饲养标准规定，拟定合理的饲喂方案，保证营养均衡供给。饲料营养应全面、适口性好、多样搭配，长期饲喂单一的饲料容易引起犬厌食、偏食，应经常改变饲料配方，调剂饲喂。自配饲料应现配现用，不宜过夜，发霉变质的饲料不能喂犬。饮用水应来自清洁的自来水，不能用泔水和地表水，以免引起食物中毒、寄生虫的侵袭及消化道疾病。

(二)"六定"原则

根据犬的习性，坚持做到"六定"原则，即定时、定量、定温、定质、定位、定食具，养成犬良好、稳定的生活习惯。

1. 定时

定时是指每天饲喂的时间应固定，不能超前或拖后。定时饲喂能使犬建立良好的条件反射，定时分泌胃液，使胃肠运动形成规律，可以增进食欲，有利于采食和消化吸收，提高日粮的利用率，也有利于定时定点排便训练。如果不定时饲喂，则将破坏这一定律，不但影响采食和消化，还易使犬患消化道疾病。

2. 定量

定量指每天饲喂的饲料量应相对稳定，不可时多时少，防止犬吃不饱或暴饮暴食。喂得过多，引起消化不良；喂得过少，使犬感到饥饿而不能安静休息。一般情况下，不同体重的犬每天的饲喂量通常按每千克体重饲喂20～25 g，也可按照犬体重的7%～8%饲喂。如发现犬在10 min左右的时间内能不间断地采食完成，表明喂量适宜；反之，则表明喂量过多或过少，应适当减少或增加喂量。对在规定时间内吃不完的剩余饲料，应及时取走。

幼犬在3月龄以前要饲喂4～5次/d，3～8月龄要饲喂3次/d；8月龄以后就可按照成年犬的喂养计划安排2次/d；孕犬、哺乳犬、种公犬饲喂3次/d；老年犬消化机能减退，以少食多餐为宜；对于患病犬要根据病情轻重而定，必要时可停饲1～2次，以刺激其恢复食欲。

3. 定温

根据不同季节气温的变化，调节饲料及饮水的温度，做到"冬暖、夏凉、春秋温"，不可过高或过低，否则易影响犬的食欲及引起消化道等疾病。犬的食物温度一般以40℃左右为宜，当食物温度超过50℃时犬会拒食；低于15℃时，影响其采食量。

4. 定质

定质是指日粮的配制不宜变动过大，喂给的饲料质量要保持清洁新鲜且相对稳定。对新购犬，应实施一周左右的饲料过渡，以防突然改变饲料而引起犬的胃肠功能紊乱，影响其消化吸收，严重时可能导致犬的消化道疾病。

5. 定位

犬习惯性地在固定地点进食、休息和睡眠。突然改变进食地点，犬会表现不安，会把食物或食具叼到自己认为安全的地方进食，甚至出现拒食或食欲下降。因此，犬休息、进食场所需固定，利于犬良好进食习惯的养成。

6. 定食具

犬常把食具作为自己的"私有财产"，因此犬的食具须专用，不得串换食具。几只犬共用一个食盆时，为争食而发生争斗现象较多，同时固定食具也可有效地防止疾病的传播。

少数人常把犬拴在一个固定位置，将食盆放在地面上，任其低头采食，这种做法是不妥的。因为拴养犬在大多数时间会感觉无聊，会不断地嗅闻附近地面，形成"耷头"的不良习惯。因此，饲喂犬只特别是大型犬时，应将其食盆稍稍垫高，使其从小养成抬头采食的习惯。

(三)关注犬食欲

在犬进食时，应密切关注犬的进食情况，发现犬的食欲异常，应及时查找原因。犬的食欲不正常，主要有以下原因：

1. 饲料

饲料种类单一、不新鲜、有异味、过热或过冷等，特别是饲料中含有大量的化学调味剂或含有芳香、辣味等有刺激性气味的物质，均可影响犬的食欲。

2. 环境

喂食环境不合适，如强光，喧闹，温、湿度不适宜，或多只犬在一起争食，或有陌生人在场或其他动物干扰等，都会导致犬的食欲不正常。

3. 疾病

如果饲料与环境方面的原因都被排除后，犬的食欲仍不见好转，应考虑犬是否患有某些疾病，重点注意考察犬体各部位有无异常表现。

二、常规管理原则

养犬不仅需要有合理的饲喂方法，更应有科学的管理措施。如果对犬的管理不当，不但犬易患病，而且人兽共患病还可能危害人的健康。

(一)健康检查

1. 常规健康检查

常规健康检查是根据犬的日常表现，结合正常的体征指标，对犬进行逐步检查、综合分析，以便及早发现疾病，及时治疗。主要检查内容包括犬的精神状态、眼睛、鼻镜、耳朵、肛门、体温等。

2. 可视黏膜检查

犬可视黏膜的检查包括眼结膜、鼻黏膜、口腔黏膜等。临床检查主要是眼结膜，检查时应注意眼的分泌物、眼睑状态、结膜的颜色等。

(1)潮红　潮红是结膜下毛细血管充血的现象。单眼潮红，可能是局部结膜炎所致；双眼潮红，多标志全身的循环状态不良；弥漫性潮红见于急热性传染病及某些器官、系统的广泛性炎症过程；如小血管充盈明显呈树枝状(俗称树枝状充血)，多为血液循环或机能障碍的结果。

(2)苍白　结膜色淡，甚至呈灰色，是典型苍白的特征，多见于大出血或慢性消耗性疾病。由于红细胞的大量破坏而形成的溶血性贫血，在苍白的同时，常带不同程度的黄染特征。

(3)黄染　结膜呈不同程度的黄色，为血液内胆色素代谢障碍的结果，见于溶血和引起肝实质发炎、变性的某些传染病。

(4)发绀　犬的可视黏膜呈蓝紫色，是血液中还原血红蛋白增多或形成大量变性血红蛋白的结果，多见于肺换气不良和动脉血缺氧时的心肺疾病或某些中毒病。

(二)犬体保洁

定期地对犬体进行保洁，不仅能促进犬体血液循环，改善皮肤和被毛营养，增进食欲，预防皮肤病的发生，有利于保证犬体健康，还能增进人与犬之间的亲密度。犬体的清洁卫生主要包括梳理被毛、洗澡、趾甲修剪、保洁牙齿、清洁耳朵和眼睛以及清洁肛门等。

1. 梳理被毛

家养犬几乎一年四季都换毛，脱落的被毛容易在耳后和腿内侧形成毛结，影响犬的整体美观。梳理被毛的顺序是由前向后、先逆后顺。梳刷时不宜用力过猛，切忌伤及皮肤，如毛有缠结，可用手分开，或用剪刀剪除。

2. 洗澡

洗澡是清洁皮肤和被毛的重要措施。洗澡前应让犬排便，水温以稍高于体温为宜，洗浴的顺序为先躯干、四肢，后头部。洗澡前，可在犬耳朵里塞一小块棉球，以防水进入引起中耳炎。洗澡后应及时用吸水毛巾擦干，并用吹风机吹干被毛。

3. 除去齿石

犬易生齿石，可导致牙龈炎和口臭。因此，对成年犬应隔一段时间除掉牙根部的齿石。平时可用生牛皮或塑料制作的管状骨状玩具供犬啃咬，有助于犬磨去齿石和锻炼牙龈，也可用犬专用牙刷对之进行刷牙。

4. 修剪趾甲

经常在水泥或粗糙地面上活动的犬可不进行趾甲修剪，但室内或笼养犬的趾甲应定期修剪。修剪时注意不可伤及血管和神经部分，以免出血感染，剪后用锉把尖端磨圆。

5. 清洁耳朵

犬耳每月至少应清洁一次，特别是大耳且完全下垂如美国可卡犬等犬种，可用洗耳液或矿物油对可见的外耳部分进行清洗。如耳内有较多的耳毛和污物时，应拔去全部耳毛后清洗干净。

6. 清洁眼睛

应用生理盐水或专用的洗眼液定期洗眼及周围。犬眼经常流泪时，应用硼酸水冲洗，然后用眼药膏涂擦；有少许眼垢或眼球上有毛发时，可用润湿的棉签由外角向内侧擦拭。

7. 清洁肛门

在整理清洁全身各部位之后，也应注意清洁犬的肛门附近。粪便粘结堵塞肛门时，应及时清理干净;给犬洗澡时,应挤出肛门腺的分泌物,防止分泌物蓄积过多而导致体臭或肛门发炎。

(三)提供适宜的环境条件

犬窝(舍)是犬栖息的主要场所,其卫生条件的好坏直接影响犬的生长发育和健康。犬窝(舍)必须每天打扫,随时清除粪便和污物,对于犬窝(舍)的各种用品如垫布、箱体(或筐体)等,做到至少1周消毒1次,冬季可以间隔长些。对患病犬应彻底更换犬窝的铺垫物,用过的铺垫物集中焚烧或深埋,对犬窝(舍)进行彻底喷雾消毒,铁质笼舍需进行火焰消毒。为保证犬窝(舍)卫生,应训练犬在固定的地点排便。

犬窝(舍)平时应保持良好的通风透光,温度、湿度适宜,做到冬暖夏凉。冬季犬窝(舍)温度为12~15℃,夏季为21~24℃,特别是幼犬,对温度变化的适应性很低,温度的骤变常导致幼犬对疾病的抵抗力下降。夏季可以把犬窝放到朝北的房间,或采取人工方式降温,如开启风扇和空调,但应注意风扇不可对犬直吹。犬窝内的湿度须保持在50%~60%,湿度过高,夏季容易中暑,冬季容易着凉,造成犬消化系统和骨骼的不适;湿度过低,空气干燥,易引起呼吸系统方面的疾病。

(四)适量运动

必要的户外运动,不仅可以使犬吸收阳光中的紫外线,提高对钙的吸收,而且可以杀灭细菌,驱除体表寄生虫,有利于增强体质。犬户外运动时应注意以下事项:

1. 运动时间的选择

运动应在早晚进行,早晨空气新鲜、凉爽,晚上环境安静,无干扰。夏季不宜在炎热的白天户外运动,以免强烈的阳光照射,引起中暑或日射病。

2. 合理安排运动量

犬的运动量和体形有关,通常小型犬的运动量小,大型犬的运动量大。小型犬每天在室内游戏,并配合适当的户外运动即可;大型犬应以室外运动为主。

3. 防止犬养成低头乱嗅的习惯

运动中应防止犬低头嗅闻和随地拣食等坏习惯的养成,带犬外出运动时需配戴牵引带。

4. 带犬外出运动时应遵守社会公德

遛狗时,应携带清洁用具,及时清除犬只户外排泄物,维护公共环境卫生,做个有社会公德的犬主。乘坐电梯时,应采取怀抱或为犬只戴嘴套等措施,不得乘坐公共汽车、营运客船等公共交通工具,也不得进入车站、广场、公园、运动场馆、游园、商场、饭店等公共场所,尽可能不让犬只在车胎旁、健身器材、石凳、草坪、庭院、楼道等场所排便。

(五)预防疾病

养犬过程中,应重点做好疾病的预防工作。

1. 定期消毒

坚持犬窝(舍)、食具等定期卫生消毒是预防和控制疾病传播的一项重要措施。食具用后清洗干净,放置时防止苍蝇、蚊虫的叮咬,同时应定期煮沸消毒,一般1周消毒1次;圈舍、场地需保持清洁卫生,每月消毒1次。

2. 驱虫免疫

仔犬出生后20 d左右进行首次驱虫,6月龄以下的幼犬每月驱虫1次,育成犬每2个月驱虫1次,成犬每季度驱虫1次。常用的广谱驱虫药有盐酸左旋咪唑,按每千克体重10 mL

口服，用于驱除蛔虫、钩虫、丝虫等；也可选用丙硫苯咪唑，按每千克体重 25 mg 口服，驱除绦虫。具体方法是灌服，操作时用手将犬嘴掰开，将药物往幼犬咽喉部按放，滴少许清水后合上犬嘴，让其自然咽下即可。

幼犬在断奶后 15 d 左右时可首次注射五联疫苗，用于预防钩端螺旋体病、犬瘟热、犬细小病毒病、犬传染性肝炎和犬副流感，2 周后二次注射；成年犬每年只需接种 1 次。三月龄后，可单独注射狂犬病疫苗。

任务 2　种犬饲养管理

一、种公犬的饲养管理

种公犬的饲养管理是养犬过程中的一个关键环节。种公犬健康状况、配种能力的强弱将直接影响犬群的繁殖、仔犬的出生率及成活率等。一般来讲，只有种公犬发育状况良好、体格健壮、性欲旺盛、精液品质优良，才能得到更多更好的后代。全面的营养、适量的运动和配种时的合理利用是养好种公犬的关键。全面的营养是维持公犬生命活动、产生优良精子和保持旺盛配种能力的物质基础；适量的运动是加强犬的新陈代谢、锻炼神经系统和肌肉，保持旺盛精力和性欲，提高配种能力的重要措施；合理的利用是维持公犬旺盛的性欲、保持较高配种率的重要保障。

1. 加强营养

由于犬的配种多发生在春秋两季，因而犬的饲养也可划分为配种期（春、秋季）和非配种期（夏、冬季节）。

配种期种公犬的饲养是饲养的关键。在这一时期，种公犬所消耗的物质和体能较大，一定要根据种公犬的营养状况和饲养标准合理地配制日粮，为其提供充足而全价的营养。种公犬对蛋白质的质量和数量要求都较一般犬高，如果长期饲喂单一来源的蛋白质饲料，会引起某些氨基酸的供给量不足而造成精液品质下降，如赖氨酸直接参与精子的形成，一般的植物性蛋白质饲料中精氨酸的含量又较低，所以应注意添加合成的氨基酸或动物性蛋白质。另外在饲养中应注意，种公犬对能量饲料的需要也有一定限制，能量饲料供给过多，犬会变得肥胖，从而影响犬的性欲和精液的品质；而能量供给过少，会使犬过瘦，射精量减少，受胎率下降。矿物质、维生素等供给不足，会使造成精液品质下降。钙、磷不足或缺乏时，会致使精子发育不全，活力下降，死精数增多。若维生素 A 和维生素 E 不足，精液数量减少。若长期缺乏维生素 A，会使种公犬性反射降低，精液品质下降，甚至使睾丸发生肿胀或者萎缩从而丧失繁殖能力。维生素 D 缺乏时，使钙磷失调，间接影响精液品质。

在配种期，每千克混合饲料中，粗蛋白质含量应为 20%～22%，消化能为 12.54～12.96 MJ。钙 1.4%～1.5%，磷 1.1%～1.2%，锰为每天每千克体重需要 0.11 mg，维生素 A 每天每千克体重需要 110 IU，维生素 E 每天每千克体重 50 IU。在此期间，可以适当增加饲喂次数，改为每天早、中、晚饲喂 3 次，在配种前 2 h 禁止饲喂，以防止在交配过程中引起胃肠不适，发生意外情况，配种后 1 h 内不要饲喂。

非配种期的饲料中，粗蛋白质含量应降低至15%～20%，消化能为12.54 MJ。每天饲喂2次，采用定时定量饲喂。

2. 适量运动

适量的运动可以促进食欲，帮助消化，增强体质，提高繁殖机能。通常公犬上午、下午各运动1次，每次不少于30 min，运动时强度不宜过大，以免造成损伤，尤其在配种期间，应适当减少运动量，避免劳累。夏天应在早晨和傍晚时进行运动，冬天在中午运动，酷热严寒的情况下应减少运动量。但应注意，为了保证犬有足够的体力和兴奋性进行交配，在配种前不应做剧烈的运动，交配之后也不能进行剧烈运动，应立即让犬休息，迅速恢复体力。

3. 单圈饲养

要给公犬一个安静的休息环境，防止外界的干扰，因此最好单独饲养。而且种公犬的好斗性强，合圈饲养容易发生打架情况，公犬舍最好远离母犬舍，因为母犬的气味和声音会引起公犬的性冲动，长此以往得不到交配，会影响公犬的配种能力。若在发情季节，将公犬与不发情母犬一起饲养，会促使母犬发情和激发公犬性欲。

4. 合理利用

一般来说，公犬的初配年龄为1.5～2岁，种公犬在配种季节不应使用过度，否则会造成精子密度下降，精子成活率低下，从而影响配种的成功率。配种季节，每天配种1次为宜，每周最多可配种3次，1个配种季节每只犬配种次数不得超过15次。

5. 日常管理

高温会降低公犬的性欲，影响精液品质，因此夏季应做好防暑降温的工作。常见的降温措施主要有犬舍遮阴、通风、在运动场上设淋水设备等。冬季做好防寒保暖工作。最好每个月定期称量体重一次，保持种公犬的良好体况。定期检查精液品质，通常是每月一次，从而降低母犬的空怀率。对种公犬应进行精液品质的检查，当种公犬由非配种区转入配种区时应连续一周检查精液的品质，从而了解种公犬的实际情况。若发现问题应根据调节饲料中的营养物质和管理方法提高配种效率。

经常用刷子刷拭种公犬身体，不仅能促进犬机体的血液循环并使犬有舒适感，增进犬体健康，增加食欲，而且能增进饲养员与犬之间的情感交流，有利于配种和采精，并且还可以防止体外寄生虫病和皮肤病的发生。在夏季，应经常给公犬洗澡，温度较高时，每日可洗1～2次，洗澡过程中应做好生殖器的清洗和按摩。刷拭和洗澡后的种公犬会提高性欲、性情温顺、体质健康。

每次配种时应做好配种记录工作，包括配种时间与配母犬信息等。

二、种母犬的饲养管理

繁殖母犬在饲养过程中，要求身体健壮，体况良好(中等膘情)，在繁殖季节能正常发情、排卵和配种，受胎率高，产仔多，母性强。一般经历空怀、妊娠、哺乳三个主要时期，由于在三个时期中，种母犬所担负的任务或所处的生理状态不同，因此也就要求不同的营养水平及饲养管理方式。

(一)空怀母犬的饲养管理

(1)调整营养　刚断奶的母犬体况较差、偏瘦，还应逐渐减少对母犬的饲喂量，适当减少饮水，待乳房萎缩后再增加饲喂量，以促使母犬恢复体况，为下次发情配种做好准备。因此要增加饲料中的营养物质，要求日粮中蛋白质水平为14%～15%，生产中可以饲喂哺乳期日粮，饲喂15～30 d，采食量由少到多直到正常水平，每日的饲喂次数大概2～3次。在恢复阶段适时调整母犬的采食量，多数犬能自动完成调整过程，只是个别犬需要人为调整。在调整时应建立稳定的生活环境；定时、定量、定点饲喂；饮食器具专用，并及时做好消毒，供给充足饮用水。

对未繁殖过的青年母犬，要根据犬在配种前体况决定其饲养水平。如果犬的体质健康，膘情适中，只要在配种前适当增加饲料中蛋白质的含量，促使母犬正常发情、排卵和多排卵即可；如果母犬比较瘦弱，需要在发情季节到来前增加营养，使它有较好的膘情后才能参加配种。经产母犬在配种前的饲养水平，也应根据犬的膘情而定。如果犬的膘情好，无须特殊的饲养，只在配种前进行短期优饲即可；对膘情不好的犬，要增加营养，使它尽快恢复到种母犬应有的膘情；如果膘情过肥，则需降低饲养水平，因为过肥会影响母犬的正常发情，即使发情，也会影响到交配的正常进行。

(2)加强卫生管理　主要指犬体卫生和环境卫生两部分。犬体卫生管理主要指经常给母犬梳理被毛，特别重视犬本身不易舔舐的部位，如臀部、尾部、腹部等。若饲养管理条件好，可以每周给犬洗一次澡，为了防止伤害犬的眼睛或内耳，洗澡时应注意保护犬的头部，若水进入到犬耳中，会导致中耳炎的发生；防止洗浴用品的泡沫进入母犬的眼睛，造成母犬结膜炎；搞好环境卫生主要抓好犬舍的清扫消毒，犬舍应经常保持卫生清洁，犬的粪尿污物应随时清理，一般每月消毒一次，常选用的消毒药物可以是季铵盐类。配制消毒药液的浓度应准确，在消毒时，最好使用喷雾器喷洒，要保证消毒药液接触病原体，且保持一定的接触时间。对犬床、地面、墙壁等活动场所喷洒消毒药物。若传染病流行期应随时消毒。注意犬舍通风，保持犬舍内空气流通。防止犬舍潮湿，保持犬床干燥。

(3)加强运动　空怀期母犬的护理工作重点是恢复体力，为下一次母犬的发情配种做准备，因此必须加强母犬的体质锻炼。常采用的运动方式是散步、自由玩耍、跑步等。

(4)疾病防治　防止母犬因在哺乳期间采食量大，并经常舔食仔犬的粪便，导致母犬产生消化道疾病和寄生虫病。此期应加强犬病的防治工作，因此当进入恢复期1周后就应对母犬进行驱虫，因为用于驱虫和免疫的药物会影响犬的排卵和妊娠过程，若母犬出现排便异常情况，应及时进行药物治疗。对在哺乳期间乳头、乳房外表受到损伤而发生炎症反应的母犬，应采用相应的护理方法和药物治疗。护理的方法主要用干净的毛巾，每日对乳房、乳头进行3～5次的擦洗热敷。某些母犬的乳房、乳头被抓伤，要根据抓伤的程度采用不同的方法，若是轻微用碘酒涂抹即可，若严重抓伤等则要用抗生素治疗。

在生产中应做到随时发现病体，及时诊治。主要从母犬的采食量、精神状态以及粪便等排泄物等进行观察，有病应早发现、早处理。

(5)适时配种　在发情季节，应重点做好母犬的发情鉴定和适时配种工作。母犬发情时，表现兴奋不安，食欲下降，甚至废绝，频频排尿，外阴部肿胀，流出黏液或血液，求偶欲望强，易外出寻找公犬，需加强看护，杜绝发生犬的外出偷配、误配。通常在地面出现血样分泌物后9～11 d时，可进行第1次配种，也可当母犬的外阴部流出鲜红的血液较黏稠时进行配种。夏季最好在清晨或傍晚配种，冬季则以中午为宜。配种的次数通常为2次，即初配和复配，两次相隔时间以24～48 h为宜。交配前不宜喂食，配后休息片刻，适量给水。交配时不宜多人围观，以免在交配过程中受到惊吓，影响交配的顺利完成。交配结束，应将母犬及时放回舍中，让其安静休息，并做好配种记录。发情期间的母犬因兴奋不安，对外界刺激极为敏感。因此，发情期的母犬不宜进行科目的调教与训练。

(二)妊娠期母犬的饲养管理

犬的妊娠期从卵子受精开始计算，一般为 58～67 d，平均为 63 d。妊娠期的长短因品种、年龄、胎儿数目、饲养管理条件等因素而变化。母犬妊娠期可分为 3 个主要时期：受精卵时期、胚胎期和胎儿期。①受精卵时期。母犬妊娠前 19 d，受精卵开始发育，但仍未附在子宫壁上，主要从子宫液中得到营养。②胚胎期。母犬妊娠 19～33 d，胚胎已经形成，形成条环状脐带，依靠母体的血液输送氧和营养。③胎儿期。母犬妊娠第 33 d 至仔犬出生，胎盘和胎犬生长完全。饲养妊娠母犬的任务是保证胎儿的正常生长发育，母犬顺利分娩和产后泌乳力较强。

1. 适宜的营养水平

母犬在妊娠期，需要大量的营养物质供给胎儿的生长发育和维持自身的生命活动。因此，妊娠期宜饲喂全价饲料，日粮蛋白质水平应在 20%～22%，并保证饲料清洁新鲜，适口性好。

妊娠早期的饲喂量不应过高，因为母犬对营养的需要主要用于维持自身需要，胚胎发育所需极少，否则会导致肥胖而发生难产等现象，影响分娩，母犬的饲喂量应在妊娠后第 5 周开始逐渐增加。妊娠后期胎儿生长发育迅速，不仅要维持胎儿的生长发育需要，还要为泌乳过程做好营养储备。在分娩前，采食量达到妊娠初期的 1 倍左右。

在妊娠早期每日的饲喂次数为 2 次即可，中期可增加为 3 次，到后期则中午要加喂 1 次，以每日 4 次为宜，原则是少喂多餐，以减少对子宫的压力。原因是在妊娠后期，犬的营养需求显著增加，如果每日饲喂次数过少，使母犬一次的摄食量过大，将会使胃部扩张过大而压迫胎儿，从而影响胎儿正常生长发育。但要根据妊娠母犬的胎儿数量决定母犬的饲喂量，适度饲喂，防止胎儿过大引起母犬发生难产。

2. 合理运动

适当的运动可促进母体与胎儿的血液循环，增强机体的新陈代谢，增进犬的食欲，保证母体和胎儿的健康，从而有利于分娩。运动主要以自由运动为主，禁止剧烈运动，并且有一定的规律性和持续性。在妊娠的前 3 周内，最容易引起流产，因此应做适量的运动。妊娠中后期，母犬腹部开始明显增大，行动迟缓，应避免剧烈的跳跃运动及穿越狭窄的走廊，并减少运动量，杜绝机械性损伤造成的流产。孕犬每天室外活动最少 4 次，每次不少于 30 min，以防流产和难产。

3. 加强保健

母犬在妊娠第 3～4 周时，可进行驱虫，分娩前一周应停止洗澡，禁止用毛刷刷洗母犬腹部。临产前几天，可用温水等清洗母犬乳头，拔去母犬乳房旁的少许被毛，以促进乳腺的分泌，有条件可每天对母犬乳房进行 1 次按摩，动作要轻柔。若发现母犬出现腹泻等疾病，应及时找医生治疗，防止乱吃药导致流产等情况发生。

每天及时观察和记录妊娠母犬的活动表现、饮食、排便等情况，及时发现病因、及时处理，防止病情加重。高温高湿季节必须做好防暑降温工作，以保证胎儿的正常生长发育。

4. 防止流产

管理上应防止母犬流产。妊娠后期的母犬禁止激烈运动和科目训练，不能打骂和恐吓，同时应保持犬体的清洁卫生和环境的安静，让犬得到充足的休息，妊娠 40 d 后，对于群养犬应单独饲养，圈舍要求宽敞、清洁、干燥，光线充足。

5. 产前准备

妊娠 50 d 后需进入产房，产房需事先进行彻底的打扫和消毒。

(三)哺乳母犬的饲养管理

母犬的哺乳期一般 45 d 左右。饲养哺乳母犬任务是确保母犬健康和仔犬的正常生长发育。

分娩会消耗母犬的体力和养分，母犬体内的激素水平也会发生变化。哺乳期的母犬一方面要恢复自身的体力和营养，另一方面还要供给仔犬成长所需的各种营养，故此期的营养需求会大幅提高。要保证哺乳母犬自身的需要和乳汁正常分泌，首先要保证母犬的热量和营养需求。

1. 合理饲喂

母犬分娩后 6 h 以内，不要急于饲喂饲料，只提供温开水即可。在分娩后最初几天，母犬食欲不佳，应喂给母犬营养丰富、适口性好、易消化的催乳食物，如鲫鱼、猪蹄等，且应少吃多餐。几天后逐渐增加饲喂量，要经常检查母犬泌乳的情况，对于泌乳不足的母犬，应喂给红糖水、牛奶等，或将亚麻仁煮熟，同食物一起混喂，以增加乳汁，严重时用中药催乳。每次饲喂量要少，以利于内脏恢复，以后逐渐增加。分娩后前 3 d 饲料的饲喂量是常量的 1/3，前 3～5 d 饲喂量是常量的 1/2，5～7 d 时饲喂量与常量相同即可。

哺乳期母犬的饲养标准是：每千克食物中粗蛋白质占 22%～24%，消化能 12.96～13.88 MJ，钙 1.4%～1.5%，磷 1.1%～1.5%。为了满足母犬泌乳需求，饲粮应营养全价，富含各种维生素，种类要求多样，饲粮中应包括肉类、蛋、蔬菜、鱼肝油和动物软骨，每天饲喂 3～4 次，饲喂最好定时、定量、定质，每天提供清洁饮水。

2. 日常管理

母犬产后 12 h 内排出血样分泌物，称之为恶露。因此产后要经常清洗母犬的外阴部等，做好通风换气、防寒降暑工作。冬季通风时，防止贼风的侵袭，保持犬舍卫生，严格消毒。

对哺乳母犬经常进行清洗梳理工作，每天用消毒棉球擦拭乳房一次，发现乳腺炎等疾病要及时治疗，产床每周晒一次。随着仔犬的年龄增长，粪便量越来越多，因此应人工清理仔犬粪便，保持犬舍卫生。保持分娩舍内安静，避免噪声和强光刺激，保证母犬有一个良好的休息、哺乳、进食的环境。

3. 适当运动

母犬产后 10 d 左右可户外运动，每日运动 10～20 min，避免剧烈运动。好处有 3 点：一是母犬户外排便可保持犬舍卫生；二是促进母犬恢复健康体况；三是仔犬可跟随母犬学习。但需注意，不要让陌生人接近、抚摸产后的母犬和仔犬，以防母犬护仔心切，咬伤人。

4. 适时断奶

根据母犬泌乳情况及仔犬的生长发育情况，适时给仔犬断奶，通常情况下仔犬哺乳 45 d 就可断奶。常用的断奶方法有强制性断奶法、逐渐断奶法、分批断奶法等。断奶之前应减少母犬的采食量，以防发生乳腺炎。由于在此日龄期间，仔犬牙齿和牙床开始发育，易咬伤母犬的乳头，母犬常常躲离仔犬，若发现此种情况，应采取强制性断奶法进行断奶，以防母犬咬伤或咬死仔犬。

任务3 种猫的饲养管理

种猫是指生长发育基本成熟，并留作进行繁殖的成年公、母猫。成年猫体长一般为 40～50 cm，公猫体重为 3～4 kg，母猫体重为 2～3 kg。前肢五趾，后肢四趾；爪发达而尖锐，呈三角钩形，并能缩回，是猎取食物的重要工具。

一、种公猫的饲养管理

种公猫饲养的好坏。对其配种能力和精液品质有着重要的影响，因此在种公猫的配种期，应加强饲养管理。

(1)全面营养　公猫在配种期，要消耗大量的体力，食欲也因此减退，应提供些体积较小、质量好、适口性好、易消化、富含丰富的蛋白质和微量元素的猫粮，如鲜瘦肉、鸡蛋、牛乳等，饲喂次数增加为 3 次/d。

(2)适量运动　种公猫要进行适当的运动，从而增加食欲，增强精液的品质。

(3)合理利用　种公猫的每天配种次数不能超过 2 次，每次间隔 10～12 h。频繁的交配会导致公猫的配种能力下降，缩短种公猫的使用年限。

二、种母猫的饲养管理

种母猫的饲养管理分为空怀期、妊娠期和哺乳期 3 个阶段，应根据母猫不同生理阶段对营养物质的需求，给予合理的饲养。

(一)空怀母猫的饲养管理

对于体况良好的空怀期母猫每天的食量为 150～240 g，每天分两次饲喂即可，无须特殊照顾。对体况较差的母猫，给予短期补饲，以保证繁殖季节能正常发情配种。母猫在发情期间，食欲下降，这时在饲喂上要求提供高质量的食物，并多给饮水。如果不想让猫怀孕产仔，则要将猫关好，不能任其到处乱串。

(二)妊娠母猫的饲养管理

猫的妊娠期为 58～71 d，平均为 63 d。这一时期的任务是保证胎儿的正常生长发育和正常分娩。

1. 妊娠母猫的饲养

(1)妊娠初期　妊娠开始至 30 日龄为妊娠初期。胎儿较小，无须提供特殊的日粮，但是要注意日粮的质量，即微量元素的补充。

(2)妊娠中期　指妊娠 30～48 日龄。胎儿发育迅速，妊娠猫的代谢增强，对营养物质的需求量增加，蛋白质需求量增加 15%～20%；能量的需求量也有所增加。因此，饲粮中应多添加些猪肉、牛肉、鸡肉等动物性脂肪。

(3)妊娠后期　指妊娠最后 15 d。胎儿的生长发育速度非常快，应增加采食量 20%～30%，采用的饲喂方法是少量多餐，每日饲喂 4～5 次，夜间应给妊娠母猫补饲一次。饲喂过多会导致腹压过大而伤害胎儿。减少富含碳水化合物的食物(如米饭、馒头)的供给量，防止猫过胖而难产。饲粮中应增加蛋白质和矿物质的喂给量。

2. 妊娠母猫的管理

(1)适当运动　母猫在妊娠期间，采食量不断增加，因此应做适当运动，防止母猫过胖而导致肌肉的张力减退，子宫肌的张力和收缩力减弱，导致分娩时分娩力量不够而难产。每天晒 1 h 左右太阳，利于钙的吸收。

(2)日常护理　妊娠母猫喜好安静，不愿意受到任何打扰，因此应为母猫选择安静、干燥、温暖的住所。勿驱赶和打骂母猫，为母猫洗澡和梳毛时动作要轻柔，保护母猫的腹部不受到任何不适当的挤压。

(3)选择产房　为了让母猫顺利分娩，在母猫分娩前 7～10 d，选择合适的产房和产箱，放在固定的地方，让母猫熟悉环境、饲养人员和食物，增强母猫的安全感。

(4)防止猫流产　普通母猫流产现象一般较少发生，但是比较名贵的品种易发生流产。流产主要包括营养性流产、机械性流产和疾病性流产。只有了解流产发生的原因，生产中才能采取有效措施减少流产现象的发生。

①营养性流产。是指母猫在妊娠期间，饲料品种单一，食物中缺少蛋白质、维生素及某些矿物质，摄入脂肪过多，引起母猫肥胖，均可引起流产，因此猫的营养要全面。②机械性流产。妊娠母猫被追赶、踢打、惊吓、猫与猫打斗以及在猫笼里碰撞、挤压所导致的流产。因此在母猫妊娠期间，不应拽猫的耳朵或尾巴，尽量减少碰触猫的腹部。③疾病性流产。是指妊娠期间母猫患腹泻、肠炎及子宫疾病等也可能引起流产。因此在妊娠期间不能给猫驱虫和喂药，保证食物的干净，一旦出现疾病应立即就医。

(三)哺乳母猫的饲养管理

1. 哺乳母猫的饲养

母猫分娩后体力消耗很大，体质较弱，为了更好的哺乳，增强机体的抗病力，要增加饲喂量。虽然母猫在分娩后的 2 d 内，食欲下降，但是应供给充足的饲粮和清洁的水。产后 3 d，将猫的日喂量提高 3～4 倍，多喂些富含蛋白质的催乳料，如鱼、肉、猪蹄汤、骨粉等，每天的饲喂次数为 4～5 次。

2. 哺乳母猫的管理

(1)环境条件　注意产房的温度，温度过高或过低，都不利于母猫恢复体况，也会影响母猫的哺乳。应保持环境的安静、干燥，防止他人打扰。产后猫的母性较强，能通过气味来辨别是否是自己所产的仔猫，若仔猫身上有异味，母猫会将其咬伤，因此尽量不要将仔猫从产箱中取出观看。注意母猫产后乳房部位的卫生，每 2～3 d 用无刺激性和无特殊气味的消毒剂消毒，防止乳房炎的发生。

(2)防止母猫的异食癖　个别母猫产后有咬死新生仔猫的现象，称之为猫的异食癖，此类现象青年母猫和老龄母猫皆有发生，主要因素一是新生仔猫身上有异味，或是母猫产后受到惊吓；二是母猫患有神经质，经常舔舐仔猫，导致仔猫出血，易被吞食；三是饲料中缺乏蛋白质、维生素和矿物质等；四是母猫吃了死胎。防治措施一是增加饲粮中的蛋白质含量，如在哺乳母猫的饲料中添加些肉等；二是注意环境条件，防潮，防吵闹；三是对刚出生的死胎应及时处理，避免母猫误食。

任务4 仔犬及仔猫的饲养管理

一、仔犬的饲养管理

从出生到45日龄断乳的犬称为仔犬。初生仔犬身体弱小，双眼紧闭，耳道闭锁，视力和听力皆差，消化机能、免疫系统等机能不健全。出生10～14 d睁开眼睛，但是17～21 d才能看见物体，13～17 d，听力接近正常水平。初期只能依靠嗅觉和触觉来行动，因此行动不灵活。体温调节能力比较差，仔犬的生长速度较快，10 d仔犬的体重是刚出生仔犬体重的2倍。

仔犬阶段是犬一生中生长发育最快、发病和死亡数最多的阶段，因此也是饲养管理要求最高的阶段。此阶段的饲养管理任务是确保仔犬的正常生长发育，增加仔犬的断奶体重。

1. 吃足初乳，固定乳头

母犬分娩后3～5 d内所产的乳汁为初乳。初乳颜色偏黄，有气味，较黏稠，初乳中含有丰富的蛋白质和维生素，各种营养物质几乎可全部被吸收，可以增强仔犬体质，维持体温；初乳中含有较高的镁盐、抗氧化物及酶、激素等，具有缓泻和抗病的作用，有利于胎便排出；初乳的酸度较高，有利于促进消化道的活动；初乳中含有多种抗体（母源抗体），能增强仔犬的抗病能力。因此，应尽早让仔犬吃足初乳。

仔犬出生后会本能的寻找母犬的乳头，并吮吸乳头。在仔犬吃乳前应清洗、消毒母犬乳头。母犬一般一胎产仔5～8只，但不同品种及胎次，产仔数有所不同，有的只产1～2只，有的可产15～16只，最多可产20只。因此在每窝中有个别仔犬体质较弱，往往抢不上乳头而导致体质越来越差，为了让每窝仔犬皆能均匀成长，生产中需要给仔犬固定乳头。母犬四对乳头中，前两对乳头乳汁较多，后两对乳头乳汁较少；辅助出生重量较小的仔犬吸吮前两对乳头，出生重量较大的仔犬吸吮后两对乳头，从而提高仔犬均匀度和成活率。刚开始固定乳头时应及时看管，经过3天的看护即可形成良好的习惯。

2. 注意保暖，加强护理

新生仔犬出生后，生活条件骤变，由通过胎盘进行气体交换转变为自行呼吸，由通过胎盘获得营养物质和排泄废物转变为自行摄食、消化及排泄。新生仔犬的各部分生理机能还不完全，生命尚处于娇嫩状态，抗病力很差，需要迅速适应生理上和环境上的巨大变化。因此，良好的护理对新生仔犬的生长发育就显得非常重要。

刚出生的仔犬，应及时清除仔犬口腔、鼻孔的黏液、羊水等，防止窒息引起死亡，如有异常应耐心地做人工呼吸。断脐后应防止仔犬间相互舔吮，如脐带血管闭锁不全，有血液流出时，应进行结扎；每天对脐带末端进行消毒，脐带通常会在5～7 d内脱落。

新生仔犬体温调节能力极差，寒冷是导致仔犬死亡的重要原因，管理中要注意防寒保暖。仔犬出生后适宜温度第1周为29～32℃，第2周为26～29℃，第3周为23～26℃，第

4周为20～23℃，接近常温。产房内温度过低时，可在产房内设仔犬保温箱，用小电热毯、热水袋、红外线灯、电热油汀或加温产仔床等作为热源，但要防止烫伤仔犬。如用电灯取暖时，应保证在仔犬睁眼期（仔犬睁眼期为10～14日龄）间犬窝内的光线较暗，以防刺伤仔犬眼睛。

仔犬出生时体弱，行动不灵活，应防止母犬踩压仔犬。母犬在分娩过程中体力消耗很大，容易踩压仔犬，造成仔犬窒息死亡。在产后几天内，要加强管理，仔细观察，谢绝陌生人观看，以防激怒母犬而踩死仔犬。此外，母犬在窝箱内产仔时，应保证窝箱的大小及保温性能，应选用可加温的产仔床（图7-1）。避免仔犬被踩压的最有效措施是设护仔箱，将母犬与仔犬分离，定时将仔犬放回哺乳，加强仔犬哺乳时的看护。为防止一些大型犬踩压仔犬，可设护仔栏。

3. 寄养或人工哺喂

如果母犬母性不强而食仔、产后无乳、产仔数过多（超过8只）或由于某种原因而导致死亡时，此时需要进行寄养或人工哺乳，需要找产期相近、母乳充足、产仔数少、无恶癖的母犬作为"保姆犬"。寄养时，应先用"保姆犬"的乳汁将需寄养的仔犬全身涂擦一遍，消除原有气味，然后将其直接置于"保姆犬"的腹下实施哺乳即可。

人工哺乳时，不可直接用牛奶哺喂，因牛奶中蛋白和脂肪的含量都只有犬乳的1/2，而乳糖的含量却是犬乳的1.5倍，因此直接用牛奶饲喂仔犬，会导致仔犬营养不足，更重要的是由于仔犬的胃肠功能不健全而不能很好地消化吸收乳糖而导致腹泻。因此，用牛奶喂仔犬时需加入二倍温水、蛋白粉（奶粉或蛋黄）、鱼肝油、免疫球蛋白等，调至其营养成分与犬乳基本相当，保持人工乳温度约39℃，用注射器进行灌喂，也可用犬专用奶瓶喂食。喂奶前，先用卫生纸擦拭仔犬肛门，促其排泄干净，喂奶时将仔犬两只前爪搭在人的掌心，奶瓶倾斜30°左右，且上下轻轻抖动，每次哺乳约10 min，直到仔犬腹部胀圆或仔犬睡着为止。喂奶时一定要有耐心，奶瓶须保持干净，瓶中喝剩的奶水不可留到下次喂食。

4. 及时补饲及断奶

随着仔犬对乳需求量的增加，母乳不能满足仔犬生长的需要，所以在10 d时应该采取补饲措施。大型仔犬在10～15 d时，每只每天补乳50 mL；在16～20 d时，每只每天补乳100 mL，分3～4次喂给。补料从20 d开始，可以在乳中加蛋黄、肉汤和豆浆等，加入量由30～50 g逐渐增加到150～200 g，每天分3～4次喂给；30 d后，可将牛奶、鸡蛋、碎肉、稀粥等拌在一起做成流食饲喂，并适当添加鱼肝油和骨粉等，每天3～4次。3～7 d，注意仔犬补铁。补饲时，将补料置于浅碟中，让犬舔食，也可用注射器进行补饲。35 d后，视母犬的泌乳和仔犬的生长发育情况适时断乳。如母犬仍有较多乳汁，可进行分批断奶，将发育较好的仔犬先行断奶，让发育较差的仔犬仍跟随母犬哺乳3～5 d，同时逐步减少母犬的饲喂量，以逐渐减少母犬的泌乳量；如仔犬整体发育较好，母犬的泌乳量也较少时，可实施一次性断奶，即将母仔实行一次性分离。

5. 加强日常管理

仔犬出生后应逐只称体重，按出生顺序、性别编号，做好标记和各项记录。有个别品种的犬有残留趾，若不剪掉，会影响犬的运动。有些品种要求剪尾，因此剪残留趾和剪尾的最适宜时间是出生的3～5 d内。出生5～8 d以后，在好天气时，把仔犬抱到室外，与母犬一起晒太阳，一般每天2次，每次0.5 h左右。不仅能使仔犬呼吸新鲜空气，而且防止软骨症的发生。刚出生的仔犬，双眼紧闭，10～14 日龄开始睁眼，这时要避免强光刺激，以免损伤视力。为了利于仔犬爬行，可将毛巾、麻袋垫在仔犬身下。14～21 日龄时给仔犬修趾甲，防止仔犬吃奶时抓伤母犬的乳房。30 日龄时驱虫，以后每月一次，连续 3 次后，可定期驱虫或依据粪便检查结果，确定是否驱虫。1 月龄的仔犬即可进行免疫，经过免疫注射后，可产生抗体，增强机体对传染病的抵抗能力(图 7-1)。

图 7-1 加温产仔床示意图

二、仔猫的饲养管理

仔猫是指刚出生到断奶前的猫。该阶段猫的死亡率较高。因此应加强饲养管理促进仔猫的正常生长发育。

(一)仔猫的生理特点

刚出生的仔猫全身披毛，身体各器官发育还不完善，但是具有良好的嗅觉和味觉，听力和视力较差，直到出生后第 8 天才能听到声音。刚出生时双目紧闭，一般要在 9 d 左右才睁开眼睛，能看清楚物体，仔猫在出生后的 9 d 中，除吃奶外，都在睡觉。刚出生的仔猫体温调节能力较差，体温较低，而这时仔猫皮薄毛稀，生产中应注意保温。随着日龄的增长，体温逐渐上升，到第 5 日龄时，趋于猫的正常体温。

(二)仔猫的饲养管理要点

根据仔猫的生理特点，其饲养管理应做到以下几点：

1. 尽早吃到初乳

刚出生的仔猫体内不能产生抗体，因此易受到细菌、病毒的侵害而患病。但是仔猫可获得被动免疫力，即通过吃初乳获得母猫的抗体，而且新生仔猫的肠道容易吸收初乳中的抗体，可提高仔猫的抗病能力，这对于保护仔猫的健康十分重要。因此，仔猫出生后应及时吃上初乳，否则会因血糖及体温过低而死亡。要想让仔猫尽快地吃到初乳，最好在仔猫出生后 24 h 内及时哺乳，如果时间过长，会影响仔猫肠道对抗体的吸收率，吸收能力随着时间的增长而减弱。仔猫出生 2 h 左右，寻找乳头，开始哺乳。仔猫每天应在饱食后安然入睡，这样可以提高仔猫的生长速度。

2. 固定乳头

一般来说，每窝仔猫中有体重相对来说较大的，就有相对较小的。往往较小体重的仔猫在吃奶时找不到或抢不上乳头，这时应该进行人工固定乳头，并将其放在泌乳量多的乳头上，生产中称之为“雪中送炭”。大概要进行 3 d 左右的训练，就可达到固定乳头的目的，一旦吸乳位置固定后，仔猫间就不会发生争抢乳头的现象。生产中往往在仔猫出生 2～3 d 内确定乳头，这样整窝仔猫能均匀生长。此时生长较好的仔猫腹部圆润，皮肤富有弹性、被毛光亮、安静入睡。而长期未饱食的仔猫通常表现为体型瘦弱，皮肤呈暗淡颜色，被毛蓬乱，缺乏光泽。

3. 寄养和人工哺乳

仔猫出生后，有些母猫死亡、无乳或发生疾病时，应该把仔猫寄养。寄养成功的条件是产仔时间接近，不应超过 3 d；寄养的母猫母性要好，泌乳量高。可将寄养母猫的奶液或尿液等涂抹在被寄养的仔猫身上，混淆气味，这样寄养母猫才可接受仔猫进行哺乳。

也可采用人工哺乳方法。常选用的液体食物是鲜牛奶或羊奶，在饲喂时，可在奶中加入适量的鱼肝油、葡萄糖等。混合牛奶饲料的具体制作方法是：先将鲜牛奶 9 mL(也可用奶粉代替)放入一杯中，加入 3 mL 清水，再加入 2 匙葡萄糖和 6 滴鱼肝油，混摇，将其搅拌均匀，饲喂时应保证奶温在 37～38℃。可用塑料注射器或猫用奶瓶，作为人工哺乳工具。人工哺乳时，为防止食物进入仔猫的气管和肺中，应让仔猫的头平伸而不抬高，抓住仔猫的颈部，将奶瓶的奶嘴慢慢放入仔猫嘴里，边观察仔猫的吃奶情况，边缓慢挤压奶瓶。仔猫喂奶的次数：出生～7 日龄，每 3 h 喂一次，每次 2～3 mL；7～14 日龄，每 3～4 h 饲喂一次，每次 3～5 mL；14～21 日龄，白天每 3 h 喂一次，晚上喂一次，每次 8～10 mL。此时，仔猫已开始学会从食盘中舔食食物，因此应给仔猫补饲易消化的食物，如煮熟的动物肝脏等。要对补乳的器具及时进行清洗、消毒，防止仔猫病从口入。人工哺乳后，应模仿母猫哺乳时舔舐仔猫，用棉签或手指轻轻抚摸仔猫的外生殖器，以刺激仔猫排便排尿。当仔猫开始排泄时，要及时用手纸将排泄物擦拭干净。排泄后，若肛门出现红肿的现象，可涂抹红药水或青霉素眼药膏消炎，效果较好。

4. 保温

刚出生的仔猫体温调节能力比较差，因此应给仔猫提供温暖的生长环境，常用的是保温箱、红外线灯。出生 24 h 以内的仔猫，最适宜的温度为 32℃，14 日龄内最适宜的温度为 27℃左右，14 日龄以后最适宜的温度为 21℃。在炎热的夏天，猫的箱内温度不能过高，否则会导致仔猫中暑死亡。

5. 日常管理

经常保持猫舍卫生，及时更换箱内垫料，清扫污物，及时消毒，提高仔猫的成活率。

任务 5 幼犬及幼猫的饲养管理

一、幼犬的饲养管理

出生 45 d～8 月龄的犬为幼犬，幼犬期是可塑性最强的时期，幼犬在发育的不同时期，其身体各部分的生长发育是不平衡的。从出生到 3 月龄，主要增长体长及增加体重；第 4 个月至 6 个月，主要增长体长；7 月龄后主要增加体高。根据犬的生长特点，在不同时期采用不同的饲喂方法。

(一)幼犬饲喂方式

1. 第一阶段(断奶～2 月龄)

刚断奶的幼犬，常表现不安，易叫或闹。在断奶后的一周内，幼犬的饲料成分及配比应与断奶前的相同，避免断奶应激反应引起幼犬消化不良。为了适应断奶幼犬胃肠消化功能，饲料最好是流质的，随着幼犬年龄的增长，流质饲料的浓度逐渐增加，直至接近正常水平。此期所添加的肉类，应为肉汤等熟食，或用牛奶拌料即可。另外，要注意调整好饲料的适口性。此期幼犬一般饲喂 4～5 次，其中夜间 1 次。

2. 第二阶段（3～4 月龄）

这一时期幼犬的生长速度很快，因此所需要的营养物质也较多，饲粮中需要添加比成年犬更多的蛋白质、氨基酸和矿物质，这一时期幼犬的采食量有所增加，每天饲喂 4 次。

3. 第三阶段（5～6 月龄）

此期的幼犬食欲强、食量增加，饲喂时应采用定时定量的方法。定时饲喂可增加犬消化液的反射性分泌，提高饲料的利用率；定量即固定幼犬的采食量，从而保持幼犬旺盛的食欲。每次喂量以幼犬能够在 15～30 min 内吃完为宜，喂量过多，犬消化不了，易引起消化疾病，喂量少，犬吃不饱，影响生长发育，一般喂八分饱即可。每天至少喂 3 次。

4. 第四阶段（7～8 月龄）

这一阶段的饲料标准可接近成年犬的日粮，每天饲喂 3 次。

（二）合理运动

适当的户外运动可以增强犬体骨骼，促进新陈代谢，防止因缺钙引起佝偻病的发生，同时对幼犬神经系统的发育也有直接影响，在运动过程中适应所遇到的各种情况。幼犬的运动形式有散步、奔跑等。运动时间以每次 30～60 min 为宜。2 月龄幼犬以自由玩耍为主，防止运动过多导致骨骼弯曲变形。

（三）供给充足饮水

在幼犬饲养中，应注重水的补充，确保在吃食及运动前后任意饮用。尤其在夏秋季节，天气炎热，体内水分蒸发快，对于热爱运动的幼犬，若不及时补充水分，常易引起组织内缺水。犬每天每千克体重需水 100～150 mL。

（四）保健

1. 驱虫

各种寄生虫可通过食物、皮肤甚至母乳、胎盘（蛔虫、钩口线虫）等多种途径侵入幼犬体内，轻则影响幼犬的生长发育，重则会导致幼犬死亡。寄生虫病的防治主要从三个方面考虑：一是定期驱虫，一年两次，春秋季节进行。二是净化环境，每日清扫犬舍、运动场，定期消毒活动场所，不喂生食。三是严格遵守操作规程，准确配制药液浓度，消毒时掌握用药量。

英国、荷兰等国家经常采用的驱虫规程：第一次驱虫在仔犬出生后 2 周，2～8 周龄内每隔 2 周驱虫一次；2～6 月龄间幼犬，每月驱虫一次；6 月龄后的幼犬，驱虫间隔时间较长，每三个月驱虫一次。我国一般在仔犬 20 日龄时进行首次粪检和驱虫，以后每个月定期抽检和驱虫一次，直至成年。防止污染环境，驱虫后排出的粪便和虫卵等应集中堆积发酵处理，转化成有机生态肥。

常用的驱虫药物有丙硫苯咪唑、左旋咪唑、甲苯咪唑、灭滴灵等，前两种药物对蛔虫、蛲虫和钩虫有效；甲苯咪唑对鞭虫、蛔虫、蛲虫、钩虫和线虫有效，磺胺类药物对球虫有效。

2. 免疫接种

45 日龄时进行第一次疫苗预防接种。应做好常见传染病的接种预防，主要是犬瘟热、犬细小病毒性肠炎、犬传染性肝炎和犬副流感。接种疫苗时应注意，幼犬身体要健康，无疾病特征，形态表现正常。第一次接种 20～30 d 后再进行第二次接种，这时幼犬的免疫系统产生相应抗体。在生产中可对 6～7 月龄的健康幼犬，进行第三次疫苗接种。

3. 洗澡

幼犬毛少、短、抵抗力差，因此洗澡次数不宜过多。洗澡水应控制在 35～38℃为宜，清洗后犬将身上的水用毛巾擦干，再用吹风机吹干。选用犬专用的香波，清洗干净，否则留在皮肤上的香波残留液会引起幼犬的皮肤病。防止水进入耳、眼部等。洗澡前不宜喂食，洗澡后应适当休息，尽量减少户外运动。

4. 梳理被毛

经常梳理幼犬被毛，不仅能清除脱落的被毛，促进血液循环，使幼犬被毛保持健康，同时能了解幼犬的总体健康情况，而且可以促进人与犬之间的情感交流。梳理时动作要轻柔，因为幼犬的皮肤柔嫩，容易损坏。梳子可选择毛刷、弹性钢丝刷和金属梳等。梳毛的顺序：由颈部开始，自前向后，由上至下依次进行，即先从颈部到肩部，然后背、胸、腰、腹、后躯，再梳理头部，最后是四肢和尾部，梳完一侧再梳另一侧。梳毛应顺毛反向快速梳拉。给长毛犬梳理时，应把长毛翻起，然后对其底毛进行梳理，幼犬的底毛细密，若长期不梳理易形成缠结，严重的会导致湿疹、皮癣等皮肤病。

5. 修剪趾甲

幼犬的趾甲过长，长至弯曲会刺伤皮肉，严重时导致步态异常，过长趾甲会开裂，易造成局部感染。因此应定期修剪，修剪时应保证修剪长短适中，若剪过短会伤及血管。常用的修剪工具有趾甲锉、趾甲刀、磨甲工具等。

(五)素质培养

1. 体力培养

幼犬断奶前随母犬活动，断奶后应养成独立活动的能力。3 月龄开始逐渐增加幼犬的运动量，从 3 月龄开始，每日 2 次运动，每次大概 500 m，4～5 月龄可增加到每次 800～1 000 m，6 月龄以上，每次活动可超过 1 500 m。由于 6 个月前的幼犬骨骼尚未发育完全，不宜进行剧烈的活动，尤其是大型犬的幼仔生长速度要比中、小型犬慢，因此在进行活动时要多注意。可以在运动场内放置些小木球、玩具等，可供幼犬玩耍。运动的速度由慢到快，运动的方式宜散步、跑步、嬉戏、休息相结合。

2. 适应力的培养

在幼犬时就要培养其对不同环境的适应能力。如强光、噪音、黑暗等较为复杂的环境，锻炼的方法是从安静处转移到嘈杂处，从白天到黑夜，从熟悉的环境到陌生环境，也可掺杂着机动车声和其他动物的声音等，锻炼遵循的原则是“由浅入深，循序渐进”，可用食物诱导和语言赞扬，千万不要搞突然袭击，以免造成幼犬恐惧心理，尤其对有些胆小的幼犬，要用更多的耐心进行培养锻炼。

3. 勇敢性的培养

在犬 5～7 月龄时应培养犬的勇敢性。勇敢性的培养主要是通过鼓励幼犬向其他人进攻而进行，具体的方法如下：在白天将整群幼犬带到适当的场地，主人身穿奇装异服，向幼犬做出挑衅的动作，佯装进攻，并做出惧怕的姿态。当幼犬狂叫或追赶他人时，犬主应及时抚摸幼犬进行鼓励，每次练习应使幼犬获得胜利。

4. 服从性的培养

幼犬从出生后 70 d 开始进行服从性培养。主要从诱导和鼓励相结合的方法进行锻炼，使幼犬听从主人的指令，佩戴脖圈和牵引绳，户外活动时不允许其他人抚摸、奖励和饲喂幼犬。

(六)训练

幼犬性格开朗,接受能力强,对新鲜事物兴奋性高,这一阶段是最适宜进行基础训练的时期,应根据犬的未来用途开展针对性的训练。

(七)分群饲养

犬的品种众多,达到性成熟的年龄也有很大不同,个别母犬在 6 月龄左右达到性成熟,因此在生产中应将性别、性情、体况等相似的犬同舍饲养,以免公母犬混养发生偷配等情况。性情暴躁、体况较差的犬应单独饲养。

二、幼猫的饲养管理

猫的哺乳期大概为 35～40 d。幼猫指从断奶到 7 月龄的猫。断奶后的幼猫,无论在生理上还是在心理上,以及饲养管理等方面均会发生明显的变化,因幼猫生长发育十分迅速,所需要的营养物质也较多,所以对这一时期的饲养管理必须十分重视。

1. 幼猫的饲养

要按照幼猫食品标签的要求进行饲喂。幼猫的采食量也随着年龄、体重、性情、品种的不同而不同。一般情况下,猫对食物有自我调节能力,不会饮食过量。不应让猫养成偏食的习惯,尤其是鱼类和肝类食品,因此幼猫食谱应定期更换,在更换时,应注意要逐渐调整,否则会造成幼猫肠胃不适而腹泻。幼猫喂食场所应在干净、安静的地方,食盆每天应及时清洗。在夏天温度较高时,应注意食具、水盆和猫舍、猫笼的卫生及周围环境的卫生,做到定期消毒,一周至少消毒一次,防止幼猫食物中毒。为了防止幼猫发生胃肠炎,可每周饲喂一次土霉素。

2. 人与猫交流

有些幼猫排斥人,不愿与人接近,因此主人不能对其大声呵斥,强制拥抱幼猫,应与幼猫多玩游戏,增进感情,经常抚摸幼猫的耳朵和下颌,并且用语言鼓励幼猫,当猫玩耍累了,就让其休息,否则会使猫受到惊吓而躲人,不敢接近人。当猫在吃食或排便时,切忌不要打扰。

3. 保健

从幼猫断奶后至 6 月龄以前,要每月驱虫 1 次;6 月龄以上的猫每季度驱虫 1 次即可。常用的驱虫药物有丙硫苯咪唑、吡喹酮等,体外寄生虫的消除主要是经常洗澡。在 8～12 周龄时进行第一次免疫接种,注射猫三联苗,注射 3 次,每次间隔 3～4 周,主要预防猫瘟、猫鼻支气管炎和猫杯状病毒病;3 月龄以上可接种狂犬疫苗,与其他疫苗间隔 1 周以上。注射疫苗时应注意猫体是健康状态,接种疫苗后 1 周内,避免洗澡,出去玩耍等。

4. 疾病防治

10～12 月龄的幼猫,对外来病原侵袭的抵抗力很弱,主要是因为从母猫中获得的母体抗源基本上已经消失,而自身的免疫系统还未完全建立起来,易患疾病。因此,应加强幼猫的饲养管理,冬季的幼猫应防止天气寒冷而导致的感冒,严重会导致肺炎。一旦发现幼猫有异常行为,如呕吐、多泪、瘙痒等应立即就医。

5. 日常管理

猫舍应保持清洁,及时通风,冬季要防寒保暖,夏季要防暑降温,提供给猫充足的饮水。每周可用 0.1%新洁尔灭或 2%～3%来苏儿水喷洒消毒。

6. 调教

断奶后就应调教猫固定排便。猫是喜欢干净的动物，正常情况下不会随地大小便。若是没有为幼猫提供固定排便的器具，幼猫常会躲藏在隐蔽、安静的角落里排便，不仅不利于清扫，而且会导致屋内臭味浓厚。便盆应放在安静、光线较暗和易发现的地方，在盆内可放些砂土或猫砂等垫料。通常可选用吸水性好、除臭性强的猫砂。猫砂通常有两种，一种是膨润土猫砂，吸湿性较强的猫砂会很快吸干粪便里的水分，结成一个小块。在清理时，不用整盆倒掉，用带漏孔的猫砂铲铲出这些小块即可，一天清理两次即可，可随时添加猫砂。另一种是水晶猫砂，主要成分是二氧化硅，无毒无污染，颗粒呈白色圆珠状。吸收尿液后会成黄色，每天只需清理变色的颗粒即可。调教时，在猫窝旁放便盆，当猫排便焦急时，将其引至便盆边，诱导幼猫在盆里排便，最好盆内有幼猫的尿味，经过 3 d 调教，便能成功养成定点排便的习惯。

任务6　成年犬、猫的饲养管理

一、成年犬的饲养管理

成年犬的饲养需根据不同生理阶段、不同使用目的，按照成年犬的饲料日粮标准保证均匀充足而丰富的蛋白质、碳水化合物、脂肪、矿物质、维生素和水，尽可能满足犬的生理需要，使其发挥最大的潜能。成年犬的饲养在条件允许的情况下最好使用全价成品饲料进行喂养，这样既能保证营养物质的平衡，又可减轻犬主人的工作量。但犬在配种、妊娠、哺乳、病后康复或训练使用等时期应适当给犬补充营养，还应根据不同季节适量增减饲喂量。所以，对于成年犬的饲养管理必须根据其特征、品种及目的采取有效的饲养管理措施。

(一)成年犬的特征

所谓的成年犬是指小型犬和超小型犬生长至 18 月龄，中小型犬和大型犬生长至 24 月龄即称为成年犬。犬成年后，身体各组织器官的生长速度从幼犬期的高速生长转变成逐渐减慢直至停止。与幼犬和老龄犬相比，成年犬处于一生中身强体壮的时期，身体发育成熟，体高、体长逐渐停止发育，各项生理机能均达到正常水平，同时，又出现了发情、配种、妊娠、哺乳等一系列问题。因此成年犬的一般营养需要是为了满足产热、运动并维持组织新陈代谢的需要。大部分犬都比较贪食，如果一味满足犬的食欲，不加限制地供给食物，犬摄入的营养成分超过了其维持需要，则会使犬患上肥胖症，进而并发许多其他疾病。因此养犬者应予以重视。

(二)成年犬的饲养

成年犬的饲养要根据成年犬的生物学特征与不同阶段的生理特点制定具体的措施。

1. 选择适当的饲养方案，保证能量供应

为了保证各类犬获得其生长所需的营养物质，应根据成年犬的品种、生理阶段和具体表现，按饲养标准的规定，拟定一个合理、科学的饲养方案，保证成年犬的营养平衡。糖和脂肪是最基本的能量来源，成年犬可以从蛋白质中获取能量。虽然糖可以为犬提供能量，但它并不是犬必需的，能量的平衡对保持成年犬的健康至关重要。摄入的能量太少会使犬偏瘦，摄入的能量太多会导致犬肥胖及并发症。例如，体况较好的妊娠母犬，供给能量较高水平的日粮容易导致胚胎的早期死亡，大型犬会导致骨骼变形。另外，成年犬的能量需求取决于它的活动量，如果犬很好动，则需摄入更多能量，如果它很安静则需摄入较少能量。不要忘记将它所摄入的其他一些食物考虑在内，即饼干及其他零食的热量也要计算在内，如果成年犬活动量减少可以适当减少它的饲喂量以避免其肥胖。

2. 日粮多样，科学配制

成年犬应选用营养多样、适口性好、营养全面、容易消化、吸收和使用方便的全价平衡日粮，如长期饲料品种单一化，饲料原料不新鲜或变质，饲料有异味等都会影响犬的食欲。另外，食物中含食盐或糖过多造成甜咸味太重等犬都不喜欢吃。

3. 定时定量饲喂

成年犬已经养成了定时和定量的饮食习惯。一到进食时间，犬的胃液分泌及胃肠蠕动都会有规律地加强，表现出饥饿、坐卧不安、食欲强烈，此时给予食物，对成年犬的采食量和消化吸收都有好处。如果饮食时间不稳定，会使形成的条件反射很快丧失，不仅影响犬的采食量，而且还会影响犬的消化和吸收，引发消化道疾病。因此，定时饲喂食物十分重要，饲喂的时间可由饲喂次数而定。一般成年犬每日早晚各喂 1 次。由于犬在晚上还要活动，因此晚上的饲喂量要大一些。每日饲喂食物要定量，不能让犬饥一顿、饱一顿。

4. 环境安静，食具固定

成年犬采食时，要有安静熟悉的环境，这样有利于犬的采食和消化吸收。一旦遇到陌生人、噪声、强光刺眼、其他动物干扰等，均会影响成年犬的采食情绪。

(三)成年犬的管理

1. 细心观察，调整营养

保证成年犬良好的饮食习惯及健康最简便的方法就是进行细致的观察。成年犬对食物的需求量减少，但要求营养均衡。如果犬很机警并且眼睛明亮，既不胖也不瘦，那么证明其健康状况良好且营养摄入均衡，如果犬正在变胖，有可能是喂食过量，应减少食物供给量使其饮食均衡，防止过度肥胖。

2. 充分运动，增强体质

运动可使成年犬新陈代谢旺盛、食欲提高、抵抗力增强，但喂食前后均不宜进行剧烈运动，成年犬每天要通过晒太阳来调节体内钙磷的代谢。

3. 饮食、饮水清洁卫生

饮水要清洁卫生，食物要新鲜。食具、饮水用具要定期进行消毒，夏季 1 周 1 次，秋冬半月 1 次。工具、用具、容器要每天冲刷。夏季每顿喂后要冲刷，秋冬 1 日冲刷 1 次。食物要现吃现配，秋冬可以 1 d 配 1 次饲料，但不能过夜。坚决不能喂剩食和霉烂变质的食物。

4. 正常饲喂，纠正偏食

犬进入成年期后，就不像小时候那么容易饲养了，它们会变得挑食、偏食、经常不吃东西，或只吃好吃的东西。这虽然很正常，但为了犬的健康应该将其纠正。主人不要把食物整天放在那里，任由犬进食，这样会影响犬的身体健康，使犬的食欲变差，体质变弱。应当非常有规律地喂食，给它喂食 3h 后，不管它吃不吃都要收起食物，而且不让它吃零食，这样犬才会健康饮食。

二、成年猫的饲养管理

(一)成年猫的饲养

1. 满足营养,科学饲喂

养好成年猫的关键是要科学合理地饲养管理,饲养方法与其他阶段猫的饲养基本相同,主要是要配制好成年猫的日粮,满足成年猫的营养需求,30 周龄时每千克体重每天只需要 0.42 MJ 代谢能维持基本生命活动,但不同阶段的成年猫,应适当地调整饲喂量及代谢能。妊娠母猫需要经常供给蛋白质、钙、磷及优质脂肪等,但脂肪不宜过多,哺乳期母猫则需要更多的能量,尤其是在哺乳高峰时,每天每千克体重所需的代谢能超过 1.05 MJ,此时即使不加限制,母猫的体重也会有所下降。

成年猫营养需求的满足与否,直接影响猫的生长发育和抗病能力,营养充足的成年猫身体健壮,对一些病毒性疾病、细菌性疾病、寄生虫性疾病的抵抗力强,容易产生抗体获得免疫力。反之,营养缺乏的成年猫对任何生长阶段都会产生不利的影响。如母猫在妊娠期间或妊娠前的营养状况会直接影响胎儿的发育、仔猫体质及产后的成活率,哺乳期母猫的营养供应水平对仔猫的生长发育影响更大。所以,成年猫的营养需求是非常重要的。

成年猫喜欢温热煮熟的食物,凉的、冷的食物不但影响成年猫的食欲,还容易引起成年猫消化功能紊乱,所以喂猫的食物要温热。尤其是节育后的猫,能量含量过高很容易发胖。但要求有较高的蛋白质成分,尤其是动物性蛋白质,对成年猫身体健壮,被毛光亮起重要作用。

猫不宜长期喂给全肉类食饵。食肉过多易发生钙缺乏症,造成佝偻病、骨质疏松、牙齿脱落等病症。动物肝脏中维生素 A 和维生素 D 含量丰富,其中维生素 A 对猫的健康十分重要,但要适量,摄取量过多会引起关节变硬或麻痹,一般每周饲喂 1～2 次动物肝脏即可。

禁止用大量生的动物性饲料和残羹剩菜喂成年猫。残羹剩菜中虽含有多种营养物质,但其中盐分含量过高,由于猫对食盐的耐受量比人低得多,易发生食盐中毒,引起脑组织水肿、脑室积液,使猫处于短暂兴奋状态,最终昏迷而死亡。用少量生的动物内脏喂成年猫,具有轻泻作用,但大量饲喂时,会引起腹泻,导致猫脱水和电解质平衡紊乱。此外,生的动物性饲料中易携带具有感染力的寄生虫卵、弓形虫的卵囊或肌肉中的滋养体等,猫食后可受感染。生的动物肉或内脏煮熟后,寄生虫卵、成虫、幼虫都可被杀死,能有效地防止猫感染寄生虫病。生肉或内脏中可能在动物生前就感染了各种细菌或病毒性传染病,用这些动物的肉或脏器喂猫,猫就有感染传染病的可能,某些人畜共患病还可能经猫传染给人。动物性饲料腐败变质后,可产生某些毒素(如葡萄球菌毒素、肉毒梭菌毒素等),引起猫的急性中毒,甚至死亡。

2. 食具、环境固定

成年猫不喜欢在嘈杂和强光的地方进食,对食具和环境的变换非常敏感,有时因更换地方和食具会引起拒食。另外要保持食具的清洁卫生,对于猫的食具、砂盆、玩具、猫舍及其他生活用具,应定时清洗、消毒,保持干净。

3. 科学供水

首先,保证饮水清洁卫生。以免感染肠道病菌;其次,要有充足的清水,让猫自由饮水,保证饮水量，不能用菜汤和淘米水等代替，而且每天都要换水和洗刷饮水器，如果饮水不足易发生呕吐和下痢性脱水。

4. 注意观察食欲

这是了解猫身体状况的重要途径。影响猫食欲的原因很多，主要有三个，即饲料原因、环境原因和疾病原因。饲料原因，就是喂猫的饲料单一，饲料不新鲜，或者饲料的气味、浓度、味道不对胃口等。猫的嗅、味觉很灵敏，饲料稍有霉变或异味，猫就会拒绝进食。另外，饲料的味道不宜太淡或太咸。猫喜欢吃甜食或有鱼腥味的饲料。环境原因，如强光、喧闹，有陌生人在场或有其他动物干扰等都会影响猫的食欲。若这两个因素都改善了，猫的食欲仍不好转，那就可能是疾病原因。这时要更加仔细地观察、照料，发现疾病并及时请兽医诊治。

(二)成年猫的管理

对于成年猫的管理，无论是家庭养猫还是专业户养猫，都必须有一套全面而严格的管理制度和方法，才能健康地饲养成年猫，尤其是家庭养猫。因此，对于成年猫管理应做好以下几点。

1. 温柔以待，建立感情

成年猫的自尊心很强、重感情，不仅不能忍受粗暴的对待，有时就是稍有疏忽也会表示不满意。即使和主人的感情很深厚，只要主人开始疏远或粗暴地对待，猫会断然地躲避，甚至出走。因此，对于成年猫的饲养一定要有耐心，建立人猫亲和，增进猫对主人的感情。

2. 梳理被毛和洗澡

对于成年猫，尤其是长毛猫，应经常梳理其被毛并洗澡。梳理被毛和洗澡不仅清洁和美观，而且防治体外寄生虫、皮肤病、促进血液循环和新陈代谢。

3. 保持猫舍及用具清洁卫生

一般家庭养的猫活动范围有限，与主人共同生活在一个环境中，因此必须注意保持室内猫舍和食具、用具的清洁卫生，这样才有利于猫和主人的健康。首先要训练猫在固定的地点排便，便盆要经常清洗和更换垫物，保持清洁、无臭味，防止猫因嫌弃便盆脏而更换排便地点。猫舍中食具和便盆要经常清洗，定期消毒或在太阳下暴晒，这样既可保持清洁卫生，又能预防疾病。猫舍的设计应考虑防暑、防寒、通风、透光、干燥和卫生等。猫舍垫料要经常更换，猫舍要经常用药物消毒，但不能用气味太大或刺激性强的消毒药，可选用0.1%过氧乙酸、百毒杀、消毒王、次氯酸钠等消毒药，这些消毒药的刺激性小、杀菌力强，喷洒在猫舍及其周围环境中，能杀死大多数病菌。用0.1%新洁尔灭浸泡食具、便盆5～10 min，或用3%～4%热碱水浸泡，洗刷后再用清水冲洗干净。

4. 保持适宜的温度和湿度

成年猫一般都有怕热喜暖的习惯，对寒冷有一定的抵抗力。猫体表缺乏汗腺，体热不易散失，特别是波斯猫等品种更明显，被毛长而厚实，因此要注意饲养环境的温度和湿度。一般来说，成年猫可在气温18～29℃和相对湿度40%～70%的条件下正常生活，最适合的气温为20～26℃，最适的相对湿度为50%。气温超过36℃可影响成年猫的食欲，体质下降，容易诱发疾病。因此，当气温过高时，应采取降温措施，例如将成年猫饲养在通风的地方，室内多洒水或用电扇吹风，注意防暑。

5. 擒猫方法要正确

不要让猫有恐惧感和疼痛感，不要在喂食后立即擒拿，更不要拦腰抓按，动作要轻缓，以免对其造成伤害，同时也避免其伤人。因猫的性情暴躁，发怒时容易抓人、咬人，要小心谨慎。

6. 猫爪的修剪

成年猫的爪子十分锋利，是捕鼠、攀登和自卫的武器。猫爪生长很快，为了保持爪的锋利或防止爪过长而影响行走，避免抓伤人或抓破衣服、家具等室内陈设，因此要定期修剪猫爪，一般 1 个月左右修理一次为宜。

7. 无繁殖需要则可施行绝育手术

绝育手术即公猫摘除睾丸，母猫摘除卵巢的手术。绝育手术对猫的生长发育和健康状况基本上没有影响，也不影响猫对主人的亲善友好态度。相反，却可以加速猫的生长，使猫变得更加温顺，易于管理。

任务7　老龄犬、猫的饲养管理

一、老龄犬的饲养管理

（一）老龄犬的衰老表现

一般来说，犬从 7～8 岁开始出现衰老现象，家庭饲养的犬一般到了 10 岁以后开始逐渐衰老。8 岁的犬相当于人的 55 岁，10 岁的犬相当于人的 65 岁，13 岁的犬相当于人的 74 岁，15 岁的犬相当于人的 80 岁，如表 7-1 所示。但由于品种、生活环境和饲喂的不同，衰老程度也有所不同，主要表现为在发情期表现淡化、生殖能力完全停止、皮肤变得干皱、松弛、肌肉老化僵硬失去弹性、被毛缺乏光泽、被毛稀薄和杂乱，易患皮肤病，脱毛严重，关节间的液体开始干竭，导致发炎及不适。口腔、耳朵、皮肤等部位散发难闻的气味。被毛变得又干又薄，时常发生脱落，如果是毛色较深的犬，可发现毛中夹杂着白毛的现象。眼球晶体变得混浊，微显灰蓝。口、鼻、耳周围的皮毛变白或变黄。嘴边上的胡须开始稀疏、牙齿脱落，吃东西时咀嚼困难，食欲减退，视力和听力衰退，反应较迟钝，有时在行走中会失控撞到其他物体上。开始衰老的犬，身体很容易疲劳，对运动和玩耍失去兴趣，喜欢睡懒觉，尤其怕冷，冬季喜欢卧在温暖的地方。另外有些犬还会出现失禁或乱排泄的现象，对此主人切不可进行呵斥和责怪，应该给予更多的关怀和帮助，根据老龄犬的生理特征，给予正确的饲养管理，使爱犬能幸福地安度晚年。

表 7-1　犬龄与人龄对照表

犬龄	1 岁	2 岁	3 岁	4 岁	5 岁	6 岁	7 岁	8 岁	9 岁	10 岁
人龄	13 岁	20 岁	27 岁	34 岁	40 岁	45 岁	50 岁	55 岁	60 岁	65 岁
犬龄	11 岁	12 岁	13 岁	14 岁	15 岁	16 岁	17 岁	18 岁	19 岁	20 岁
人龄	68 岁	71 岁	74 岁	77 岁	80 岁	83 岁	87 岁	90 岁	93 岁	96 岁

(二)老龄犬的特点

犬在衰老的过程中，逐渐发生形态、功能和代谢等一系列的变化。这些变化的总趋势是不利于自身健康的，具有以下的特点。

1. 生理性特点

(1)形态变化　随着年龄的增长，老龄犬的外貌形态会发生一定的变化，比如被毛粗糙无光泽、皮肤起褶粗糙，由于脂肪弹力纤维的减少，皮肤松弛，眼睑下垂，眼窝脂肪消失引起眼球凹陷，体高、体重下降等。

(2)机体组成成分变化

①水分的减少。老龄犬体内由于细胞内液的减少而使其体内水分减少，这在衰老过程中是普遍存在的现象。②细胞数量的减少。犬体的老化可使脏器组织中的细胞数量减少，因而导致某些脏器的重量减轻，体内钾、氮和脱氧核糖核酸等含量降低，可使除脂肪组织以外的其他组织与器官表现不同程度的萎缩，尤其以骨骼肌、脾脏、肝脏和肾脏为主。③脂肪组织增加，机体的机能减退。随着年龄的增长，犬体脂肪组织增加，其增加量与犬的品种、性别、年龄和采食量相关。但老龄犬的机能变化总体表现为储备能力降低，各种功能减退，适应能力减弱，免疫能力降低。

(3)代谢的变化

①基础代谢。随着年龄的增长，犬的基础代谢呈下降趋势，每年大约降低 2%，但基础代谢的下降受季节变化的影响，其变化呈不规则和不稳定状态。②蛋白质的变化。老龄犬血液中必需氨基酸水平比青年犬低，组织中蛋白质的总浓度一般无明显的变化，但蛋白质的解毒和代谢酶的诱导时间延长，并且具有特殊功能的蛋白质减少而聚合胶原增多。另外老龄犬一般蛋白质存储量减少，受侵袭时蛋白合成机能减退。③脂肪代谢。脂肪的代谢与年龄密切相关，一般来说，极低浓度的脂蛋白随年龄的增长而上升，5～6 岁达到高峰，以后逐渐下降。④糖代谢。随着犬的衰老，体内糖代谢也随之升高，因而老龄犬患糖尿病的概率明显增高，并且老龄犬的糖耐量明显低于成年犬，不同组织的耗氧量也随着衰老而降低。老龄犬的肝糖原分解能力提高，细胞内储备的无氧产能途径增强，随着细胞膜通透性的改变，线粒体和氧化作用底物的减少和一些呼吸酶活动的减弱，组织的耗氧量也随之减少。⑤水盐代谢。对于老龄犬来说，机体的水分明显减少以及血清钠的逐渐增加，钙代谢出现异常，钙从骨组织向其他组织转移，矿物质代谢发生紊乱。

2. 病理性特点

(1)机能储备减少　在正常的情况下，犬体各个器官均有一定的机能储备以应付各种紧急情况。例如，成年犬在进行体力活动时最大心输出量可达到静息时的 5 倍，而老龄犬最大心输出量仅为静息时的 3 倍，心输出量的减少直接影响到冠状动脉的血流量。因此，老龄犬如遇到发烧和感染等负荷增加时，会产生严重的后果。

(2)内环境稳定下降　老龄犬由于各系统器官，特别是神经内分泌系统机能的衰退，导致内环境稳定下降，不能有效地处理各种不稳定因素，成为许多疾病的诱因。

(3)免疫抵抗力下降　老龄犬机体的免疫抵抗力较成年犬明显下降，因而对疾病的易感性也会增加。

(4)活动能力下降　老龄犬由于体力减弱，反应迟钝，运动的灵敏性和准确性下降，活动能力减弱。

(三)老龄犬的饲养要求

老龄犬的消化能力随着年龄的增长而变化,所以每天的食物配给量较年轻犬应更严格和稳定,从而满足其营养需求。许多因素,如遗传、日常活动、生活环境等在体内起综合作用,决定着犬的衰老速度,而营养是另外一个重要的影响因素。

1. 老龄犬的营养要求

(1)蛋白质的要求　在老龄犬食物中含有18%～20%的优质、容易消化的蛋白质可以提供充足的蛋白来源。随着年龄增长,如饲喂过多的蛋白质,老龄犬身体内的低脂组织不断减少,肌肉组织不断被脂肪所代替,老龄犬会过早地出现肾功能损害。通过限制蛋白质的摄入可以限制磷的摄入,特别对有肾脏疾病的犬来说,减少磷的摄入可以延缓其肾脏的损害速度。但老龄犬蛋白质含量不足,会造成机体负氮平稳,加速肌肉等组织的衰老退化,使酶活性降低,引起贫血,对疾病抵抗力减弱,因此选择老龄犬食物时,其食物中应含有优质、容易消化的蛋白质并保持蛋白质中各种氨基酸比例适当。

(2)脂肪的需求　老龄犬饮食中热能供给应逐渐减少,食物中较低的脂肪含量利于防止老龄犬的肥胖,但就老龄犬而言,在生命的后半程往往有体重降低的趋势。一般来讲,老龄犬的食物应包含10%～20%的脂肪。

(3)纤维的需求　老龄犬消化功能减弱,肠蠕动减慢,肠道排空时间增长,所以,便秘是老龄犬最常见的消化道疾病。增加食物中的纤维含量可以增强肠蠕动,缩短肠道内容物的排空时间。

(4)维生素的需求　犬体组织、器官功能的减退、老化,与维生素缺乏和利用率低息息相关。在老龄犬的营养供应中,要有充足的维生素,凡是由市场上的营养平衡食物喂养的犬一般不会出现维生素缺乏,而家庭自制的食物如果不特别添加维生素则会出现缺乏症。由于肾脏疾病、糖尿病、肾上腺功能亢进等疾病可引起饮水过多,所以,在老龄犬的食物中可以添加水溶性维生素。

(5)钙磷的需求　骨质疏松症在犬中并不常见,但是退化性关节病变却较为常见,特别是在老龄犬中。其发病率可能仅次于过度肥胖症和重复的轻微外伤。由于老龄犬的肾功能往往受损伤,它们的血磷水平容易升高,导致钙、磷比例失调。对老龄犬来讲,建议给予磷含量较低(0.5%)和钙磷比例恰当的食物。

(6)锌的需求　随着年龄的增长,老龄犬的免疫防御、自身稳定等免疫机能,以及对高温、冷冻、创伤、射线和疲劳等非特异性刺激的承受能力降低。而锌是多种蛋白质代谢酶中的重要辅酶,补充锌与提高免疫反应具有一定关系。在任何时候,考虑老龄犬的食物添加剂时,都应当考虑到锌。但是应注意的是,盲目地添加过多种矿物质是危险的,所以在添加之前应当先征求兽医或专业营养师的意见。

(7)钠的需求　现在犬的营养学在食物里一般没有关于盐摄入量需求的营养要求,但钠盐的摄入量对于年老衰弱的犬非常重要。盐能使水分在体内储存增多、排出减少,加重心脏负担,增加心脏病的发病率,也可使高血压较其他年龄段的犬更为多见。老龄犬每天每千克体重最低需要4 mg钠,不应超过每天每千克体重50 mg,干性食物中应包含0.2%～0.35%的钠。

(8)其他食性　老龄犬有一些不良生活习惯或训练习惯会影响犬的生活习性,直接影响犬的健康。例如,吃垃圾、乞食、食粪等。如果犬长期吃垃圾、粪便或乞食,都将对犬的健康和长寿造成影响，甚至危害到犬的生命。掌握老龄犬的营养需要，适当调节饮食，可以延长老龄犬的寿命。

2. 老龄犬的饲料配合要求

(1)要求饲料原料多样化　做到多种饲料原料科学合理的搭配，以发挥各种物质的互补作用，提高饲料的利用率和营养需求。

(2)营养水平要适宜　结合老龄犬的生理和行为特点，使各营养之间达平衡，其中特别注意氨基酸的平衡，才能收到良好的效果。

(3)要考虑饲料的适口性　适口性一定要好，以提高老龄犬的食欲。

(4)要注意采食量和饲料体积的关系　若配料体积太大，犬往往吃不完，若体积太小则吃不饱。

(5)控制饲料中粗纤维的含量　否则影响犬对对饲料的利用率。

(6)禁止用发霉变质和有毒的饲料原料　否则会影响饲料的利用率，引起中毒性疾病和犬其他疾病的发生。

(四)老龄犬的管理

老龄犬最明显的表现是性情、皮肤和被毛的变化，性情改变主要表现是兴奋性降低，不活泼，反应迟钝，运动减少，不愿走动，睡眠增加，体力明显减弱，轻度的训练或工作就会发生疲劳。因此，必须加强对老龄犬的管理。

1. 交流陪伴

老龄犬的腰力、脚力已不如从前，无法活泼地在游戏中与主人增进感情，这时，经常的抚摸是让它最感舒适的爱的表示。主人应多花时间陪伴老龄犬，细心观察它的每一点变化。尤其是在家里有了新成员时，万万不要冷落了老龄犬。当犯了错误，千万不要粗暴地责怪，造成心理负担。另外，老龄犬也有顽固的倾向，如果情况不严重，主人应以体贴的心态包容。因其需要一个安静而祥和的休息环境，尽量避免大声斥责。

2. 充分休息

老龄犬的各项身体机能开始衰退，需要稳定、有规律、慢节奏的生活，不要轻易改变它的作息时间。老龄犬睡觉的时候，不要打搅和惊吓，让其充分地休息。由于老龄犬的感觉比较迟钝，抚摸之前，应该先轻声呼唤名字，让其有个思想准备，免得受到惊吓。那些自已有院子的家庭，开车停车时一定要事先检查一下老龄犬是否在车的附近，因为老龄犬反应比较慢，无法及时躲避危险。

3. 适度运动

随着年龄增长，老年犬很容易疲劳，变得好静喜卧，运动减少。此时不要强迫它持续地运动，对老龄犬应减轻训练和工作强度，散步时间不宜过长。可选择凉爽的天气，以悠闲散步的方式最佳，适度活动，累了便休息。另外，肥胖、有心脏病的犬要注意呼吸与心跳速度，运动的程度更要控制。

4. 环境适宜

老龄犬由于皮肤变得干燥，被毛脱落而变得稀疏，使老龄犬对温度的适应力变低，过冷过热都容易引起不适。所以在炎热的夏季要做好防暑工作，应让犬待在阴凉而通风的环境中；在寒冷的季节，要做好保温工作。

5. 健康护理

对于老龄犬每月最好洗一次澡，水温要适宜，时间要短，洗后一定要吹干，以免感冒而引起其他疾病。另外，无论长毛犬还是短毛犬，都应经常梳理被毛。梳理过程中，可以促进血液循环和皮毛健康，检查它的身体有无包块、淋巴是否肿大，尤其是腋下、大腿根等部位，同时也是增进感情的好机会。关节痛是高龄宠物的疾病，如果不能定期活动，可在其休息时，轻轻按摩肌肉或活动四肢关节。

6. 定期体检

老龄犬的定期体检非常重要。因为老龄犬的器官机能处于不断衰退的时期，尤其对心脏、肾脏、肝脏、膀胱等重要器官定期体检，这在老年阶段极其重要。听诊心脏、肺脏、肠管蠕动、血液化验、肾脏和肝脏的功能，拍片子观察膀胱内是否有结石等都是必要的。以便及早发现患病，及时治疗。

7. 老龄犬安乐死

当因年龄或患有不治之症或达到无法舒适生活的地步，为了不使其饱受痛苦，对老龄犬应采取安乐死，只需注射一针过量的麻醉药（盐酸氯胺酮或戊巴比妥钠）便可让它安然睡去，在无任何痛苦的情况安静地死去。

（五）注意事项

1. 降低食物硬度

老龄犬的胃肠机能与身体其他器官的机能变化一样，是逐渐下降的过程，再加上运动量的改变会使肠道的消化吸收能力，以及肝、肾的过滤和解毒等功能都会变化，应注意降低食物硬度，适量补充钙、铁、维生素及其他微量元素，更换不同口味的食物，禁食不宜消化的食品，保证清水供给。

2. 防止骨质疏松

老龄犬的骨质疏松是不可避免的，这与老龄犬的矿物质代谢有关。骨质疏松使得老龄犬易损伤腰椎，易出现骨折，所以，对老龄犬应注意食品的科学性搭配和运动。

3. 刷牙

如有条件，应给老龄犬刷牙，可减少牙龈发炎所引起的细菌侵入，如果老龄犬口腔有异味，出现流涎，吃食逐渐减少，怕冷怕热，则应考虑是否有牙结石的发生。对于患牙结石的老龄犬，应请兽医消除牙结石，并治疗牙周炎。

4. 脏器功能下降应引起重视

犬也有一定比例心脏病的发生率，尤其是观赏犬，所以，犬的主人应保持犬每日合理的运动量，并且定期请兽医做保健性体检。

慢性肾衰竭是每一个老龄犬都要面对的问题，会不同程度地发生尿毒症，肾脏的主要功能包括排泄（如蛋白质代谢的废物）、调节（如酸碱平衡）和生物合成（如红细胞生成素的合成），而当肾脏组织60%以上的结构被广泛地破坏之后，氮血症或尿毒症便出现。氮血症发生时，可能无明显的临床症状，但是血液检查会发现尿素浓度上升，可见肌（酸）酐或其他非蛋白含氮化合物。尿毒症则是多系统中毒综合病，与肾衰竭的进一步发展有关，出现与氮血症有关的临床症状，包括多尿症和口渴、厌食和体重减轻、黏膜苍白和（或）溃疡、呕吐等。

5. 膀胱结石和尿道结石

膀胱结石和尿道结石是老龄犬的又一高发病，与食物和感染有关；发病时，患病犬排尿困难，尿淋漓，甚至无尿，膀胱中常充盈尿液，X线检查可确诊结石的位置、大小和数量，需要麻醉后实施导尿、冲洗尿道，甚至手术取出结石。为了避免或延缓结石的发生，正确为犬选择食品并进行定期尿检是必不可少的。

治疗时以食疗加临床对症治疗为主，但必须清楚，所有的治疗不可能达到有效治疗的作用，适当的药物治疗能够改善患慢性肾衰竭的老龄犬的生活质量达数月甚至数年。因此，应该通过对老龄犬定期的血、尿检查，发现早期症状，做出早期诊断，并根据病情调整老龄犬的饮食，以减缓肾衰竭的过程。

6. 眼睛和耳朵护理

对于老龄犬的眼睛和耳朵要经常护理，用湿棉花清除过多的黏液，并清洁眼睛周围的皮肤，定期检查内耳道，清除耳螨。

7. 便秘也不容轻视

便秘的原因多种多样，有的是由于肠内容物的物理状态不同而引起的，也有的与肠蠕动机能差有关。由于便秘常伴发有肠排泄物中有害成分被吸收，对身体危害大，因此，密切关注老龄犬的排便情况，发现问题应尽早解决。

总之，老龄犬带给宠物主人的不再是调皮捣蛋的乐趣，欢叫奔跑的愉悦，而是难闻的气味、莫名的吼叫、冷漠的态度以及接二连三的生病，而宠物主人也应在它们身上获得快乐、得到寄托的同时，尽自己的义务让老龄犬尽量较少痛苦地度过余生。

二、老龄猫的饲养管理

（一）老龄猫的衰老表现

猫的寿命一般都比较长，大多数猫能活到12～14岁，猫龄与人龄对比见表7-2。猫在8～9岁时，开始进入老年期。与老龄犬相似，猫进入老龄阶段，生理和身体上会发生很大的变化。大部分老龄猫的运动量减少，眼神逐渐失去灵敏的目光，眼球晶体变得混浊，微显灰蓝。听力衰退，有些猫会逐渐失去听觉。被毛比以前干涩，显得又薄又干，脱毛严重，身体变弱，肌肉萎缩，关节间的液体开始干竭，引起发炎及不适。口、鼻、耳周围的皮毛变白或变黄。伴随着老龄猫会出现异常行为或患病症状，如流涎、便秘、消瘦、肥胖等。但猫衰老过程缓慢，衰老迹象不明显，一般情况下，出现下面的一些现象就表明猫已经衰老了。

（1）活动能力下降　不像过去那样活泼好动，而是变得懒惰少动。

（2）睡眠增多　每天睡眠时间长，特别喜欢在阳光下睡觉。

（3）听力与视力下降　不如以前敏锐，对事物的好奇心降低。

（4）皮毛变粗　被毛变粗硬且色泽变为灰色，胡须变白，皮肤弹性较差。

（5）好生病　病情重，恢复慢，如肾脏病变、肝脏病变等。

表7-2　猫龄与人龄对照表

猫龄	1.5月	3月	6月	9月	1岁	2岁	3岁	4岁	5岁	6岁
人龄	4岁	6岁	10岁	13岁	15岁	24岁	28岁	32岁	36岁	40岁
猫龄	7岁	8岁	9岁	10岁	11岁	12岁	……	19岁	20岁	21岁
人龄	44岁	48岁	52岁	56岁	60岁	64岁	……	92岁	96岁	100岁

(二)老龄猫的饲养

老龄猫的各种生理机能都有不同程度的变化,良好的营养对老龄猫非常重要,精心的饲养管理会延长猫的寿命。

1. 供给高蛋白和必需脂肪酸

猫进入老龄后,由于牙齿及嗅觉的衰退,其食欲不如以前,胃肠消化吸收能力下降,所以老龄猫不太容易保持其正常体重,大部分猫变得消瘦,这对其健康非常不利。为了保持正常体重,应提供高质量的食物,即含有高质量的蛋白质,如鸡肉、鱼、蛋等,又能供给必需脂肪酸。必需脂肪酸有助于老龄猫被毛仍保持柔软光滑。同时食物中必须加入专门对猫有吸引力的配料和香味,供给的食物既能提供高能量又易消化吸收,食物还不应太硬,以免咀嚼困难。老龄猫容易出现脱水现象,应给予足够的饮水。老龄猫摄入蛋白及脂肪的量较以前应有所下降,各种矿物质及维生素的量应有所强化。例如,为了预防尿路结石,应选用含镁较低(低1%),pH偏酸性的食物。

2. 增加纤维素的量

老龄猫活动减少,胃肠功能减弱,肠道蠕动缓慢。有些老龄猫随着消化系统功能衰退会引起便秘。因此,食物中需要增加纤维素的含量,用以刺激肠道增强蠕动,防止便秘发生,也可以给猫灌一勺药用液体石蜡。应注意区分猫是排便困难还是排尿困难,因为后者可能是由严重的潜在疾病引起的,需要立即医治。

3. 减少饲喂

由于老龄猫的运动量减少,应减少饲喂量以防止肥胖。肥胖的猫会出现不适、急躁,并易得严重的疾病,例如糖尿病。肥胖也使其难以梳理自身毛发进而导致皮肤疾病。

4. 食物应松脆、易消化

由于老龄猫牙齿脱落,咀嚼困难。所以要吃松脆可口易消化的食品。并且少食多餐,这样才能保证摄入的食物被充分吸收。老龄猫嗅觉及味觉会有所衰退,它们的胃口也会大减。可将食物加热至35℃或为猫提供味道浓重的食品,例如,在食物中加入一些沙丁鱼。

5. 补充维生素

衰老是一个动物体内自由基数量增加的复杂过程,机体靠抗氧化物来抵抗这些自由基。当猫老了,免疫力下降,所以在饲料里添加维生素C和维生素E,可对延长老龄猫的寿命。

(三)老龄猫的管理

猫的寿命一般在12～14年,特殊的管理可以延长猫的寿命。所以对老龄猫应给予更多的关心和照顾,让它们增加生活的自信心。

1. 关心老龄猫

猫具有天生的独立性,不愿随意依附别人,但它的嫉妒心很强,老龄猫更是如此,它会嫉妒自己的伙伴和别的动物,甚至嫉妒家里的人。因此,要多关心老龄猫,要经常给予抚摸或用其他爱抚方式,让猫觉得主人仍然很需要它,使猫增强自信心和安全感。

2. 注意观察

老龄猫比其他的猫更容易遭受各种疾病的困扰,其中包括慢性肾病、口腔疾病、肿瘤、肌肉的变性退化、心血管病和糖尿病等,平时要注意观察猫的各种行为,发现有异常情况,应及时治疗。

3. 适度运动

老龄猫活动不灵活，动作不灵敏，应避免高难度动作。因为老龄猫肌肉、关节的配合及神经的控制协调能力已明显下降，骨骼也变得脆弱，因此为防止肌肉拉伤或骨折等，应避免高难度动作运动。

4. 健康护理

有条件应给老龄猫刷牙，以减少牙龈发炎引起的细菌侵入；经常用湿棉花清除过多的黏液，并清洁眼睛周围的皮肤；定期检查内耳道。

5. 定期体检

老龄猫的发病率随着年龄的增大而增加，主人要做到能诊断这些疾病并做恰当的治疗和预防。所以，常与兽医取得联系，定期进行检查，一般1～2个月一次为宜，保证生命质量。

【知识拓展】

犬的四季管理

在不同的季节中，犬有不同的生理变化，应根据不同季节的气候特征及犬在不同季节内发生的不同的生理变化，针对性地采取有效的措施，进行科学的饲养管理，保证犬的健康。

一、春季

春季是犬发情、交配、繁殖及换毛的季节。经过冬季之后，厚厚的冬毛开始脱落，逐渐换成夏毛，保证安全越夏。脱落的被毛容易在身上形成毛缠结，易被犬误食后易在胃中形成毛球，影响到犬的消化和吸收。因此在春季，需每天对犬进行被毛的梳理，一般每天梳理2次，每次10～15 min。

对发情的母犬，需做好发情鉴定，以便适时配种。对发情公母犬应加强看管，严防外出，防止乱配或误配。对于不准备繁殖的母犬，可以考虑做节育手术，避免发情前后的不良反应。同时，防止公犬因争配偶打架导致外伤，出现伤情应及时处理。

春季也是常见传染病流行的季节，此阶段应重点做好犬瘟热、细小病毒病的疫苗接种工作。

二、夏季

夏季天气炎热，空气潮湿（特别是南方的梅雨季节），主要做好防暑降温和预防食物中毒等工作。犬窝（舍）应选择在通风良好、比较阴凉的地方，高温季节应经常给犬洗冷水浴。外出活动或训练时，一般在早、晚进行。

夏季的饲料易发霉变质，犬的饲料应新鲜，最好是经加热处理后冷却的新鲜食物，饲喂量须适当，不应有剩余，对已发酵变质或吃剩的饲料应坚决弃用，同时应给予足够清洁卫生的饮水。

少数地区夏季的梅雨季节持续时间较长，如犬舍（窝）、犬体卫生不好，可能会导致皮肤病的发生。因此，应保证犬生活环境的干燥、通风，努力减少皮肤病的发生。对于皮肤病较为严重的犬只，可进行全身剔毛处理，再结合药物治疗，效果会更好。

三、秋季

秋季是犬新陈代谢最旺盛的季节，为了增加体脂储备，安全越冬，犬食量大增。因此，应给予足够的高营养饲料，为越冬做好准备。秋季早晚温差大，犬易受凉感冒，特别对于短鼻的犬种如北京犬、英国斗牛犬等，此阶段应做好保温工作。外出活动或训练时，一般在早晨宜晚些，晚上宜早些。

秋季也是换毛、发情和传染病的高发季节，具体的措施可参照春季。

四、冬季

冬季天气较寒冷，管理的重点内容是做好防寒保暖工作。饲料搭配上，应少许添加油脂、内脏、牛奶、含维生素A及脂肪成分较多的食物，可迅速补充热量，增强犬的抗寒能力。注意犬舍的温度和湿度，避免在低温潮湿的环境生活，可经常翻晒犬窝（舍）的垫物。在天气温暖时，可以带犬外出散步。训练时，宜在中午前后进行。

【考核评价】

1. 种公犬（猫）配种期的饲养管理要求有哪些？
2. 对种母犬（猫）哺乳阶段应采取哪些饲养管理措施？
3. 新生仔犬（猫）的生理特征和护理应注意哪些方面的问题？
4. 如何进行犬（猫）补奶和断奶？
5. 幼犬阶段应如何进行饲养管理？
6. 成年犬（猫）的消化特点是什么？
7. 犬（猫）衰老的表现有哪些？如何针对性的饲养管理？
8. 如何做好犬的常规饲养管理？
9. 提高仔犬成活率的措施主要有哪些？
10. 妊娠母犬的饲养管理措施主要有哪些？

项目八

宠物保健与调教

学习目标

了解犬病防制措施；掌握犬的驱虫和免疫接种、犬的基础美容、犬的调教训练基础、训练方法及常见训练科目及常见犬病的防治。培养学生的行业规范意识和精益求精的工匠精神。

【学习任务】

任务1 犬病防制措施

犬病是严重影响养犬业发展的主要因素之一,在犬生产中因疾病导致犬的大量死亡是目前普遍存在的问题。特别是传染病,在犬大群集中饲养的情况下,一旦发生,很容易在群体中扩散传播,可在短时间内导致大批发病、死亡,造成重大的经济损失。寄生虫病虽然一般不致于造成大批死亡,但同样可使多数犬感染发病,使犬消瘦、贫血、营养不良、生长缓慢、体质降低等,所造成的经济损失有时并不亚于传染病,对犬养殖业也构成严重威胁。另外,还有许多犬的传染病和寄生虫病是人兽共患病(如狂犬病、钩端螺旋体病、弓形虫病等),会直接危害人和其他动物的健康。其他许多普通病,虽然多为零星发生,且经治疗大多数可以痊愈,但仍会影响犬的健康、生长发育,并增加生产成本。因此,预防和控制疾病发生是保障犬生产顺利进行和提高生产效益的重要措施之一。犬疾病防治必须坚持"预防为主,防治结合"的原则,认真贯彻《中华人民共和国动物防疫法》和国务院颁布的《家畜家禽防疫条例》,积极采取有效的综合防制措施。

一、加强饲养管理

科学的饲养管理是做好犬保健防病工作的基础,饲养管理是否得当对犬生产有很大影响,从一定意义上讲,养犬是否成功,在很大程度上取决于饲养管理的水平。科学合理的饲养管理既可保证犬机体健壮,增强机体抗病能力,又可减少或消除多种致病因素,从而预防疾病发生,才能充分利用和发挥良种犬的生产潜力,提高犬养殖的经济效益。犬饲养管理要求如下:

1. 分群饲养

犬场应按犬的品种、年龄、个体大小、体质强弱及饲养目的等分群饲养,以便管理。

2. 合理饲喂

在分群饲养的基础上,应根据各个类群的生理特点和营养需要等,确定科学的饲料标准和合理的饲养方法,定时定量饲喂,并供给足够量的清洁饮水,保证使每只犬都能够吃好吃饱。谨防犬食配方单一和突然改变配方及饲喂方式。

3. 注意卫生和犬舍环境

犬的许多疾病都是通过粪尿、污水、污染的空气、饲料和饮水等经消化道、呼吸道或皮肤黏膜而感染发病并传播扩散的,犬舍内温度过高或过低、阳光照射不足、潮湿、氨气和二氧化碳浓度过大等,都能降低皮肤黏膜和机体的抵抗力而诱发或导致多种疾病。因此,要按时定期清除犬舍粪尿、环境垃圾与杂草,及时排放污水,并注意犬舍的通风透光,冬季注意防寒保温,夏季注意防暑降温,经常保持犬舍清洁干燥、空气新鲜、温暖舒适,犬床、犬窝应清洁干燥,垫草勤换勤晒。

饲料饮水卫生方面要注意：不喂来源不明的动物性饲料，不采购病畜肉及其副产品作动物性饲料；不喂发霉变质的饲料；含泥沙较多的饲料原料，加工饲喂前要清洗；饮水要清洁，不饮污水和脏水；犬食加工用具和饲喂用具每天或每次用完后都要彻底刷洗，水盆、水槽要定期清洗。

4. 重视仔犬的饲养管理

对仔犬的饲养管理除要注意环境卫生和温度外，初生仔犬要尽早吃到初乳，母乳不足者应寄养或人工哺乳，仔犬断奶前要及早开食和补食，以提高仔犬的成活率和顺利断奶。

二、严格执行消毒制度

病原体（包括原微生物和寄生虫）广泛存在于犬舍及其周围环境中，尤其是被病犬、其他患病动物及人的分泌物（眼屎、唾液、痰液等）和排泄物（粪、尿等）所污染的土壤、圈舍、用具及饲养管理人员的衣物等，携带病原体的数量更多，其中，有些病原体抵抗力很强，在外界环境中可长期存在。有许多是犬常见传染病、寄生虫病和其他感染性疾病的病原体，它们随时都有侵害犬体的可能，当犬体质下降、抗病能力降低时，便使犬发病。消毒的目的就是为了消灭这些病原体或减少其数量，将危害降至最低限度。

消毒方法种类很多，可概括为物理学消毒、化学消毒和生物学消毒三大类，生产实践中可根据消毒目的、消毒对象和现有条件等选用适宜的消毒方法。

1. 物理学消毒法

通常是指利用光、热等物理性因素杀灭病原体的方法。常用的有：

（1）紫外线消毒　用紫外线照射犬舍，可对舍内空气、墙壁、地面、犬床、用具等紫外线能够照射到的物体表面进行消毒，一般需照射 30 min 以上。

（2）日光消毒　即用日光曝晒物品，是一种简单、经济、实用的消毒方法，常用于对犬床、垫草及衣物等进行消毒。

（3）煮沸消毒　是一种经济方便且效果良好的消毒方法，常用于诊疗器械、衣物、喂食饮水器具及其他小件物品的消毒，一般需在水中煮沸 20 min 左右。

（4）焚烧　是一种较彻底的消毒方法，传染病病菌污染的垫草和其他无用或价值不大的物品及病犬尸体的处理。

2. 化学消毒法

是用化学药品（即消毒剂）抑制或杀灭病原体（特别是病原微生物）的各种方法。这种消毒方法在生产中使用最为普遍，因为可供使用的消毒剂种类很多，使用方法简便灵活，使用范围广，消毒效果好。主要有浸泡法、喷洒法、熏蒸法、清洗法等。

3. 生物学消毒法

主要是利用生物发酵所产生的热量（发酵热，可高达 70℃左右）来杀灭病原体。常用于动物粪尿和污物的无害化处理，如进行堆积发酵、坑池发酵或利用沼气池进行发酵等。通常需要 1～2 个月的时间才可达到消毒的效果。

在犬日常饲喂管理工作中，要注意坚持定期消毒。平时的预防性消毒一般每周进行一次，主要是对犬舍、犬床、垫草、食物加工器具、喂食饮水器具及工作服等进行适当的消毒处理。粪便、污物或垃圾等应集中存放于远离犬舍的适当地方，待其达到一定量后，随时进行无害化处理。全场每隔半年(通常在春、秋两季)应进行一次全面消毒。为保证消毒效果,除应正确选择和掌握消毒方法之外,每次消毒前应先打扫卫生。当有疫病发生时,应适当增加消毒次数,尤其是要注意对病犬所在犬舍的消毒,这时在打扫卫生前就要适当喷洒消毒液,以防病原扩散传播。

三、重视杀虫灭鼠工作

蚊、蝇、蜱、跳蚤和老鼠等是许多病原体的携带者和传播者,对犬和人的健康均造成很大威胁。尤其是老鼠,四季危害,不仅能传播多种疾病(如钩端螺旋体病、伪狂犬病等),而且盗食饲料、咬烂物品,因此,要设法消灭。消灭蚊、蝇、跳蚤等害虫主要是要结合犬场的日常饲养管理,搞好犬舍和周围环境的卫生,彻底清除蚊、蝇的滋生场所;同时还要注意犬体卫生,勤清扫或梳理被毛,让犬多晒太阳等;必要时选用敌百虫、敌敌畏、灭蚊净、蝇毒磷、跳蚤粉等杀虫剂进行杀灭,这时应注意药物的使用浓度和用药量,谨防犬药物中毒。

犬场防鼠、灭鼠要从犬舍建筑、饲养管理等采取综合措施。犬场设计建造时就应考虑防鼠问题,加固地面和墙基;平时要注意保持场舍整洁,不乱堆放杂物,注意关闭饲料库和加工库房的门窗;再结合使用各种方法进行扑杀。投放毒饵灭鼠时,应注意选择投放地点。发现死鼠要及时捡取深埋或烧毁,防止犬因误食毒饵或吞食死鼠而发生中毒,或因死鼠腐烂,释放病原菌而引发传染病等。

四、按时进行免疫接种

免疫接种是激发机体产生特异性免疫力,以抵抗相应传染性疾病,达到有效防病目的的一种手段,它是综合性防疫措施中一项十分重要的内容。目前,用于犬的疫苗主要有犬五联苗、犬六联苗和狂犬病疫苗。

疫苗的免疫效果除与疫苗的质量、机体的健康状况密切相关外,动物年龄及饲养管理条件等对其也有影响,特别要注意的是幼龄动物体内的母源抗体能直接影响和干扰免疫性抗体的形成,甚至完全抑制免疫抗体的产生。所以,幼犬首次免疫接种的日龄应根据其血清中母源抗体的水平来决定,选择无母源抗体或母源抗体水平很低的时期进行免疫接种。一般情况下,接种免疫程序是:幼犬在 50 日龄进行首次免疫接种,随后每间隔 2～3 周再分别接种 2 次,第一年共接种 3 次,以后每隔半年或 1 年免疫接种 1 次。若使用进口六联苗,前 3 次接种间隔期多为 4 周,以后每年接种 1 次即可,接种狂犬病疫苗时幼犬应大于 3 月龄。对于疫区受疫病威胁的仔犬,首次免疫日龄可提前 2 周,在断奶前进行,增加 1 次免疫接种。对于某些母源抗体水平很低,或因某种原因未能吃到初乳的仔犬,更应及早进行免疫接种。

五、有目的地进行药物预防和定期驱虫

药物预防是针对不同地区、不同犬场在不同时期常发的某些疾病,有目的的选用某些化学药物、抗生素或中草药等,加入犬食或饮水中,或给犬直接投服,以预防犬发生疾病或对某些疾病进行早期治疗的重要措施。犬的许多疾病,特别是某些传染性疾病,目前尚无有效的

疫苗用于预防，但某些药物却能较好地控制和减少这些疾病的发生与流行，尤其是在这些疫病的流行季节之前或流行初期，选用适宜的药物及早进行预防，效果更为明显。药物预防通常选用一些安全、有效且价廉的药物。如每隔 15～20 d，连续 3 d 饮水中添加 0.1%高锰酸钾或 0.2%土霉素有良好的疾病防治作用。在钩端螺旋体病流行季节，给饲料中加入土霉素(0.75～1.5 g/kg)或按 1～1.5 g/kg 体重喂服四环素，连用 7 d，可控制犬感染本病；内服磺胺类药物、氯霉素、大蒜或大蒜酊等可防治犬副伤寒、大肠杆菌病等；内服抗生素、益生菌等饲料添加剂，可预防消化道疾病，并有刺激或促进犬生长的作用；在蚊蝇出现前 1 个月至出现后 2 个月内，每天喂食海群生(6.6 mg/kg 体重)，配合每月 1 次口服伊维菌素(6 μg/kg 体重)和杀螨菌素，可抑制心丝虫幼虫的发育，防止虫体到达心脏而发病；在母犬分娩前 10 天，饮用氨丙啉溶液(1～2 汤匙 9.6%氨丙啉溶于 4.5 L 水中)，结合卫生消毒工作，可有效预防球虫病的发生等。但应注意：若长期不间断用药易使病原体产生耐药性，从而影响预防效果，如有发病者使用同类药物治疗效果也差；还可能因体内正常菌群紊乱和药物蓄积等而诱发维生素缺乏症、慢性中毒等一些不易诊治的疾病。因此，预防用药应注意药物的选择和用量，反对将药物作为饲料添加剂长期不间断地使用。20 世纪 70 年代，国际上已提出不允许应用医用抗生素作为饲料添加剂，从 1995 年起丹麦、欧盟等国家和地区开始禁止使用泰乐菌素、螺旋霉素、弗吉亚霉素和杆菌肽锌等抗生素作为促生长添加剂。

犬的寄生虫病不仅影响犬生长，降低饲料报酬，诱发许多疾病，甚至使犬发病死亡。要控制或消灭犬的寄生虫病，必须根据所在犬场及地区犬的寄生虫种类和不同寄生虫病的流行特点，采取综合防治措施。在生产实践中，较为有效方法就是有计划地定期驱虫，具有药物预防和治疗病犬的双重意义。犬的定期驱虫一般在仔犬断奶后就开始进行，6 月龄以下幼犬最好每月驱虫 1 次，妊娠母犬在产前驱虫 1 次。为了提高驱虫效果，最好在每次驱虫前进行粪检，根据粪检结果选择适宜的驱虫药物。目前，高效、低毒、广谱的驱虫剂种类很多，可选择使用。但驱虫时应当注意：首次使用的或新用药物应先做小群驱虫试验，肯定药效和安全性之后，再进行全群驱虫；使用药物剂量要准确，防止药物中毒；用药后要加强护理、注意观察，必要时采取对症治疗，及时解救出现毒副反应的病犬；驱虫期间要加强粪便、污物的无害化处理，防止病原体扩散；对个别体质状况差或有病的犬，应先加强营养，进行治疗，待体况好转，疾病痊愈后再驱虫。

六、认真落实其他各项防疫措施

建立切实可行的卫生防疫制度，并认真贯彻落实、监督实施，是改善犬的生活环境，提高机体抵抗力，防止疫病发生，保证犬健康生长和犬场正常收益的重要措施。做好犬场卫生防疫工作除要定期按时清洁消毒、杀虫灭鼠、接种免疫和驱虫防疫外，还必须注意以下几个方面：

1. 选择适宜的饲养场地，进行合理地规划建设

犬场和其他动物饲养场地一样，其选址建造都有一定的要求。除需考虑气候因素，饲料、饮水的来源与品质，及电力交通等条件因素外，从防疫学角度来讲，要求犬场应远离公路、铁路、港口、村镇、工厂和学校等，场内生产区要与行政管理区和生活区分开，生产区内也要根据不同生产类型或目的(如繁殖种犬、商品犬、仔幼犬、病犬等)分群划区饲养和管理。

2. 严禁从疫区和发病犬场引种，引进种犬时要检疫

为了防止疫病传入，只能从无犬传染病地区或犬场引入或购进种犬、饲料和用具等。《中华人民共和国动物防疫法》规定：国内异地引进种用动物及其产品，应先到当地动物防疫监督机构办理检疫审批手续并须检疫合格、出具检疫证明，动物凭检疫证明出售和运输。涉及出入境的动物检疫，按《中华人民共和国进出境动植物检疫法》执行。对从外地采购或调入的种犬，要在离生产区较远的地方隔离饲养、观察1个月以上，经兽医全面检查，确认健康无病，经驱虫、消毒，没有预防接种的还要补注疫苗，方可进入生产区混群饲养。

3. 进入场区要消毒

在犬场生产区和犬舍入口处应设消毒池和更衣、消毒室，池内消毒液要定期添加或更换，经常保持其有效浓度，进场人员和车辆等须经消毒后方可入内。犬场工作人员进入生产区，要换工作服和鞋、帽等，出厂时脱换，工作服和鞋、帽等要经常保持清洁，定期进行消毒处理。场内饲养管理人员应各司其职，不允许随便互相走串。场内各犬舍所用工具和设备等应固定，不准随便乱拿乱用。

4. 场内谢绝参观，禁止闲杂人员和有害动物等进入场区

犬场原则上谢绝入舍参观，必须的参观或检查者，按场内一般工作人员对待，严格遵守各项消毒规章制度。场外的车辆、用具和其他物品不准进入生产区，出售犬在场区外进行，已调出的犬严禁再送回原犬舍。场内繁殖用种犬不准对外配种，决不能将外来的犬随意带进生产区。场区不准饲养其他家畜家禽，严防其他动物进入生产区。

5. 禁止在生产区屠宰、解剖动物

生产区是犬繁育和饲养的区域，不能随便扑杀、屠宰和剖检动物。因为在犬体内通常存在大量的病原体，特别是病犬，其体内病原体的种类和数量更多，致病力更强，在生产区随便屠宰或剖检，容易造成病原体扩散，污染生产环境，从而威胁其他犬的健康。同样，更不能在生产区内随意乱扔病犬尸体。屠宰或剖检犬应有专门、固定的场所。病犬尸体可根据不同情况进行处理，如焚烧、深埋或投入尸体坑等。

6. 坚持自繁自养，提高群体健康水平

犬场的发展最终需要靠自己，在引种建场之后，除要加强饲养管理，做好疫病防治工作外，还应重视自繁自养工作。这方面的工作做好了，犬群的数量便迅速增加，犬场的规模才能不断扩大，经济效益越来越好。自繁自养的犬，主要来源于本场种犬繁育的优良后代，这样既可以降低犬养殖的成本，又可避免因从场外购进犬时可能带入疫病。为了做好自繁自养工作，各犬场要积极开展选种、选育工作，建立一定数量的健康犬群，作为繁殖用的核心群体。犬的品种选育通常是从个体大、生长快、体形好，并且产仔多、抗病力强的种用公母犬所产的优良后代中进行选留培育。对选留的公、母犬，从幼犬时期开始经常定期检疫和驱虫，及时淘汰病犬和带菌及带毒、带虫犬，使其保持相对无病和无寄生虫侵害的状态；同时按时接种疫苗，加强饲养管理，做好其他各项卫生防疫工作，严格控制各种病原体的侵入，保证核心犬群的安全与健康，使其良好发育。

七、发生疾病及时诊治或扑灭

在犬养殖生产中，饲养管理人员要和兽医人员密切配合，结合日常饲养管理工作经常注

意观察犬的行为变化并进行必要的检查，发现异常，及早查明原因，疑为患病时应尽快与兽医人员联系，并配合兽医进行诊治。随后根据不同情况采取相应措施，以减少不必要的损失或将损失降至最低限度。

1. 及时发现病犬

犬所患疾病的种类很多，其中有许多疾病一旦发生，若不能及时发现、诊治和采取有效措施，往往使病情在较短时间内迅速发展而失去治疗时机，容易导致病犬死亡。在犬大群饲养条件下，还可能迅速传染给同群、同舍的其他犬，造成巨大的经济损失。因此，及时发现病犬十分重要。为了做好这项工作，要求每个饲养管理人员不仅要熟悉所养犬正常的生理状态和健康的生活规律，而且要有责任心，善于发现犬的各种异常现象。在生产实践中，一般可通过看、摸、听、测等方法识别和发现病犬。

(1)看　就是要经常注意观察犬的精神状态、行为姿势及被毛、眼睛、耳朵、口鼻、采食、饮水和粪尿等是否有异常表现或发生异常变化。

(2)摸　即对可疑病犬通过触摸检查机体肥瘦、局部温度、体表有无异常肿胀或隆起及其性质，检查腹部胀满的程度和性质等。

(3)听　即经常注意倾听犬群中是否有异常声响，特别要注意听犬的叫声，有无打喷嚏、咳嗽、喘息和呻吟声等。

(4)测　即测量体温、脉搏和呼吸次数等，对怀疑发热或有病的犬，通常首先要测量其体温，有时还要检测其脉搏(或心跳)和呼吸次数，了解其变化情况。

2. 及时诊治病犬

对发现的病犬，兽医人员必须及时查看，了解情况并进行仔细检查，以便分析病因，对疾病做出正确的判断和采取有效措施，控制疾病的发生、发展，促进病犬尽早康复。对于某些一时难以确诊而发病数量较多，或怀疑为传染病的病犬，应及早与其他健康犬分开，隔离饲养、观察，进行对症治疗，并进一步检查诊断。由于本场条件所限不能确诊的，应尽快请专家会诊；或是将病犬或死亡不久的尸体装入严密的容器内，立即送往有关单位或部门进行检查、诊断。

病犬在隔离期间应由专人饲养管理，其他人员不得与其接触。对病犬原来所在的圈舍及其所用的犬床、垫草、饮食用具及病犬粪便、尸体等均应严格清理、消毒或作其他无害化处理，同时做好杀虫、灭鼠工作等，以防病原扩散传播。

3. 发现疫病，及早扑灭

病犬一旦被确诊或初步诊断为传染病或某些寄生虫病时，应根据其流行特点和危害程度，进行隔离或封锁，按照“早、快、严、小”的原则，迅速采取必要措施，及早控制和扑灭。特别是一些危害较大的传染病，如犬瘟热病、细小病毒病、传染性肝炎、疱疹病毒病等，更应引起重视。

隔离是将患传染性疾病的病犬和可疑感染的犬与健康犬隔开；封锁是需经一定行政部门批准实施的行政性防疫管理措施，通常用于危害性较大的烈性传染病和当地新发现或新传入的某些传染病的扑灭。封锁时可根据疫病来源、危害范围等划定疫点和疫区等，在一定范围内进行。一般犬养殖场发生疫病时，首先要严格执行以上各项卫生防疫制度，暂时停止种犬出售、商品犬外调和购进新犬，严禁闲散、无关人员进出犬场，谢绝一切参观等。其次是要对全场进行一次彻底消毒，对全部犬群，特别是与病犬同群、同舍及接触过的犬，立即进行检疫。根据检疫结果，将犬分为病犬、可疑病犬和假定健康犬三个群体，彼此隔离饲养，区别对待。

病犬即具有明显症状者，应根据疫病的特点和发展态势，考虑是否有治疗的必要。一般对于已确诊为传染病，且表现危重的病犬，常因治疗效果较差或花费较大，为了迅速消灭传染源、扑灭疫病和节省人力、物力，可及时扑杀淘汰。但若病犬属珍贵种犬或价值较高，所患疫病又较易控制且能治疗时，可在隔离条件下积极治疗。

可疑病犬是指那些症状不明显或无任何症状表现，但曾与病犬或其污染物有过接触的犬（如与病犬同群、同舍或同一运动场等）。这些犬可能已受感染而处于潜伏期，应隔离饲养，认真观察，同时根据对病犬的诊断结果选用相应的特异性高免血清或五联、六联抗血清进行紧急预防和治疗，经 2～3 周后无症状表现的犬，再免疫接种疫苗。无血清时也可直接选用相应的疫苗或五联、六联疫苗进行紧急接种免疫，同时还可选用适宜的抗生素、磺胺类或其他药物进行预防性治疗。在可疑病犬群中进行紧急预防和治疗时，谨防注射用药时的交叉感染，应做到每犬一个针头。在此期间，若有犬出现症状，按病犬对待。

假定健康犬是场内无任何症状表现，一切正常，且与前两类犬没有直接或间接接触过的犬。该犬群由于受到患病犬群的威胁，除应加强饲养管理和卫生防疫工作外，亦应同可疑病犬群相似，进行紧急接种免疫和药物预防，有条件的还可将其转移到比较安全的地方饲养。发病犬场周围或疫区内的其他养犬场（户），同样应当重视紧急接种免疫和药物预防工作。

在疫病诊治过程中，死亡或被扑杀的病犬尸体及其污染物，必须进行妥善处理。通常采取化学消毒、深埋、焚烧等办法进行无害化处理。若要利用病犬尸体，以减少损失，必须在兽医部门同意的条件下，在指定地点按要求进行加工处理，同时要有兽医人员监督。当疫病得到控制，疫区或犬场内最后一只病犬已被扑杀、死亡或痊愈，全场经过严格消毒后 2 周，不再有该疫病发生时，即认为该疫病已经扑灭。此后再进行一次彻底清洁消毒后便可解除封锁。封锁解除后，有些经隔离治疗痊愈的犬，在一定时间内还可能有带菌或带毒现象，仍具有传染性，因此，还需要隔离饲养一段时间，不可输出到其他安全无病的地区或健康无病犬场。

任务 2　犬的驱虫和免疫接种

一、犬的驱虫程序

犬的寄生虫分为体内和体外寄生虫两种。

1. 体内寄生虫

体内寄生虫又分为广谱寄生虫和特定寄生虫两种类型。绦虫、蛔虫、蛲虫、线虫、钩虫、鞭虫属于广谱寄生虫，球虫、滴虫、心丝虫、弓形虫属于特定寄生虫。寄生后宠物表现为消瘦、食欲不佳、瘙痒，严重的会引起宠物呕吐、腹泻、肠梗阻、软便、咳嗽、贫血等。

驱虫方法如下：

首先要广谱驱虫，使用拜宠清或犬心宝，用量：每 10 kg 体重口服 1 片。母犬怀孕 45 d 驱虫一次，幼犬出生 20 d 广谱驱虫一次，25～28 d 左右驱球虫，每千克体重口服球立佳

0.3 mL+0.7 mL 水，连用 2 d。犬口服球立佳会大量吐白沫，属于正常现象。30～35 d 驱滴虫，口服甲硝唑，1/6 片连用 4 d。6 周龄以上服用犬心宝。弓形虫必须去宠物医院检测，如果发现，用专门治疗弓形虫的药，如快乐红糖。幼犬建议每月广谱驱虫一次，成年犬建议 3～6 个月驱虫一次。

2. 体外寄生虫

跳蚤、虱子、蜱虫、螨虫、疥螨等，通常会寄生在宠物的头部、耳朵、脚趾等部位，皮肤受到刺激会出现炎症反应，大量寄生可能引起宠物贫血、消瘦、发育不良，也会寄生于人体，严重会引起疾病。

(1)用药　使用福来恩或大宠爱。

(2)用量　每月用药一次，98%的跳蚤在用药后 36 h 内被杀死。

(3)使用方法　将犬颈背后肩胛骨前部的毛发分开，暴露皮肤，使药管的尖端直接接触皮肤，挤压药管将整管药液挤到一处皮肤上，不需按摩用药部位。

(4)注意事项

①若家中有两只宠物，不要让他们互相舔舐用药处，外用药不可内服。②勿将药液用于破损皮肤。③用过的空药品一定要处理干净，防止宠物撕咬。

二、犬的免疫程序

(一)疫苗分类

犬的疫苗包括犬窝咳疫苗、真菌疫苗、二联疫苗、四联疫苗、五联疫苗、六联疫苗、八联疫苗、狂犬疫苗。

1. 犬窝咳疫苗

犬窝咳是指一只犬咳嗽一窝犬都咳嗽，故称犬窝咳。该疫苗主要预防由副流感和支气管炎引起的犬窝咳。采用滴入鼻接种，缓慢滴入一侧鼻孔即可，疫苗接种 72 h 即可产生免疫保护力。可接种怀孕母犬(十分安全)。犬窝咳疫苗的接种时间：母犬怀孕 45 d 即可接种，幼犬 20 d 开始接种，每次滴鼻一支犬窝咳疫苗，一个月后再滴一次。

2. 真菌疫苗

(1)使用方法　猫：3～6 个月龄，0.5 mL/次；6 个月龄以上，1 mL/次，肌肉注射两次，两次间隔 15 d。犬：体重 5 kg 以下，0.5 mL /次；体重 5 kg 以上，1 mL /次，肌肉注射两次，两次间隔 15 d。

(2)注意事项　①犬、猫一年四季均可注射。②使用时将疫苗温度恢复到 37℃左右，大腿深部肌肉注射，先注射一条腿，15 d 后注射另一条腿。③病犬及怀孕后期的母犬，不能接种，要进行治疗后方可接种。④注射疫苗时，注射部位要消毒。⑤储藏：因是活菌，所以要放在冰箱保鲜室冷藏(2～8℃)。⑥个别出现热原反应，2～3 d 后会自动消失。

(3)作用和效果　预防：两次接种 25 d 后产生免疫力，免疫效果达一年。治疗：两次治疗后，15～20 d 后松散病灶，硬皮痂开始脱落，开始长出新毛。

3. 犬二联苗

犬二联苗主要预防犬的细小病毒病和犬瘟热，一般在 4 周龄时皮下注射犬的二联，6 周龄再加强一次。

4. 犬四联苗

犬四联苗主要预防犬瘟热、犬细小病毒病、犬传染性肝炎、犬副流感。注射时间一般在7周龄以上，皮下注射。

5. 犬五联苗

犬五联苗用于预防犬瘟热、细小病毒病、传染性肝炎、副流感和狂犬病，主要是国产的，国内生产厂家很多，价格便宜，是国内目前使用最多的犬用疫苗，其中普遍认为以解放军农牧大学军事兽医研究所研制生产的犬五联苗免疫效果较好。

6. 犬六联苗

犬六联苗可预防犬瘟热、细小病毒病、传染性肝炎、副流感、钩端螺旋体病和传染性支气管炎，犬六联苗以进口产品为主，进口疫苗品牌有荷兰英特威疫苗、法国梅里亚疫苗，美国辉瑞疫苗，法国维克疫苗等。目前，主要用于城市宠物犬的疫病预防。现在已经有几个国外品牌得到国家的批号，有正式的国内代理，但是需要注意，不是所有进口疫苗品牌都有国家批号，如英特威疫苗获得国家批号的是二联苗、五联苗、狂犬疫苗、单联苗；梅里亚疫苗获得国家批号的是六联苗、狂犬疫苗、单联苗；辉瑞获得国家批号的是细小病毒疫苗及五联苗。近年来，国内也开始生产犬六联苗，但它与上述进口产品稍有不同，它是在犬五联苗的基础上增加了对犬冠状病毒病的预防。另外，六联苗因厂家的不同而有区别，所以注射时要了解所用的品牌是否有国家批号及疫苗联数里包含哪几种疾病的预防作用。

多联疫苗的使用，可节省时间，提高工作效率，但某些多联苗因生产配合不当，其中某些抗原性较强的疫苗可能干扰另一些抗原性较差的疫苗的免疫效果。注射时间一般为7周龄以上。

7. 犬八联疫苗

主要预防犬瘟热、犬腺病毒Ⅰ型引起的传染性肝炎、犬腺病毒Ⅱ型引起的呼吸道病、犬副流感、犬细小病毒病、犬冠状病毒病、钩端螺旋体病、黄疸出血型钩端螺旋体病。一般注射时间为11周龄。

8. 狂犬疫苗

犬达到三月龄才能打狂犬疫苗，一般五月龄注射。国外规定两年一次，国内强制每年一次，可持养犬证到指定医院免费接种。

目前，犬所用疫苗通常都是由相应病毒的细胞培养物按一定比例混合，再加入适量抗生素和保护剂冻干而成，运输与保存需保持在0℃以下，避免日光照射及与其他有害物品接触。临用前取出，每个免疫剂量加2 mL注射用水或生理盐水稀释，充分振荡，使其完全溶解后肌肉或皮下注射。犬用的其他疫苗还有：犬瘟热弱毒苗或灭活菌、麻疹苗、传染性肝炎弱毒苗或灭活苗、犬瘟热和传染性肝炎二联弱毒苗或灭活苗、脑脊髓炎疫苗、钩端螺旋体灭活苗、副流感弱毒苗、波氏杆菌灭活苗或弱毒苗等，使用时参照产品说明。

(二)免疫接种程序

第一针：幼犬出生后第28～45 d接种二联苗或四联苗或五联苗。

第二针：隔15～21 d接种二联苗或四联苗或五联苗或六联苗。

第三针：再隔15～21 d接种五联苗或六联苗，也可八联苗(加有狂犬疫苗)

猫：出生60 d接种第一针猫三联苗，主要预防猫瘟、猫传染性鼻气管炎、猫杯状病毒，每隔21 d接种一针，共三针，成年后每年接种一次。

(三)疫苗接种注意事项

(1)疫苗只能用于健康犬的预防注射,不能用于已经发生疾病时的紧急预防和治疗,作紧急预防、治疗可使用特异性高免血清或免疫球蛋白。

(2)某些从外地购入的犬,并不知道或不能确定是否进行正常免疫接种,可先注射五联(或六联)抗血清,剂量按使用明书掌握。凡注射过免疫血清(或称抗血清)或免疫球蛋白的犬,需在2～3周后才能接种疫苗,否则将影响免疫效果。

(3)3月龄以下犬按上述免疫程序接种免疫,3月龄以上犬,免疫通常连续接种2次,间隔2～4周。

(4)正常情况下,幼犬在注射疫苗后7～10 d才可产生较好的保护性免疫力,在此之前对所预防的疾病仍然易感。因此,在此期间最好不要出售(或购买)、调运幼犬,同时要加强饲养管理,避免条件骤变,严防与病犬接触。

(5)注射疫苗7 d内不能洗澡,洗澡会降低幼犬的内部黏膜抵抗力,避免感冒。

任务3 犬的基础美容

一、耳道护理

1. 拔耳毛

(1)倒耳粉,将耳粉倒在耳郭位置。

(2)将犬耳下翻,轻揉耳根,让耳毛粉与耳毛完全融合在一起(减少耳道的湿滑度)。

(3)耳道浅处耳毛用手指捏住毛根拔除,耳道深处用止血钳反手拔除。少量多次拔除。

2. 清洁耳道

脱脂棉包裹止血钳前端,洗耳液滴于脱脂棉上,执笔势抓握止血钳,擦洗耳道,直至耳道清洗干净。

二、趾甲修剪

1. 保定犬只

用徒手保定法将犬保定,右手持趾甲钳,左手轻轻抬起犬的脚掌,用拇指和食指固定脚趾。

2. 三刀法修剪

用趾甲钳从脚趾血线前端垂直剪下第一刀,第二刀从切口上侧倾斜45°剪下,第三刀从切口下侧倾斜45°剪下。

3. 磨平

用锉刀将棱角磨圆,使趾甲从任何角度抚摸均呈弧状。

4. 修剪其他脚趾甲

用同样的方法修剪其他脚趾甲，尤其注意“狼趾”的修剪。

三、被毛梳理

1. 梳子的选择

(1)短毛犬：鬃毛刷、针梳。

(2)中长毛犬：针梳、排梳。

(3)长毛犬：柄梳、针梳、排梳。

2. 梳毛顺序

由前向后，由上至下，从毛根到毛尖，将犬全身被毛梳顺、梳开。

四、眼睛护理

洗澡前滴眼药水于犬眼内，形成保护膜，防止浴液过敏导致眼睛红肿。

(1)听话的犬可以从正面点。

(2)不听话的可从额头向下滴或将头卡住，拉起眼皮将眼药水滴入内眼角。

(3)将洗眼水滴入眼内，闭上眼睛轻揉。

五、洗澡

1. 洗澡前的准备事项

(1)合适的水温：35～38℃。

(2)水压：适量，水压小难以湿透。水压大声音大，犬受惊吓，并且会有刺痛感，感觉不舒服。弥补方法：水温调好后把花洒紧贴在皮肤上。

(3)准备好吸水毛巾、梳子、浴液、护毛素、吹水机、吹风机等。

(4)用棉球将犬耳塞住，以防水进入犬耳道内，注意不要塞得太深。

(5)稀释浴液、护毛素。

2. 冲水

先冲全身，最后冲头(头湿后狗狗会甩水)，着重打湿脚和肛门附近。

3. 挤肛门腺

肛门腺位于肛门的4点和8点方向，用手轻触可感觉呈圆球状。一手轻提尾根，用另一手拇指与食指放于肛门腺处，由内向外轻轻挤压3～4次。

4. 涂抹浴液

将浴液均匀涂抹后进行揉搓，从下向上，从后至前，着重揉搓脚、耳根、腹底，最后涂抹头部，注意眼周围的揉搓。长毛犬不要来回搓洗，容易打结。

5. 冲洗

先冲头，再冲身体，最后冲脚。防止浴液进入眼、鼻、耳朵，清洗的时候应用手遮挡，立耳犬按住耳朵后再冲水。冲洗至无泡沫后，涂护毛素，涂均后停留2～3 min后冲净。吸水毛巾吸干水分，同样长毛犬不要来回搓拭，防止打结。

6. 吹干

先用吹水机吹至 7 分干，再用吹风机配合针梳进行拉直，拉直顺序为从后至前，从毛根至毛尖，层层梳、层层见皮肤。注意吹风机要与皮肤保持距离，防止烫伤。长毛犬用吹水机顺毛吹，防止打结，或者使用吹水机和长毛犬专用梳一起使用即可。

六、脚底毛、腹底毛清理

1. 脚底毛清理

大型犬、小型犬剃脚底毛的方式不同，小型犬剃八字，其余平剃；大型犬平剃即可。剃脚底毛可以防止室内犬滑倒受伤，帮助其排汗，减少毛发污染。

2. 腹底毛清理

短毛犬不需剃腹底毛。长毛犬剃毛范围至倒数第二至第三乳头之间。剃毛顺序：整体由内向外，不可剃光，腹底敏感，剃光会导致红肿。大腿内侧与生殖器处应保留一定被毛，剃时自下向上、由内向外，生殖器周围不要剃光，留部分饰毛。剃毛时刀头翘剃。剃腹底毛可以防止尿液污染毛发、保持犬体清洁。

3. 剃肛门附近被毛

肛门处毛发剃成“V”形，剃毛宽度不可超过尾根，刀头翘剃。

教学视频——犬的耳道护理

技能视频——犬的耳道护理

教学视频——趾甲修剪

技能视频——趾甲修剪

教学视频——被毛梳理

技能视频——被毛梳理

教学视频——眼睛护理

技能视频——眼睛护理

教学视频——犬的洗澡

技能视频——犬的洗澡

教学视频——脚底毛清理

技能视频——脚底毛清理

教学视频——
腹底毛清理

技能视频——
腹底毛清理

任务 4 犬训练的生理基础

一、反射的类型

犬是一种适应能力很强的动物，具有较发达的神经系统。和人类一样，犬大脑神经系统的基本活动过程是反射活动，犬的训练是以条件反射原理为基础的。条件反射是建立在非条件反射的基础上，经过反复调教刺激而后天获得，是高级神经活动的基本方式，也是脑的高级功能之一。

(一)非条件反射

犬的非条件反射就是人们所称的“本能”，是先天遗传的恒定且巩固的神经联系，是建立条件反射的基础，如仔犬生下来就会吃奶、呼吸、排泄、自卫等。大多是局部受到刺激后通过固有的神经通路发生简单而又固定的活动，有些则属于复杂的有层次序列性的连锁行为，如性本能和猎取反射。与犬的生存有密切关系，并且在犬的训练中可充分利用的非条件反射主要有以下几种：

1. 食物反射

犬借以获取食物，以维持生存所需。通过饲养管理，保证犬的正常生存和发育，建立和加强犬对主人的依恋性。在训练中，可以利用犬的食欲，以食物刺激为诱饵，引诱犬做出某些动作，并通过食物奖励来加强和巩固犬的正确动作，加速能力的培养。

2. 自由反射

犬爱与主人玩耍，喜欢到户外运动，借以挣脱对自身活动的限制，获得自由。为了防止犬在训练过程中产生紧张和厌恶情绪，影响训练效果，常用“游散”作为一项重要的奖励手段，同时也是缓和犬紧张的神经系统活动状态或消除超限抑制的有效措施。自由反射还有助于发展犬的活动、耐力和技巧，对发泄训练后的过剩能量也有一定的好处。

3. 猎取反射

犬寻觅或捕获某些猎物为食，以维持生存，这是野生状态下犬生存采食的主要手段。这一特性在犬家畜化后在某种程度上已逐渐退化，在训练中已转化为获物性质的反射。在训练中，可通过耐心细致而巧妙的诱导，充分调和培养犬对获取所求物的高度兴奋和强烈占有欲，是培养追踪、鉴别、搜索等专业能力的重要基础。

4. 探求反射

犬为了保持与生存环境动力平衡，必须及时觉察外界环境和事物的变化，探明与自身的利害关系，以便采取相应的行动。犬的探求反射与犬的学习行为关系密切，在训练中可采取新异好奇的刺激手段和方法，以引起犬对特定事物的探究与警戒反应，培养犬细致嗅认并保持高度警惕性的能力，是培养犬警戒能力和诱导犬嗅认气味的基础。

5. 防御反射

犬为了维护自身安全表现出对陌生人的警惕，并对之采取扑咬或躲避的方式，这是犬对自身生存的自卫表现。表现为扑咬的是主动防御，表现为躲避的是被动防御。在训练过程中，可根据训练科目能力培养的要求，采取相应的机械刺激手段，迫使犬产生适度的被动防御反射而做出相应的动作；也可通过较强的机械刺激，达到制止犬的某些不良行为。犬的防御反射是培养犬扑咬、守候、看守等专业能力的生理基础。

6. 姿势反射

犬的活动必须保证躯体维持正常的姿态平衡。在训练中，可利用犬固有的自然动作姿态及机体平衡运动反应，通过正确的诱导和适当的强制，使犬完成某些基础科目的动作，并逐步形成规范化要求的各种动作。

7. 性反射

犬借以繁衍后代、绵延种族的能力，是犬繁殖的重要基础。因受到性外激素的影响，在训练时犬与犬之间可能会相互干扰，而且妊娠后期的犬也不宜受训，性反射活动常常对犬的训练和使用有不同程度的不利影响。因此，在训练过程中应谨慎对待犬的性反射活动。

(二)条件反射

人类对犬的训导实质上是要求犬对某种口令或手势等外在刺激作出快速而准确的应答，即通常所指的条件反射。条件反射不是先天就有的，而是在非条件反射的基础上后天培养获得的。条件反射是在一定的条件下发生和存在的，是暂时的和极不稳定的，很容易退化。因此，对犬已形成的条件反射，必须定期地反复训练，不断强化，动作才能得到巩固。

1. 条件反射机理

条件反射是犬在后天的个体生活过程中，对周围环境的多个刺激，在大脑皮层内所形成的暂时性的神经联系。条件反射在建立之前，仅存在着结构上的联系，功能上并没有接通，没有神经冲动在这种联系上形成规律性的通过。只有当不同的多种刺激重复而固定地作用于犬，并在大脑皮层的不同部位共同引起相应的兴奋活动时，才会使相关的神经元之间在功能上建立起暂时的神经联系，即形成条件反射。这种暂时性的联系是由于大脑皮层中引起的较强的兴奋部位(由非条件刺激作用引起)能吸引较弱的兴奋部位(由条件刺激作用引起)向其联系，于是两部分之间才发生神经联系。

条件反射的形成，就使原先的无关刺激获得了一定的信号意义，从而变成了具有使犬体发生某一活动作用的条件刺激，因此，只单独使用这一条件刺激，也可以引起和使用非条件刺激效果相同的活动。此后，条件刺激作用一旦发生，就能同时导致相关部位产生兴奋，因而条件反射也就形成。因此，条件反射形成的标志是大脑皮层多个兴奋点的接通。

例如，为使犬对于“坐”的口令这一声音刺激形成条件反射，就需要在发出这一声音刺激的同时或稍后伴以能引起犬表现坐的非条件反射的刺激(按压犬的腰角)，迫使犬做出坐下的动作。最初“坐”的声音刺激通过犬的听感受器的感受，并将这一刺激所引起的兴奋沿传入神经传向相应的中枢神经，在大脑皮层的某一区域内产生了一个兴奋点，这时犬就表现出倾听声音的动作。接着用手按压犬的腰角，通过皮肤触觉压力感受器的感受，把这一刺激所引起的兴奋沿另一条传入神经传向相应的中枢，同时也在大脑皮层的另一区域内产生了另外一个兴奋点，犬为了维持姿势平衡马上坐下。如果把两种刺激结合起来使用，就会同时在犬的大脑皮层不同区域内产生两个兴奋点，重复使用若干次后，这两个兴奋点就从生理机能发生联系接通起来。当两者接通后，只要使用"坐"的声音刺激，而不用再施以按压犬就能做出坐下的动作，表明条件反射已经形成（图 8-1）。

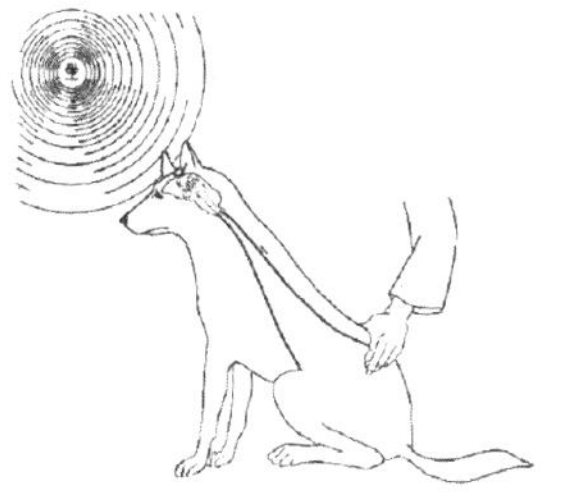

图 8-1 "坐"科目训练

条件反射的形成对动物的生存和发展具有重要的现实意义。条件反射的信号作用使动物对环境的反应预做准备，即有一定的预见性。条件反射在一定的条件下形成，也能在一定的条件下消退。这样，动物的行为就能随着客观情况的变化而变化，正确而适时地适应经常变化的环境。

2. 条件反射形成过程

（1）古典式条件反射　俄国生理学家巴甫洛夫在他的生理研究实验中以犬为对象，采用一种原来与犬无关的刺激（如灯光）和另一种对犬有生物学意义的非条件刺激（如食物）结合作用，引起犬出现食物反射。经过多次重复结合试验后，只单独使用灯光刺激而不结合使用食物刺激，同样能引起犬的食物反射，说明灯光对犬已具有食物信号的作用。犬的这种行为的产生是在一定条件下通过学习获得的经验，它的反应程序是刺激在前，行为在后，行为是刺激的结果，而犬对刺激的反应是既定的。它的联系表现为：刺激—动作—强化—条件信号活动，这种条件反射称为古典式条件反射。

（2）操作式条件反射　又称"试错法"学习，这种方式表现为动物常以自发的试探性活动与偶然获得正确或错误的行为效果相联系进行学习。例如，犬笼中的犬由于偶然触及挂在笼外的自动饮水器乳头而获得了水，以后便学会通过吮吸饮水器乳头而获得饮水。这样操作杠杆之类的条件性行为反应就成了借以获得奖励强化的工具，因此称之为操作式条件反射。这种试探行为的结果可能是获得成功受到奖励的经验，也可能是遭受失败挫折得到惩罚的教训，因此，"机会训练法"或"行为整形"就是这种学习方式的体现。根据具体训练科目的要求，利用能诱使犬做出相应动作的机会，当犬的适宜行为一出现，就应立即给予奖励强化。这种学习方式较为实用，有利于调动犬主动学习的积极性。它的反应程序是行为在前，效果在后，行为的后果又能成为下一行为的原因。它的联系表现为：自发动作—强化—冲动—条件性主动活动。

二、条件反射建立的条件

建立条件反射需要一定的条件，否则暂时性的神经联系不能形成，其基本条件主要有以下 5 个方面：

1. 必须将条件刺激与非条件刺激结合使用

条件反射是条件刺激与非条件刺激相结合的结果，是大脑皮层两个兴奋点的接通，没有非条件反射，条件反射是不能形成的，只有将两者结合使用，才能使无关刺激受到非条件刺激的直接强化即直接支持，而获得与非条件刺激作用相同的信号意义。如训练犬“坐”的科目，犬主先发出“坐”的口令(无关刺激)，紧接着用手按压犬的腰角(非条件刺激)，迫使犬坐下。当犬坐下后，即给予奖励和抚摸。经多次这样的结合训练，如果当犬听到“坐”的口令而不需要按压腰角，就能立即坐下时，说明大脑皮层两个兴奋点已接通，即条件反射形成了。

2. 条件刺激的作用应稍早于非条件刺激作用

从两种刺激的作用时间来看，条件刺激的作用应稍早于非条件刺激的作用。在训练过程中使用的口令和手势引起犬的听觉和视觉反应，紧接着给予非条件刺激，引起犬相应的非条件反射，从而做出相应的效应动作，这样建立条件反射就快，并且也巩固，否则，条件反射就很难形成，即使形成也是很缓慢、不巩固。因为非条件刺激的作用要比条件刺激的作用强得多，先使它在大脑皮层内引起相当强的兴奋点，与此同时，在它周围诱导出相当强的抑制过程，从而阻碍了无关刺激所引起的兴奋，条件反射难以形成。这就要求我们在训犬时，给犬的口令、手势等条件刺激必须先于扯拉牵引带、按压犬身体的某个部位等非条件刺激。

3. 必须正确掌握刺激强度

训练过程中除了应考虑到刺激信号的强弱，还需注意犬的神经类型和它对刺激的敏感程度，往往同一强度的刺激作用于不同的犬时，其效果是不一样的。一般来说，只有当条件刺激的生理强度弱于非条件刺激的强度时，才能建立起条件反射。因此，在训犬的过程中要因犬而异，分别对待，以实际训练效果来衡量刺激的强度。

4. 必须使犬的大脑皮层处于清醒和不受其他刺激所干扰的状态

建立良好的条件反射，必须使犬的大脑皮层处于清醒和不受其他刺激所干扰的状态。因为犬处于抑制过程时，无关刺激发挥不了作用，条件反射的形成就会很慢，甚至不可能形成。同样，由于外界各种声响、气味等与建立条件反射不相干的刺激，或犬体内的其他刺激如大小便、疾病引起的疼痛等，则会在大脑皮层内引起高度的兴奋，这种兴奋会阻止条件反射的建立。所以在训练初期应选择清静环境、外界干扰很小的地方进行。

5. 与建立条件反射相关联的非条件反射中枢必须处于相当兴奋的状态

非条件反射是建立条件反射的基础，如果与建立条件反射相应的非条件反射中枢缺乏足够的兴奋，条件反射的形成是十分困难的。例如，犬在吃饱后参加训练，此时犬的食物中枢的兴奋性就很低，如再用食物作为非条件反射刺激来强化条件刺激，则其作用就不大，甚至没有效果。

任务 5　宠物犬的训练

一、训犬的基本方法

1. 机械刺激法

机械刺激法是利用器具，在犬不听指令时用来控制其行为的方法，具有一定的强制性，能引起犬的触觉和痛觉，在犬随行时，如果不按主人的意图行事，可以拉牵引带(犬链)，迫使犬不能做违背主人意愿的事。训练中所使用的机械刺激，除抚拍作为奖励的手段外，按压犬身体部位、扯拉牵引带、轻打以及在必要时使用刺钉脖圈等，从而能迫使犬做出相应的动作和制止某些不良行为。

不同强度的机械刺激能引起犬的不同反应，一般来说，弱的刺激引起弱的反应；强的刺激引起强的反应；超强的刺激就会使犬产生超限抑制，甚至产生神经症。所以在训练中，要防止对犬使用超强刺激，以免使犬产生超限抑制和出现“害怕”训练员或逃避训练的现象。也要避免缩手缩脚，不敢使用刺激或使用刺激过轻，妨碍条件反射的形成和巩固。在一般情况下，比较适宜使用中等强度的刺激，在具体使用时，还要根据犬的特点和当时的具体情况灵活运用。

在训练中，对犬使用机械刺激时，必须针对与训练动作相适应的部位，否则，会达不到应有的效果。如训练中我们使用机械刺激迫使犬做出“坐下”的动作，就要按压犬的腰角，如果不是按压犬的腰角，而是按压犬的背部，犬就不可能坐下，这是因为神经系统对刺激的反应，是按照一定的神经通路来实现的。这种方法的缺点是，如果过多或过强地给犬以机械刺激，会影响犬对训练员的依恋性，并造成神经活动的紧张状态，对训练产生抑制。优点是，在机械刺激的作用下必然会使犬做出相应的动作，并能保持这种姿势的固定不变。当运用得当时，还能使条件反射得到巩固。

2. 食物刺激法

食物刺激对犬具有重要的生物学意义，食物是训练员用来奖励犬的正确动作和诱导犬做出某些动作的一种刺激。食物既可作为非条件刺激，也可作为条件刺激。当食物用来强化条件刺激和奖励犬的正确动作，直接作用与犬的口腔，引起咀嚼、吞咽等非条件反射时，食物就是非条件刺激；当训练员在一定距离，以其气味和形态作用于犬，并在食物诱导下使犬做出卧下、坐下等动作时，它就属于条件刺激。食物刺激法是在犬受训成功或吸引其注意力时给予食物奖励，调动训练积极性的一种方法。如果只训练，忽视奖励，犬会觉得训练是一件极没有意思的事，一切训练手段都将是徒劳的。食物可以刺激犬的条件反射，让它知道如果听话就有好处。

食物刺激法的缺点是，犬的动作不易准确，对食物反应不强的犬，当环境中出现新异刺激影响时，训练员的口令或食物诱导都会对犬失去作用。优点是，在食物刺激的诱导下，可以使犬迅速地形成许多条件反射，如坐、卧、吠等。同时利用食物刺激训练，犬在做动作时表现活泼兴奋，并能增进犬对训练员的依恋性。

3. 机械刺激和奖励结合训练法

在训练中将机械刺激和奖励结合起来使用，可以取长补短，收到良好的效果。这种方法是在犬拒绝接受训练时用机械法强迫其按指令行动，同时在动作成功或有起色时要给予奖励。如果机械刺激强度过大、过频繁，会使犬产生逆反的反射，从每次受训开始就恐惧、躲避，记不住动作的要领。奖励虽然是必需的，但应适量，如果奖励过多会能响正常食欲，也不利于以后的训练。可以结合抚摸和口头表扬，达到奖励的目的。

4. 模仿训练法

这种方法是以利用动物的先天本能特性为基础，来模仿其他动物的动作。可以生动有效地让犬明白要做什么，训练效果有时是机械刺激法所不及的。其实质，就是借助其他犬的活动影响，来诱发犬的兴奋性，使其做出相应的动作。如在训练犬扑咬时，可以利用多条主动防御反应较强的犬轮流对助训员进行扑咬，而让那些主动防御不强的犬临场观摩，同时，训练员加以鼓励和助威，为犬壮胆，这样就能逐渐提高犬的主动防御反应。

二、训犬的基本原则

(一)循序渐进，由简入繁

犬的每一个完整动作不是一下能完成的，必须循序渐进、由简入繁地通过逐渐复杂化的训练过程，由每种单一条件反射组合而成为动力定型。在完成动作训练(或称能力培养)过程中，一般应经过以下3个阶段：

1. 建立基本条件反射阶段

这阶段总的要求是让犬根据口令做出规定动作。训练时要做到以下几点：选择清静的环境，减少外界引诱刺激的干扰；对犬的正确动作要及时予以奖励；对犬的不正确动作要耐心予以纠正。

2. 条件反射复杂化阶段

这个阶段训练的目的是使犬将上个阶段学会的条件反射行为有机地联系在一起，具备初步完整能力。如第一步仅要求犬听到“来”的口令走近训练员，而第二步则要求犬来到训练员前后，必须靠着训练员的左侧坐下。此外还要求犬对训练员的口令达到迅速而顺利执行的程度，同时在犬对口令形成条件反射的基础上，建立对手势的条件反射。为了加速培养和巩固犬的能力，在本阶段训练中应注意如下几点：训练环境仍不宜复杂化，但不一定拘泥于一处，可以换个新训练场所，这也锻炼了犬适应环境的能力，并要在日常散放活动中加强环境锻炼，为第三阶段的训练打下基础。为了使犬顺利而正确地执行口令，对犬的不正确动作和延误执行口令的行为，必须及时加以纠正，并要运用强迫手段，适当加强机械刺激的强度，但对犬的正确动作也要及时给予奖励。

3. 环境复杂化阶段

要求犬在有外界引诱的情况下，仍能顺利执行口令，应注意因犬而异，训练条件难易结合，易多难少，培养犬适应复杂环境的能力。犬能在没有干扰的外界条件下完成规定动作，并不代表能在实际生活中完成这个动作，因此要使训练环境复杂化。在本阶段训练初期，犬可能会对新刺激产生探求反射或防御反射，而对口令不发生反应或延误执行口令。在这种情况下，训练员必须加强口令的威胁音调，并结合强有力的机械刺激迫使犬按命令行事，然后给予充分的奖励。为使犬尽快适应环境，本阶段仍应加强日常的环境锻炼。

(二)因犬制宜，分别对待

这一原则体现了犬个体的特殊性和犬种的差异性，强调了在训练中具体问题具体分析。在训练过程中，依据年龄、犬种和个体的自身素质特点和神经类型，在训练方向、训练科目选择上和训练进度安排上，要因犬制宜，区别对待。对不同年龄和神经类型的犬进行训练时必须考虑其特殊性和差异性。一方面，训练方法要具有针对性；另一方面，所需要培养的能力要与犬的个体特点相适应。虽然犬在身体结构以及生活习性上大致相同，但性格存在很大差异，这些差异决定了训练的成败。如果不了解犬的性格，盲目训练很可能一事无成。由于每只犬的神经类型不同、个性不同以及饲养目的不同，因此，训练中应根据犬的不同特点，分别对待。

1. 兴奋型犬

这种犬的特点是兴奋性强，抑制性弱，形成兴奋性条件反射快而巩固，形成抑制性条件反射则慢而易消失。因而在训练中主要是培养、发挥其抑制过程，不要急躁冒进，以免引起不良后果。

2. 活泼型犬

这种犬的特点是兴奋和抑制过程都很强，转换也灵活，训练中形成兴奋和抑制性反射都很快。训练方法不当，易产生不良联系，因而要特别注意手段，采取相应的方法。

3. 安静型犬

这种犬的特点是兴奋和抑制过程都较强，但转化灵活性较差，其抑制过程相对地要比兴奋过程稍强。也就是说，在训练过程中形成抑制性条件反射较快，而且形成的反射也较巩固。所以，在训练中应着重培养犬的灵活性，适当提高兴奋性。

4. 被动防御反应型犬

这种犬的特点是遇到惊吓或害怕的事物，就采取消极的被动防御，影响训练的进行。对于这种犬，主人(或训练员)接近它时，一是要用温和的音调和轻巧的动作，防止突然惊吓，使之长期不敢接近主人(或训练员)而影响亲和关系的建立。二是遇到犬害怕的事物，要采取耐心诱导的方法，使犬逐渐消除被动状态，并使之适应。

5. 探求反射较强的犬

这种犬对于周围环境中的某些新异刺激很敏感，经过多次接触，仍不减退和消失，这与犬的灵活性和适应性不良有关。对待这种犬平时应注意多进行环境锻炼，使之逐步适应。每次训练前，先让犬熟悉环境，尽量选择清静、无外界刺激诱惑和干扰的训练场地。训练中出现探求反射时，主人要设法把注意力引到训练科目上来，也可适当使用强制手段抑制探求反射。

6. 食物反应强的犬

应充分利用所长，多用食物刺激进行训练。但食物反应强的犬，容易接受各方来的食物，影响有关科目动作的建立。一条训练良好的警犬或玩赏犬，应拒食别人给的食物和不随地拣食。因此，要加强“禁止”训练，使犬养成良好的习惯。

7. 凶猛好斗的犬

这种犬基本属于兴奋性高的犬，要适当加强机械刺激，发挥其抑制过程。在管理训练中要严格要求，加强依恋性、服从性和扑咬训练，以充分利用其所长。但要防止乱咬人、畜。对于少数凶猛而胆小的犬，应加强锻炼，防止过分刺激，使犬逐渐变得胆大。

(三)重复训练，不断强化

犬在一定的条件下建立起来的条件反射，具有不稳定性和一时性，既容易产生也容易消失。教给犬的每一个动作都是条件反射，必须定期地进行重复训练，不断强化，才能使其得到巩固，否则经历一段较长的时间后，条件反射会淡化、消失，学会的动作也会忘记。

(四)从小训练，目的明确

犬的体质和胆量，依恋性与服从性，兴奋性及灵活程度，勇敢性和生活习惯很大程度上都取决于幼犬阶段的培育。无论犬将从事何种工作，必须在早期接受良好的教育，才能成为人们称心如意的爱犬。调教和培训必须有计划、有步骤、有针对性地进行。

(五)奖励及时,处罚适度

奖励是为了强化犬的正确动作,巩固已培养成的能力,调整犬的精神状态而采取的一种手段。训练初期多采用给食、抚摸、散放和表扬等奖励手段,奖励时表情必须高兴、和蔼可亲。

处罚是为了制止犬的不良行为而采取的一种手段。处罚要及时、态度要严肃,在发出"非"的口令的同时采用强有力的机械刺激(如打击头部等)。如犬追扑家畜、家禽、随地拣食或乱咬人时,就应发出"非"的口令,同时结合使用强有力的机械刺激加以制止。但须防止刺激过大而引起犬的胆量变小。

三、训犬的注意事项

每位养犬的人都希望自己的犬听话,能完成几个动作。除选择合适的犬种外,训练本身也很重要,应遵守以下几点:

1. 不许打骂犬

在训练初期,犬的反应迟钝或拒绝训练,不能因此而打骂犬。和其他动物一样,犬对人抱有非常强的警戒心,不明原由的被打、被踢,只能造成"被虐待"的印象。在这种环境下成长起来的狗存在着极度不安全感,有时会攻击力量较弱小的群体,如小孩或老人,甚受会发生咬伤人的危险事件。如果形成了训练和被打之间的条件反射,其他内容的训练也会受影响。

2. 要坚持,不能半途而废

不要希望所有的犬都是"天才",犬不是只教一两次就马上记住并照办的动物,很多动作都需要在不停地在训练中逐渐形成记忆,靠习惯养成。因此,要求训练员要有耐心,不断地对它进行训练。训练中必须反复多次地进行,直到犬学会、做对为止,切勿中途放弃或迁就。

3. 切忌多人训练

训犬员只能由一人担任,切忌因多人训练而造成口令和要求各异而使犬无所适从。如果多人训练,犬会有不同的反应,而且可能不听原主人的口令,使训练失去意义。另外,同一人的语调和内容要一致,不要有制止和表扬模棱两可的话。

4. 口令最好使用简短、发音清楚的语句

为了让犬理解和记忆,训练时口令最好使用简短、发音清楚的语句,而且不宜反复地说,一般不要超过3个字,因为犬只能记住发音顺序,不会编排人的语言。发出命令时,要避免大声或有发怒的口吻。因为犬是非常敏感的,上述做法会使犬渐渐地把挨骂和训练联系在一起。另外,同一口令对不同性情的犬要采用不同的口气,训养者要根据犬的性格选择不同的方式。

5. 训练的时间不要过长

每次训练的时间不要过长,最多不超过15 min。凡犬做对动作时,要及时给以奖励(赞扬、抚摸或给它爱吃的东西)。

任务6 常见的训犬科目

一、训犬工具

主要工具包括：响片、玩具、犬粮、零食、咬胶、牵引绳、P链等。

训犬工具的识别、响片的使用请扫下图二维码观看视频。

技能视频——训犬工具的识别　　技能视频——响片的使用

二、训犬科目

(一)握手训练

犬的握手训练是培养犬能与人握手的能力，要求犬在听到主人发出握手口令或手势后能迅速的伸出一条前肢与人握手。口令是“握手”“你好”，手势是伸出右手，呈握手姿势。

1. 方法

握手对任何品种的犬来说都很容易训练，而北京犬、博美犬等小型犬甚至不用训练，当你朝它的前肢伸出手时，它都会主动地伸出前肢与你握手。训练时，让犬与主人面对面坐着，然后主人伸出一只手，并发出“握手”或“你好”的口令，如犬抬起一条前肢，主人就握住并稍稍抖动，同时发出“你好、你好”的口令，以进行奖励。如此经过多次训练后，犬就会形成对握手口令和手势的条件反射。

如主人发出“握手”的口令后，犬不能主动抬起前肢，主人可抚摸犬的头部并用手轻轻推动它的肩部，使其重心移向左前肢，同时伸手抓住犬的右前肢，上提并抖动，发出“你好、你好”的口令，予以鼓励，也可抚摸犬的颈下、前胸或以食物奖励，并要求犬保持坐势。如犬不能执行命令，也可用食物引诱，当犬想获得食物时就会伸出前肢扒在主人握食物的手上，此时发出“握手”的口令，并用另一只手握住它的前肢，上提并抖动，与此同时，以食物进行奖励。经过一段时间的训练，犬能根据口令，在主人伸出手的同时，递上前肢进行握手。

握手的训练请扫右侧二维码观看视频。

技能视频——握手训练

2. 注意事项

(1)对少数神经质明显的犬训练时，不能冒然伸手与之握手，以防犬伤人。

(2)用食物引诱训练时，通常作为奖励的食物与引诱物不能混用，奖励时机要恰当。

(3)利用机械刺激强迫犬伸出前肢时的刺激强度要适宜,以防犬的身体失去平衡而产生抑制反射。

(二)打滚训练

犬的打滚训练是为了培养犬根据指挥迅速执行打滚动作的能力,要求犬听到滚的口令或看滚的手势迅速做出打滚动作,从躺下的一侧翻滚到另一侧,甚至在地上呈连续的翻滚。口令是"滚",手势是右手在"躺"的手势基础上,掌心向下,然后向右翻转。

1. 方法

打滚训练主要包括培养犬建立口令、手势的基本条件反射和培养犬滚的延缓和距离指挥能力两方面的内容。

(1)建立犬对口令和手势的条件反射　对于中小型犬,选一清静平坦的环境下,主人令犬正面躺好,随后对犬发"滚"的口令和手势,然后手持犬的左前肢向右翻转,待犬滚过之后,用手按压犬的肩胛部,防止犬起来,然后给犬以奖励,如此反复训练,直到不用刺激可以翻转。

对大型犬,也可令犬正面卧好,左手拿食物放在犬的鼻子上方对犬进行引诱,右手按住犬的身体,以防犬起身。此时犬想获得食物,这时可将食物慢慢朝犬翻滚的方向移动,以引诱犬翻滚,同时发出"滚"的口令。如果犬翻滚,则要及时给予奖励;如果犬不能做出翻滚,则可用右手协助犬进行翻滚,如此反复。当犬对口令形成条件反射时,可加入手势同时进行训练。

(2)培养犬滚的延缓和距离指挥能力　当犬在口令和手势下能迅速地执行翻滚动作时,可以培养犬的延缓静止和距离指挥。主人令犬躺下,然后向前走出 50～100 cm,发出"滚"的口令和手势。如犬不执行动作,回原位刺激迫使犬执行动作;如犬执行动作,应立即给予奖励,如此距离慢慢地提高,直至达到 30 m 以上为止。犬翻滚后应逐渐培养延缓能力,主人可以在犬面前来回走动,吸引犬的注意力,如犬要破坏姿势应,则立即回原位给予纠正,如此反复训练直至达到 5 min 以上为止。

打滚的训练请扫左侧二维码观看视频。

技能视频——
打滚的训练

2. 注意事项

(1)食物引诱时的刺激动作不宜太突然,应慢慢由一侧移到另一侧。

(2)奖励要及时恰当,不能用引诱物进行奖励。

(3)为了防止犬翻滚后立起,以刺激犬的前胸肩胛部为主要部位。

(4)通常先进行右侧翻滚,再进行左侧翻滚训练,不能一会左侧翻,一会右侧翻,使得犬左右为难。

(三)坐训练

1. 目的要求

要求犬能够闻令而坐,坐姿正确、活泼自然,具有持久性,正确动作应是犬前肢垂直,后肢弯曲,跗关节以下着地,尾巴平伸至于身体正后方地面。

2. 口令手势

口令:"坐"。左侧坐手势:左手轻拍左腹部。正面坐手势:右手臂外展,与肩平行,小臂垂直于大臂，掌心向前，呈“L”形。

3. 方法

(1)建立犬对口令和手势的条件反射。

①左侧坐。首先选择一个相对比较清静的平坦的场地，让犬游玩，排除大小便，并熟悉周围环境，以消除犬的抑制。

当犬基本熟悉环境后，主人将犬牵引到身体左侧站好，然后右手持牵引带的脖圈处，左手置于犬的后腰角部位，先发“坐”的同时，右手向上提脖圈，左手适力按压后腰角，迫使犬坐下。当犬被迫做出动作后，主人不要立刻给犬游散，应及时用“好”的口令奖励，并伴随“抚拍”或“奖食”的强化，10～20 s后令犬游散，按此方法同一时间内可训2～5次。经过多次的重复训练，犬即可听到“坐”的口令在主人左侧坐下，基本形成条件反射，在以后的训练中，适时加入手势训练。当犬对侧面坐口令和手势初步形成条件反射后，令犬坐的姿势不动，延缓3～5 min时间，就可以转入正面坐的训练。

当犬对左侧坐初步形成后，可结合随行进行训练。在随行过程中突然停步，令犬左侧坐，然后再随行，如此反复训练。也可结合前来进行训练，随行中主人突然后退，发出“来”的口令，并拉扯牵引带令犬前来，待犬来到主人正前方时，发出“坐”的口令和手势，犬坐下后立即给予奖励。

②正面坐。首先牵犬在主人的正面站好，主人拿出事先准备好的美食，举到犬的头上方，同时发出“坐”的口令，犬因想获得食物会顺势坐下，然后待5～10 s后以食物奖励犬，这种方法叫食物诱导法。利用食物诱导法形成科目的固定性程度不高，最好能结合机械刺激法，在发出口令和手势的同时，左手拉着犬的脖圈向上轻提，这样训练的效果会好得多。

也可在犬左侧坐形成后再进行正面坐的训练。犬侧面坐定后，主人发出“定”的辅助口令，然后将牵引带放长，逐渐离开犬身，重复发出“坐”的口令，并用“好”的口令及时强化。当犬有动的表现时，及时向上抖动手中的牵引带，同时做出正面坐的手势。初期训练时间不可过长，在同一时间内训练不超过5次。也可在游散犬的过程中，将牵引带放长，当犬到主人正面时，立刻给出“坐”的口令和手势，同时向上抖动牵引带，当犬坐下后，及时强化，片刻后奖励。

当犬能够通过主人的指挥迅速执行动作时，条件反射基本形成，在以后应多进行强化，以巩固犬已形成的条件反射。

(2)环境复杂化训练　当犬在清静的环境中能顺利执行动作后，应加强环境复杂化训练，以增强犬的抗干扰的能力。此时犬受外界新异刺激的影响，往往不能很好地执行主人发出的指挥，可能出现乱动、张望等多余动作，或延缓时间不长，因此在训练时要适当的使用强迫手段进行机械刺激，以纠正犬在训练过程中的不正确动作。

“坐”的训练请扫右侧二维码观看视频。

技能视频——
“坐”训练

4. 注意事项

(1)在初期训练坐下科目时，最好是在早、晚比较清静的环境里进行，同时，不要让犬坐在水中、太热的水泥地上，草茬上或有损于犬皮肤的地方。

(2)进行延长指挥距离的训练时，初期一定要把犬拴好，以防犬逃避训练，如犬逃避训练，主人应耐心引导犬回到自己跟前，决不能追或追打后给犬机械刺激。

因为这样对训练影响很大。

(3)纠正犬坐的延缓要及时，最好是在犬欲动而未完全破坏时纠正，同时刺激也要适当强些。

(4)在长距离训练坐定延缓中，主人每次都要回到犬跟前，进行奖励，不能唤犬前来奖励，这样就破坏了训练的实际效果。

(四)卧下训练

1. 目的要求

培养犬养成根据指挥迅速的执行卧下动作，并保持卧下延缓静止的持久性，要求犬前肢着地平伸向前，后肢着地，头部自然抬起，尾巴平伸，卧姿正确、兴奋、自然，延缓卧的动作 3 min 以上。

2. 口令手势

口令："卧下"。手势：侧面卧时，右手侧面从犬面前向前下方挥伸；正面卧时，右手正面上举，然后向前平伸，手掌向下。

3. 方法

卧下科目的训练必须在坐的基础上进行，通常分 3 个阶段进行，即建立对卧下口令、手势的条件反射、距离指挥和延缓的培养、复杂环境中训练。

(1)建立条件反射　主人令犬坐于左侧，右腿向前一小步，身体向前下方弯，右手持物品向前下方引诱，同时发"卧下"的口令，并以左手向前下方拉扯牵引带，或用手按压犬的肩部，犬卧下以后，立即给予奖励。如此反复训练，直至形成条件反射，以后应逐步减少引诱刺激。在以后的训练中，适时加入手势训练，使犬对手势形成条件反射。

(2)距离指挥和延缓能力的培养　令犬坐下，主人持牵引带到犬前方 1～2 步距离处，面对犬发出"卧下"的口令和手势的同时，左手向前下抖动牵引带，迫使犬卧下，然后给予奖励。当犬能顺利执行动作后，应加强距离指挥，逐步延长距离，用训练绳指挥，适当加强强迫手段，直至达到 30 m 以上，但应做到有近有远。

(3)复杂环境中训练　在清静而平坦的环境中，犬能顺利的执行动作，应加强环境复杂化训练，可带犬到公路、居民区进行训练。当犬在复杂环境中，因外界干扰而不执行动作时，应适当增加强迫性，迫使犬执行动作，然后奖励犬，直至犬在复杂环境中能顺利地执行动作。

技能视频——"卧"训练

"卧"的训练请扫左侧二维码观看视频。

4. 注意事项

(1)保证犬的卧势正确，防止犬半躺半卧。

(2)掌握机械刺激和食物引诱的时机，同时奖励要及时、恰当。

(3)训练过程中应注意前来对延缓的破坏，在卧待延缓尚未巩固前，不宜结合前来训练。

(4)训练初期，口令和手势要结合使用，后期在分开单独使用。

(5)当犬对卧的能力有一定基础时，可结合随行训练随行中卧。

(五)"S"步穿花训练

"S"步穿花在犬的敏捷表演中较多见，主要是为了培养犬平衡性和灵活性的能力，要求犬能根据指挥迅速而准确地做出"S"步穿花动作，并保证不间断。

口令是“绕”，手势是右手指向犬的对侧。

1. 方法

这是在犬较兴奋的情况下进行的一项训练，通常用来提高犬的平衡性和灵活性，除了利用人双腿外，也可选择排列整齐“S”桩进行训练。

训练初期，主人迈开腿，一手提牵引绳，另一手握犬感兴趣的玩具在前方腿外侧引诱，同时发出“绕”的口令，强迫并诱使犬逐步绕腿前行，在缓慢的前行中训练犬在腿间穿梭前行。

“S”步穿花的训练请扫下图二维码观看视频。

2. 注意事项

(1)用牵引带强迫时，牵引带要短，也可直接以手抓住犬的颈圈，这样更方便犬只的控制。

(2)“S”步穿花训练的方法只适用于中小型玩赏犬。

(六)转圈训练

转圈主要是为了培养犬平衡性和灵活性的能力，要求犬能根据指挥迅速而准确地做出转圈动作。

口令是“转”，手势是右手空中画圈。

该训练通常用来提高犬的平衡性和灵活性。

训练初期，主人用玩具吸引犬的注意力，让其坐下等待，用拿玩具的手在空中画圈，同时发出“转”的口令，诱使犬逐步绕腿前行，逐渐重复，强化训练。

转圈训练的训练请扫下图二维码观看视频。

技能视频——“S”步穿花训练

技能视频——转圈训练

任务7 常见犬病的防治

一、犬瘟热

犬瘟热(Canine distemper ,CD)是由犬瘟热病毒引起的犬科、鼬科和浣熊科等动物的一种急性高度接触性传染性疾病。临床上以双相体温升高、急性鼻卡他和随后的支气管炎、卡他性肺炎、足垫变硬、严重胃肠炎和神经症状为特征。犬瘟热是当前养犬业和毛皮动物养殖业危害最大的疫病。

1. 病原

犬瘟热病毒(Canine distemper virus ,CDV)属于副黏病毒科，麻疹病毒属，有囊膜的RNA病毒，与麻疹病毒和牛瘟病毒具有很高的同源性，是可引起交叉免疫保护的共同抗原。

CDV对热和干燥敏感，50～60℃、30 min即可灭活，在炎热季节CDV在犬群中不能长期存活，是犬瘟热多流行于冬春寒冷季节的主要原因。在较冷的温度下，CDV可存活较长时期。3%氢氧化钠溶液、3%甲醛溶液或5%石炭酸溶液可迅速杀灭这种病毒。

2. 流行病学

CDV的传染来源，主要是病犬和带毒犬，其次是患CDV的其他动物和带毒动物。病毒存在于肝、脾、肺、脑、肾、淋巴结等多种脏器与组织中，通过眼泪、鼻汁、唾液、尿液以及呼出的空气等排出病毒，污染周围空气、饮水、食物用具等。有些病犬临床恢复后，可长时间向外界排毒，成为不被人们注意的传染来源。不少犬场因为购进带毒犬引起了本病流行。CDV的传染性极强，同一环境饲养的动物，无论采取怎样的隔离措施，最后还是难免互相传染。试验证明，传播的途径主要是呼吸道，其次是消化道。通过飞沫、食物或不洁的医疗卫生用具，经眼结膜、口腔、鼻腔黏膜以及阴道、直肠黏膜而感染。

CDV的发生流行具有明显的品种年龄和季节性，而且似有2～3年流行一次的周期性。离乳至1岁的犬发病率最高，老龄犬和哺乳犬虽有发病报道，但为数极少。纯种犬与当地土种犬相比，易感性明显增高。近年来，由于养犬业的发展，犬的频繁交流调运，以致犬群的免疫水平动荡不定，发病周期性不再明显。

3. 症状

潜伏期随机体的免疫状况和所感染病毒的毒力与数量而不同，一般为3～6 d。多数病例首先表现为上呼吸道的感染症状，体温升高，食欲降低，倦怠，眼、鼻流出水样分泌物，并常在1～2 d内转变为黏液性、脓性。

以支气管肺炎和上呼吸道炎症症状为主的病犬，鼻镜干裂，呼出恶臭的气体，排出脓性鼻液，严重时将鼻孔堵塞，病犬张口呼吸，并不时以爪挠鼻，眼睛因脓性结膜炎而分泌出大量脓性分泌物，严重时甚至将上下眼睑黏合到一起，角膜发生溃疡，甚至穿孔。病犬发生先干性后湿性的咳嗽，肺部听诊时，呼吸音粗厉，有湿性罗音或捻发音。

以消化道炎症为主的病犬，食欲降低或完全丧失，呕吐，排带黏液的稀便或干粪，严重时排高粱米汤样的血便。病犬迅速脱水、消瘦，与病毒性肠炎病犬症状十分相似。尤其是那些离乳不久的幼犬，有时仅表现为出血性肠炎症状，只有通过病原检验，才可发现为CDV感染。

以神经症状为主的病犬，有的开始就出现，有的先表现为呼吸道或消化道症状，7～10 d后再呈现神经症状。病犬轻则口唇、眼睑局部抽动，重则流涎空嚼，或转圈、冲撞，或口吐白沫，牙关紧闭，倒地抽搐，呈癫痫样发作，持续时间数秒至数分钟不等，发作的次数也往往由每天几次发展到十几次，这样的病犬多半预后不良。也有的病犬表现为一肢、两肢或整个后躯抽搐麻痹、共济失调等神经症状，治愈后常留有肢体舞蹈、麻痹或后躯无力等后遗症。

呈现皮肤症状的病犬较为少见。少数患病的幼犬，可于体温升高的初期或病程末期于腹下、股内侧等皮肤薄、毛稀少的部位，出现米粒至豆粒大小的痘样疹，初为水疱样，后因细菌感染而延展为脓性，最后结痂脱落。也有少数病犬的足垫先表现为肿胀，最后表现过度增生、角化，形成所谓硬脚掌病。

4. 病理变化

CDV为泛嗜性病毒。对上皮细胞有特殊的亲和力，因此，病变分布非常广泛。新生幼犬感染CDV通常表现胸腺萎缩；成年犬多表现结膜炎、鼻炎、气管支气管炎和卡他性肠炎。

表现神经症状的犬通常可见鼻端和脚垫的皮肤角化病。中枢神经系统的病变包括脑膜充血、脑室扩张和因脑水肿所致的脑脊液增加。

5. 诊断

根据流行病学资料和临床症状，可以做出初步诊断，确诊须通过病原学与血清学检查。

(1)抗原试纸检测法　取眼、鼻分泌物，利用 CDV 抗原快速检测试纸定性检测，是目前动物医院最常用的检测方法，检出率高，方便快捷。

(2)病毒分离与鉴定　从自然感染病例分离病毒较为困难。组织培养分离 CDV 可用犬肾细胞、犬肺巨噬细胞和鸡胚成纤维细胞等。据报道剖检时直接培养病犬肺巨噬细胞容易分离到病毒。另外，取肝、脾、粪便等病料，用电子显微镜可直接观察到病毒粒子，或采用免疫荧光试验从血液白细胞结膜、瞬膜以及肝、脾涂片中检查出 CDV 抗原，也可在肺和膀胱黏膜切片或印片中检出包涵体。

(3)血清学诊断　包括中和试验、补体结合试验、酶联免疫吸附(ELISA)试验等方法。

6. 防治

感染 CDV 后出现临床症状之前的最初发热期间给以大剂量单克隆抗体进行防治，可使免疫状态增强到足以防止产生临床症状。犬感染 CDV 后，使用单克隆抗体配合使用 CD 特异转移因子与犬白细胞干扰素，继发感染可使用如头孢曲松钠等抗生素，解热可使用清开灵等药物。当出现神经症状时，可配合使用安宫牛黄丸，减少死亡，缓解病情。根据病犬的病型和病征表现以支持和对症疗法，加强饲养管理和注意饮食，具有一定的治疗作用。对于因出现腹泻而脱水的病犬，需要补充体液和电解质，对于表现出神经症状的病犬，症状进一步恶化者，可以考虑进行安乐死术。

一旦发生犬瘟热，为防止疫情蔓延，必须迅速将病犬严格隔离，彻底消毒，停止动物调动和无关人员来往，对尚未发病的假定健康动物和受疫情威胁的其他动物，可考虑用犬单克隆抗体或犬瘟热高免血清做紧急预防注射，待疫情稳定后，再注射犬瘟热疫苗。

患犬瘟热的康复犬能产生坚强持久的免疫力。因此，防治本病的合理措施是合理的免疫接种，必要时进行抗体水平检测。

二、犬细小病毒病

犬细小病毒(Canine parvo virus，CPV)病是近年来发现于犬的一种烈性传染病。临床表现以急性出血性肠炎和非化脓性心肌炎为特征。

1. 病原

CPV 在分类上属细小病毒科，细小病毒属。病毒粒子呈圆形，呈二十面立体对称，无囊膜，病毒核衣壳由 32 个长为 3～4 nm 的壳粒组成。病毒基因组为单股线状 DNA。

CPV 在抗原性上与猫泛白细胞减少症病毒(FPV)和水貂肠炎病毒(MEV)密切相关。

CPV 对多种理化因素和常用消毒剂具有较强的抵抗力。在粪便中可存活数月至数年。甲醛、次氯酸钠、β-丙内酯、羟胺、氧化剂和紫外线均可将其灭活。

与多数细小病毒不同，CPV 可在多种细胞培养物中生长。

2. 流行病学

各种年龄、性别和品种的犬均易感。但纯种犬和 2～4 月龄幼犬易感性较高，病死率也最高。本病一年四季均可发生，以冬、春季多发。饲养管理条件骤变、长途运输、寒冷、拥挤等均可促使本病发生。病犬为主要传染源，早期可通过粪便向外界排毒，康复犬仍可长期通过粪便排毒，健康犬主要通过饮水等经消化道感染病毒。因此，对病犬污染的饲具、用具、运输工具和饲养人员等进行严格消毒是防止本病传播的主要措施。

3. 症状

潜伏期 7～14 d。多数呈现肠炎综合征，少数呈现心肌炎综合征。

肠炎病犬表现为经 1～2 d 的厌食、软便，间或体温升高(40～41℃)之后，迅速发展成为频繁呕吐和剧烈腹泻，排出恶臭的酱油样或番茄汁样血便、并迅速出现眼球下陷、皮肤失去弹性等脱水症状，很快呈现耳鼻发凉、末梢循环障碍、精神高度沉郁等休克状态。血液检查可见红细胞压积增加，白细胞减少，常在 3～4 d 内昏迷而死。

呈心肌炎综合征的病犬多见于流行初期，或缺少母源抗体的 4～6 周龄幼犬。常突发无先兆的心力衰竭，或在肠炎康复之后，突发充血性心力衰竭。表现为呻吟，干咳，黏膜发绀，呼吸极度困难；心有杂音，心跳加快，常在数小时内死亡。

4. 实验室检验

肠炎型主要表现白细胞减少，仔犬可低到$(0.1\times10^9)\sim(0.2\times10^9)$/L，多数是$(0.5\times10^9)\sim(2\times10^9)$/L；较老的犬只有轻微的降低。因胃肠道黏膜受损，蛋白质缺失，造成低蛋白症，尤其是低白蛋白症。

5. 病理变化

(1)肠炎型　病犬消瘦，腹部蜷缩，眼球下陷，可视黏膜苍白。肛门周围附有血样稀便或从肛门流出血便。小肠以空肠和回肠病变最为严重，内含酱油色恶臭分泌物，肠壁增厚，黏膜下水肿。黏膜弥漫性或局灶性充血，有的呈斑点状或弥漫性出血。大肠内容物稀软，酱油色，恶臭。黏膜肿胀，表面散在针尖大出血点。结肠肠系膜淋巴结肿胀、充血。肝大，色泽红紫，散在淡黄色病灶，切面流出多量暗紫色不凝血液。胆囊高度扩张，充盈大量黄绿色胆汁，黏膜光滑。肾多不肿大，呈灰黄色。脾有的肿大，被膜下有黑紫色出血性梗死灶。心包积液，心肌呈黄红色变性状态。肺呈局灶性肺水肿。咽背、下颌和纵隔淋巴结肿胀、充血。胸腺实质缩小，周围脂肪组织胶样萎缩。膈肌呈现斑点状出血。

(2)心肌炎型　肺水肿，局部充血、出血，呈斑驳状。心脏扩张，左侧房室松弛，心肌和心内膜可见非化脓性坏死灶，心肌纤维严重损伤，可见出血性斑纹。

6. 诊断

根据流行特点，结合临床症状和病理变化可以做出初步诊断。

(1)抗原试纸检测法　以犬粪便为采集物，利用 CPV 抗原快速检测试纸定性检测。

(2)病毒分离与鉴定　将病犬粪便材料处理后接种猫肾、犬肾等易感细胞。通常可采用免疫荧光试验或血液试验鉴定新分离病毒。

(3)电镜和免疫电镜观察　病初粪便中即含有大量 CPV 粒子，因此可用电镜负染 CPV 粒子。为与非致病性犬微小病毒(MVC)和犬腺联病毒(CAAV)相区别，可于粪液中加适量 CPV 阳性血清，进行免疫电镜观察。

(4)血凝和血凝抑制试验　由于 CPV 对猪和恒河猴红细胞具有良好的凝集作用，应用血凝试验可很快测出粪液中的 CPV。

7. 防治

CPV 感染的特点是病程短急、恶化迅速，心肌炎综合征型病例常来不及救治即死亡；肠炎综合征型病犬及时合理治疗，可明显降低死亡率。常用的方法是在早期大剂量使用单克隆抗体的同时，进行止血、强心、补液、抗菌、消炎、抗休克等中西结合对症治疗，同时注意保暖、禁食等护理。实践证明，在腹泻期间，停喂牛奶、、鸡蛋、肉类等高脂肪高蛋白食物，有利于减轻胃肠负担，提高治愈率。补液可根据犬的脱水程度与全身状况，决定所需添加的具体成分和静脉滴注量。通常在 5%的糖盐水中加维生素 C、ATP、辅酶 A 等静脉滴注。呕吐严重的可肌肉注射爱茂尔、甲氧氯普胺(灭吐灵)。止血可以用立芷血(注射用血凝酶)。中国人民解放军军需大学军事普医研究所研制的纯中药制剂犬痢康胶囊，配合使用云南白药和思密达(蒙脱石散剂)止泻保护肠黏膜作用特别明显。用口服补液盐深部灌肠或任其自饮，对纠正酸中毒、电解质紊乱和脱水，也可收到明显的效果。

疫苗免疫接种是预防本病的有效措施。为了减少接种手续，目前多倾向于使用五联苗、六联苗。

三、犬冠状病毒病

犬冠状病毒(Canine corona virus，CCV)是引起犬急性胃肠炎的重要病原之一，既可单独致病，也可与犬细小病毒、轮状病毒和魏氏梭菌等病原混合感染，呈现急性胃肠炎综合征，表现为剧烈呕吐、腹泻、精神沉郁及厌食。

1. 病原

CCV 在分类上属冠状病毒科，冠状病毒属。核酸型为单股 RNA，病毒粒子形态多样，多呈圆形或椭圆形。

CCV 对乙醚、氯仿、脱氧胆酸盐敏感，对热敏感，易被甲醛、紫外线等灭活，但对酸和胰酶有较强的抵抗力，在 pH 3.0，温度为 20～22℃条件下不能灭活，这是病毒经胃后仍有感染活性的原因。

CCV 存在于感染犬的粪便、肠内容物和肠上皮细胞内，在肠系膜淋巴结及其他组织中可发现病毒。CCV 可在多种犬的原代和继代细胞上增殖并产生细胞病变，包括犬肾、胸腺、滑膜细胞。

2. 流行病学

CCV 仅感染犬科动物，犬、貂、狐均有易感性，不同年龄、性别、品种均可感染，幼犬的发病率和死亡率较高。

病犬经呼吸道、消化道随口涎、鼻液和粪便向外排毒，污染饲料、饮水、笼具和周围环境，直接或间接地传给有易感性的动物。CCV 在粪便中可存活 6～9 d，在水中也可保持数日的传染性，因此一旦发病，则很难制止传播流行。

本病一年四季均可发生，以冬季多发，可能与 CCV 对热敏感，对低温有相对的抵抗力有关。过高的饲养密度，较差的饲养卫生条件，断乳、分窝、调运等饲养管理条件突然改变，气温骤变等都会是高感染和临床发病的概率。CCV 经常和犬细小病毒、轮状病毒、类星状病毒等混合感染，往往可从一窝患肠炎的幼犬中同时检出这几种病毒，诊断时应予以注意。

3. 症状

本病传播迅速，数日内即可蔓延全群，人工感染潜伏期 24～48 h，自然病例潜伏期 1～3 d。病犬嗜睡衰弱、厌食，最初可见持续数天的呕吐，随后开始腹泻，粪便呈粥样或水样，黄绿色或橘红色，恶臭，混有数量不等的黏液，偶尔可在粪便中看到少量血液，临床上很难与犬细小病毒区别，只是 CCV 感染时间更长，且具有间歇性，可反复发作。

4. 实验室检验

病毒可从粪便中分离出来。细胞致病作用只在犬的细胞培养上产生，而在其他动物的细胞上则不生长。从临床病例中取粪便进行超速离心，负染色后在电镜下观察，可见到冠状病毒的典型形态。

5. 病理变化

表现为不同程度的胃肠炎变化。早期病例可见小肠局部发炎膨气，后期病例出现整个小肠炎性坏死，肠系膜淋巴结出血水肿，肠系膜血管呈树枝样瘀血，浆膜紫红；肠黏膜脱落，肠内容物呈果酱样，胃黏膜也见有小血。小肠常套叠，脾肿大。多数病犬不发热，白细胞数略有降低，通常可在 7～10 d 内康复。有些犬，特别是幼犬在发病后 24～36 h 死亡。临床上通常突然出现腹泻，有时在腹泻前出现呕吐。粪便为橘黄色，有时出现血便。丧失食欲和嗜睡为常见症状。

6. 诊断

CCV 感染引起的肠炎，很难和其他传染性肠炎区分，CCV 感染的临床病理等缺乏特征性变化，临床症状也不一致。确诊须通过病原学检查。

(1)抗原试纸检测法　利用 CCV 抗原快速检测试纸定性检测。

(2)病毒分离、电镜观察　取粪便悬液负染后，进行电镜检查是检测 CCV 最迅速的方法。病毒分离最好使用 A-72 细胞，从粪便和小肠内容物分离病毒成功率最高。

7. 防治

特异性治疗采用抗血清。应强调采用支持疗法以确保维持电解质和体液平衡。同时采用广谱抗生素以防止继发细菌性感染，并给予良好护理。

由于病犬粪便中含有大量的传染性病毒粒子，因此，对病犬的严格隔离和保持良好的卫生条件尤为重要。一旦有该病发生，如不进行粪便处理和适当的消毒，就会在犬群中迅速传播。1∶30 浓度的漂白粉水溶液和 0.1%～1%的甲醛是经济有效的消毒剂。目前国内外已有疫苗用来预防。

四、犬传染性气管支气管炎

犬传染性气管支气管炎又叫仔犬咳嗽，指除犬瘟热以外的以咳嗽为特征的犬接触传染性呼吸道疾病，可侵害任何年龄的犬。其临床特征是病犬干咳，咳后间或有呕吐，咳嗽也往往随运动或气温的变化而加重，夜晚尤为明显。

1. 病原

本病是多种病毒、细菌、支原体单一或混合感染所致。引起犬传染性气管支气管炎的病毒有犬腺病毒 2 型(CAV-2)，犬副黏病毒(CPmV)，犬腺病毒 1 型(CAV-1)，呼肠孤病毒 1 型、2 型、3 型和犬疱疹病毒。其中 CAV-2 和 CPmV 是仔犬咳嗽较常见的致病因子，它们可以破坏呼吸道上皮，导致各种细菌或霉形体入侵，引起严重的呼吸道疾病。CAV-2 引起的仔犬咳嗽又叫“犬窝咳”。CAV-2 和 CAV-1 相似，抵抗力中等，可在环境中存活数月。季铵盐类消毒剂可有效杀灭 CAV-2。

2. 流行病学

CAV-2 通过呼吸道分泌物散毒，经空气尘埃传播。健康犬吸入病原体污染的空气，经呼吸道感染。环境因素如寒冷，可增加犬的易感性。

3. 症状

突出的症状是阵发性咳嗽，继而干咳或作呕以清除喉中的黏液。喉部轻压可诱发咳嗽。无继发细菌感染时，体温往往正常。原发病是自限性的，最初 5 d 症状严重，继发或并发细菌感染可使病程延长，病情加剧。当分泌物堵塞部分呼吸道时，听诊可闻粗厉的肺泡音及干罗音。混合感染严重的犬，体温升高，精神沉郁，食欲不振，流脓性鼻汁。

4. 防治

在出现(或为防止)继发感染时，应注射广谱抗生素。作用于中枢的镇咳药对本病最有效，如枸橼酸喷托维林片，效果不明显时用磷酸可待因。也可以配合使用各种糖浆，有支气管扩张现象可用盐酸溴己新配合治疗。临床上使用广谱抗病毒药物或犬用白细胞干扰素，配合射干抗病毒注射液和穿琥宁注射液，对本病疗效较好。

预防可用犬腺病毒 2 型、犬副感病毒、犬细小病毒、犬疱疹病毒和钩端螺旋体多价疫苗接种，可防止相应病原体的感染，6 个月后重复接种。支气管败血波氏杆菌疫苗是一种鼻内接种的活的无毒株。肌肉注射用的灭活波氏杆苗为细菌培养物或浸出液。

五、狂犬病

狂犬病(Rabies)，又名恐水症，俗称疯狗病，是由狂犬病病毒(RV)引起的人和所有温血动物共患的一种急性直接接触性传染病。临床表现极度兴奋、狂躁、流涎和意识丧失，终因局部或全身麻痹而死亡。典型的病理变化为非化脓性脑炎，在神经细胞胞质内可见内基氏小体。

1. 病原

RV 在分类上属弹状病毒科，狂犬病病毒属。病毒粒子呈子弹状或杆状，一端圆形，一端平坦或稍凹。核酸型为单股 RNA，外围以螺旋状对称排列的蛋白质壳粒，表面有脂蛋白囊膜，囊膜上有纤突，排列整齐，为六边形蜂房状结构。

RV 可被日光、紫外线、超声波、1%～2%肥皂水、70%酒精、0.01%碘液、丙酮、乙醚等灭活。对酸、碱、苯酚(石炭酸)、新洁尔灭、甲醛、升汞等消毒药敏感。RV 不耐湿热，56℃条件下 15～30 min 或 100℃条件下 2 min 即可灭活，但在冷冻或冻干状态下可长期保存。RV 能抵抗自溶和腐烂，在自溶的脑组织中可保持活力达 7～10 d。

RV 可在 5～6 日龄鸡胚绒毛尿囊膜、卵黄囊、尿囊腔中生长，鸡胚成纤维细胞对 RV 高度易感。适应于鸡胚成纤维细胞的毒株，可用于制备疫苗。

RV 还可在小鼠、仓鼠、兔、犬及人的原代或继代细胞中生长，并产生明显的细胞病变，我国人用狂犬病疫苗是用仓鼠肾细胞制备的。

2. 流行病学

几乎所有温血动物都对 RV 易感。犬、猫等动物对 RV 高度易感，应及时进行有效的疫苗接种。

RV 主要存在于患病动物的延脑、大脑皮质、海马回、小脑和脊髓。唾液腺和唾液中也有大量病毒，并随唾液排出体外。主要通过咬伤的皮肤黏膜感染；也可通过气溶胶经呼吸道感染；人误食患病动物的肉或动物间相互蚕食可经消化道感染；在人、犬、牛及实验动物也有经胎盘垂直感染的报道。

本病一年四季均可发生，春夏季发病率稍高，可能与犬的性活动以及温暖季节人畜移动频繁有关。本病流行的连锁性特别明显，以一个接着一个的顺序呈散发形式出现。伤口的部位越靠近头部和前肢或伤口越深发病率越高。年龄与性别之间无差异。

3. 症状

本病潜伏期长短不一，一般 14～56 d，最短 8 d，最长数月至数年。犬、猫、人平均 20～60 d，潜伏期的长短与咬伤部位的深度、病毒的数量与毒力等均有关系。病型分为狂暴型和麻痹型。

犬：狂暴型为 3 期，即前驱期、兴奋期和麻痹期。前驱期为 1～2 d，病犬精神抑郁，喜藏暗处，举动反常，瞳孔散大，反射机能亢进，喜吃异物，吞咽障碍，唾液增多，后躯软弱。兴奋期为 2～4 d，病犬狂暴不安，攻击性强，反射紊乱，喉肌麻痹。狂暴与抑郁交替出现，麻痹期为 1～2 d。病犬消瘦，张口垂舌，后躯麻痹，行走摇晃，最终全身麻痹而死亡。

猫：多表现为狂暴型。前驱期通常不到 1 d，其特点是低度发热和明显的行为改变。兴奋期通常持续 1～4 d。病猫常躲在暗处，当人接近时突然攻击，因其行动迅速，不易被人注意，又喜欢攻击头部，因此比犬的危险性更大。此时病猫表现肌颤，瞳孔散大，流涎，背弓起，爪伸出，呈攻击状，麻痹期通常持续 1～4 d，表现运动失调，后肢明显。头、颈部肌肉麻痹时，叫声嘶哑，随后惊厥、昏迷而死。约 25%的病猫表现为麻痹型，在发病后数小时或 1～2 d 内死亡。

4. 病理变化

无特征性变化。濒死期动物表现痛苦状，消瘦，脱水，头、体表和四肢有外伤。死于狂犬病的犬，胃空虚，存在毛发石块等异物。胃黏膜充血、出血糜烂，肠道和呼吸道呈现急性卡他性炎症变化。脑软膜血管扩张充血，轻度水肿，脑灰质和白质小血管充血，并伴有点状出血。

5. 诊断

(1)综合性诊断　典型病例根据临床症状，结合咬伤病史，可做出初步诊断。

(2)病原学检验　对怀疑为狂犬病的动物，取其脑组织、唾液腺或皮肤等标本，直接检测其中的 RV 或进行病毒分离，是确诊狂犬病的重要手段。

(3)血清学检验　在狂犬病的预防工作中，检测血清中的 RV 抗体是评价疫苗效果的一个重要指标。检测和观察感染者血清中抗体情况，对狂犬病的诊断和预后也有重要价值。

6. 防治

野生动物是狂犬病的自然宿主，对其唯一可行的防制原则是减少已证实的媒介动物的群体数量，并避免这些动物与犬、猫和人接触。

从世界范围来讲，由犬传播给人类的狂犬病数量居第 1 位，其次是猫。在控制犬的狂犬病方面，有两种方法已证实十分成功，即对有主家犬和军犬、警犬、实验用犬进行疫苗接种，同时取缔无主的游荡犬。

狂犬病的疫苗接种分为两类，对犬等动物，主要进行预防接种；对人则是在被疯狗或其他动物咬伤后 24 h 内做紧急接种，于第一次注射后 3 d，7 d，14 d，28 d 再行注射，共 5 次，必要时用人狂犬病免疫球蛋白(20 IU/kg)或抗狂犬病马血清(40 IU/kg)，以 1/2 时在伤口周围浸润注射，其余做肌肉注射，可防止发病。对于经常接触犬、猫和野兽，具有较大感染危险的兽医或其他人员，也应考虑进行预防性接种。

狂犬病是一种人兽共患的烈性传染病，主要构成对人的威胁。犬、猫等动物，一旦发病，应立即向有关部门报告疫情，扑杀发病动物，房舍和周围环境彻底消毒，避免疫情扩散。

【知识拓展】

一、弓形虫及传播途径

1. 定义

弓形虫中医叫三尸虫，是细胞内寄生虫。寄生于细胞内，随血液流动，到达全身各部位，破坏大脑、心脏、眼底，致使人的免疫力下降，患各种疾病。

2. 传播途径

人和人之间也可以互相传染，大多数人都是弓形虫带虫者，形成带虫免疫，被感染后很难出现初次感染的症状。

患弓形虫病人的尿液，唾液、眼泪、鼻涕、带有弓形虫包囊。急性发作的病人的喷嚏，可以成为飞沫传染源。

人吃感染动物的肉，是传染的主要原因。

猫主要通过感染猫的粪、捕食老鼠和鸟获得弓形虫感染。在室内圈养，不食活物、生水的猫是不会被传染。

只有首次感染弓形虫的猫会在感染最初两周内传播虫卵。感染的猫粪里有弓形虫的囊合子，猫感染后粪便排出囊合子的时间不长，只有 10～20 d。囊合子需要在外界发育 1～2 d 或更长时间，才具有传染性，所以要每日清除猫砂或猫粪。

犬是弓形虫的中间宿主，犬接触弓形虫后并不能产生对人具有感染力的囊合子，它的粪便和排泄物都没有传染性，所以单纯接触狗不会感染弓形虫病。如果不食狗肉就不会传染。

多种冷血和温血动物都会通过不同形式感染弓形虫，包括 45 种哺乳动物、70 种鸟类、5 种爬虫类，弓形虫的感染最终都是通过食物摄入。

3. 临床症状

临床表现不一，人感染弓形虫绝大多数没有临床症状，或者很轻，以致不知道什么时候感染的，这种感染称为隐性感染。只有少数人的原发性感染(即第一次或初次的感染)有临床症状，如淋巴结肿大、发热、疲乏、头痛、咽痛、肌肉关节痛和腹痛，几天或数周后随着人体产生免疫力而自愈。再次感染不再有这些临床表现。但是，严重免疫缺陷的病人，如艾滋病、癌症晚期等病人，弓形虫感染可以非常严重，常表现为脑炎，引起死亡。

二、驱虫、免疫接种程序案例

北京恩宠天地商贸有限公司犬场有一贵宾母犬于 2016 年 8 月 30 日开始发情，2016 年

9 月 8 日配种，预产期 2016 年 11 月 8 日，实际分娩时间 2016 年 11 月 2 日，其仔犬驱虫、免疫接种程序见表 8-1。

表 8-1　驱虫、免疫接种程序

		时间	使用药物/疫苗	使用方法
驱虫程序	广谱驱虫	2016.11.22	拜宠清	1/4 片
	驱球虫	2016.11.23	球克	0.2 mL+0.8mL 水
		2016.11.24	球克	0.2 mL+0.8mL 水
		2016.11.25	球克	0.2 mL+0.8mL 水
	驱滴虫	2016.11.27	甲硝唑	1/6 片，早晚各 1 次
		2016.11.28	甲硝唑	1/6 片，早晚各 1 次
		2016.11.29	甲硝唑	1/6 片，早晚各 1 次
		2016.11.30	甲硝唑	1/6 片，早晚各 1 次
		2016.12.01	甲硝唑	1/6 片，早晚各 1 次
免疫接种程序	第一针	2016.12.02	犬二联苗	皮下注射
	第二针	2016.12.17	犬四联苗	皮下注射
	第三针	2017.01.06	犬六联苗	皮下注射
	第四针	2017.01.26	犬八联苗	皮下注射
		2017.04.02	狂犬疫苗	皮下注射

【考核评价】

1. 犬病综合防治措施包括哪些？
2. 简述犬的驱虫措施。
3. 简述犬的免疫接种程序。
4. 简述宠物的基础美容。
5. 训犬方法有哪些？
6. 训犬的选择有哪些。

参 考 文 献

[1]郭世宁．实用养猫大全[M]. 北京:中国农业出版社,2002.
[2]李家瑞．特种经济动物养殖[M]. 北京:中国农业出版社,2002.
[3]美国养犬俱乐部．世界名犬大全[M]. 沈阳:辽宁科学技术出版社,2003.
[4] 叶华俊．犬繁育技术大全[M]. 沈阳:辽宁科学技术出版社,2003.
[5] 李群,宋珍华．家庭养犬大全[M]. 南京:江苏科学技术出版社,2004.
[6] 布鲁斯·霍格．养猫百科[M]. 汕头:汕头大学出版社,2007.
[7] 秦豪荣．宠物饲养[M]. 北京:中国农业大学出版社,2007.
[8] 刘方玉．宠物饲养技术[M]. 北京:化学工业出版社,2011.
[9] 王锦锋,曾柏郴．宠物饲养[M]. 北京:中国农业大学出版社,2012.
[10] 刘忠慧．宠物饲养岗位技能手册[M]. 北京:中国农业出版社,2015.
[11] 田启会,王立斌．犬猫疾病诊断与防治[M]. 北京:中国农业大学出版社,2016.
[12] 梁书文,张卫宪．宠物繁殖[M]. 北京:中国农业科学技术出版社,2008.